财政部规划教材
“十四五”普通高等教育规划教材

大学物理学习指导与能力训练

主　编　刘玉洁　吕桓林　郑　丽
副主编　熊　力　赵璐璐　王　琳　黄　艳
　　　　石　瑛　邹爱玲　王午登
主　审　王永良

中国财经出版传媒集团
中国财政经济出版社
·北京·

图书在版编目（CIP）数据
大学物理学习指导与能力训练 / 刘玉洁，吕桓林，郑丽主编. -- 北京 : 中国财政经济出版社，2025. 2.
ISBN 978-7-5223-3595-7
Ⅰ. 04
中国国家版本馆CIP数据核字第2025UR8343号

责任编辑：田明晖　　　　责任校对：徐艳丽
封面设计：陈宇琰　　　　责任印制：史大鹏

大学物理学习指导与能力训练
DAXUE WULI XUEXI ZHIDAO YU NENGLI XUNLIAN

中国财政经济出版社 出版
URL：http：//www.cfeph.cn
E－mail：cfeph@cfeph.cn

社址：北京市海淀区阜成路甲 28 号　邮政编码：100142
营销中心电话：010－88191522　编辑部门电话：010－88190670
天猫网店：中国财政经济出版社旗舰店
网址：https：//zgczjjcbs.tmall.com
北京中兴印刷有限公司印刷　各地新华书店经销
185mm×260mm　16 开　15.25 印张　385 000 字
2025 年 2 月第 1 版　2025 年 2 月北京第 1 次印刷
定价：45.00 元
ISBN 978－7－5223－3595－7
（图书出现印装问题，本社负责调换，电话：010－88190548）
本社质量投诉电话：010－88190744
打击盗版举报热线：010－88191661　QQ：2242791300

前　言

“大学物理”是理工科大学生必修的一门重要基础理论课，其内容丰富，应用广泛。物理学的基本概念和规律是在处理具体问题的过程中被建立和掌握的，要理解和掌握其基本概念和众多定律的应用，培养分析问题和解决问题的能力，须辅以适量的习题进行训练。

为适应教学改革的新形势，根据教育部高等学校大学物理课程教学指导委员会2023年编制的《理工科类大学物理课程教学基本要求》，结合编审人员多年的教学经验以及行业新动态，大连工业大学物理教研室教师在原版《大学物理学习与解题指导》基础上进行改编，完成了本书的撰写工作。

本书共10章，覆盖了大学物理的全部内容，每章包括基本要求、重点与难点、内容提要、解题指导、同步自测练习题和练习题答案。内容提要中总结了本章的基本概念和基本公式。本书通过对一些重点例题进行分析，来指导学生掌握解题的思路和方法。同步自测练习题以选择题、填空题、计算题为主，题目的分布与教学要求相吻合，为学生自我检测学习效果打下良好的基础。

新版教辅增加了部分章节的视频讲解，学生通过扫描二维码就可以详细了解相关习题的解题过程，进一步加深学生对物理概念和规律的掌握，实现知识的融会贯通和解题技巧的探索。另外，在本书结尾，增加了大学物理三个学时的期末模拟试卷，以便于学生进行考前模拟，及时了解试卷的基本组成以及自己需要提高的地方，查缺补漏，这也是学生一直以来的诉求。

本书凝聚了大连工业大学物理教研室各位老师的智慧和辛勤劳动，是多年来从事大学物理教学的经验总结以及对大学物理教学改革理解的产物。本书编写分工如下：黄艳编写第一章；王琳编写第二章；郑丽编写第三章；刘玉洁编写第四章；石瑛编写第五章；赵璐璐编写第六章；吕桓林编写第七、第八章；邹爱玲编写第九章；熊力编写第十章；大学物理Ⅰ（40学时）、大学物理Ⅱ（32学时）期末模拟试卷由王琳完成，大学物理Ⅰ（48学时）、大学物理Ⅱ（40学时）期末模拟试卷由黄艳完成，大学物理（56学时）期末模拟试卷由刘玉洁完成；王午登完成附录部分的编写。全书由刘玉洁负责统稿和定稿，石瑛协助统稿，王永良负责审校。

在编写此书的过程中，我们参阅了本校使用的物理学教材、各兄弟院校教材及各种资料，在此谨致深深的谢意。本书可作为普通高等院校理工科各专业大学物理学习的辅导教材，也可供教师备课或学生学习之参考。由于编者水平有限，书中难免有错误和不妥之处，作者诚挚地邀请读者对书中的不足之处提出批评和建议，以期不断改进和提升。

编者

2024 年 10 月

目　　录

第一章

质点力学

基本要求

1. 掌握描述质点运动的四个基本物理量，即位置矢量、位移、速度和加速度；明确它们的矢量性、瞬时性、相对性和叠加性

2. 掌握运动方程和轨道方程

3. 掌握已知运动方程，通过对时间 t 求导得到速度和加速度的方法，掌握矢量大小及方向在几种情况下的表示方法

4. 掌握已知速度、加速度和初始条件，通过一次或二次积分求得运动方程和轨道方程的方法

5. 掌握牛顿三定律及其适用条件，能求解一维变力作用下的简单的质点动力学问题

6. 掌握动量、冲量及动量定理、动量守恒定律；掌握功、动能、势能和保守力、非保守力的概念

7. 掌握动能定理、功能原理和机械能守恒定律，能运用它们分析、解决质点在平面内运动时的简单力学问题

8. 掌握运用守恒定律分析问题的思路和方法，能分析简单系统在平面内运动的动力学问题

重点与难点

1. 位置矢量、位移、速度和加速度
2. 牛顿第二定律
3. 变力做功
4. 动量、冲量及动量定理、动量守恒定律

内容提要

1. 质点

忽略物体的形状、内部结构和形变，只有质量的理想模型.

2. 参考系和坐标系

参考系：为描述物体的运动而选做参考的物体或没有相对运动的物体群.

坐标系：参考系的量化，常用的坐标系有直角坐标系和自然坐标系等.

3. 运动学基本物理量

（1）质点的位矢、位移

直角坐标系中 $\vec{r}=x\vec{i}+y\vec{j}+z\vec{k}$

$$\Delta\vec{r}=\Delta x\vec{i}+\Delta y\vec{j}+\Delta z\vec{k}$$

质点的运动方程 $\vec{r}(t)=x(t)\vec{i}+y(t)\vec{j}+z(t)\vec{k}$

（2）速度和加速度

直角坐标系中 $\vec{v}=\dfrac{\mathrm{d}\vec{r}}{\mathrm{d}t}=\dfrac{\mathrm{d}x}{\mathrm{d}t}\vec{i}+\dfrac{\mathrm{d}y}{\mathrm{d}t}\vec{j}+\dfrac{\mathrm{d}z}{\mathrm{d}t}\vec{k}$

$$\vec{a}=\frac{\mathrm{d}\vec{v}}{\mathrm{d}t}=\frac{\mathrm{d}^2\vec{r}}{\mathrm{d}t^2}=\frac{\mathrm{d}^2x}{\mathrm{d}t^2}\vec{i}+\frac{\mathrm{d}^2y}{\mathrm{d}t^2}\vec{j}+\frac{\mathrm{d}^2z}{\mathrm{d}t^2}\vec{k}$$

自然坐标系下 $\vec{v}=v\vec{e}_\tau$

$$\vec{a}=\vec{a}_\tau+\vec{a}_n=a_\tau\vec{e}_\tau+a_n\vec{e}_n=\frac{\mathrm{d}v}{\mathrm{d}t}\vec{e}_\tau+\frac{v^2}{\rho}\vec{e}_n$$

4. 质点的几种运动

（1）抛体运动 $\vec{a}=\vec{g}$，则 $\vec{r}=\vec{r}_0+\vec{v}_0t+\dfrac{1}{2}\vec{g}t^2$

（2）圆周运动

角位置 θ

角位移 $\Delta\theta=\theta_2-\theta_1$

角速度 $\omega=\dfrac{\mathrm{d}\theta}{\mathrm{d}t}$

角加速度 $\alpha=\dfrac{\mathrm{d}\omega}{\mathrm{d}t}=\dfrac{\mathrm{d}^2\theta}{\mathrm{d}t^2}$

（3）相对运动

$\boldsymbol{r}=\boldsymbol{r}_0+\boldsymbol{r}'$，$\boldsymbol{v}=\boldsymbol{v}_0+\boldsymbol{v}'$，$\boldsymbol{a}=\boldsymbol{a}_0+\boldsymbol{a}'$

$\boldsymbol{r}$ 为绝对位矢，$\boldsymbol{r}_0$ 为牵连位矢，$\boldsymbol{r}'$为相对位矢

$\boldsymbol{v}$ 为绝对速度，$\boldsymbol{v}_0$ 为牵连速度，$\boldsymbol{v}'$为相对速度

$\boldsymbol{a}$ 为绝对加速度，$\boldsymbol{a}_0$ 为牵连加速度，$\boldsymbol{a}'$为相对加速度

5. 运动学中的两类问题

（1）已知运动方程求速度，加速度，求导.

(2) 已知加速度和初始条件，求速度和运动方程，积分.

位矢 $\vec{r}\underset{积分}{\overset{微分}{\rightleftharpoons}}$速度 $\vec{v}=\frac{d\vec{r}}{dt}\underset{积分}{\overset{微分}{\rightleftharpoons}}$加速度 $\vec{a}=\frac{d\vec{v}}{dt}=\frac{d^2\vec{r}}{dt^2}$

角位置 $\theta\underset{积分}{\overset{微分}{\rightleftharpoons}}$角速度 $\omega=\frac{d\theta}{dt}\underset{积分}{\overset{微分}{\rightleftharpoons}}$角加速度 $\alpha=\frac{d\omega}{dt}=\frac{d^2\theta}{dt^2}$

6. 力的基本概念

(1) 什么是力 (2) 力的三要素 (3) 力的表示方法 (4) 几种常见的力

7. 牛顿三定律

(1) 牛顿第一定律：一切物体总保持静止状态或匀速直线运动状态，直到有外力迫使它改变这种状态为止.

(2) 牛顿第二定律 $\vec{F}=m\vec{a}=m\frac{d^2r}{dt^2}$

(3) 牛顿第三定律 $\vec{F}=-\vec{F}'$

8. 力学相对性原理 非惯性系中的力学

(1) 伽利略变换 经典力学时空观

$$\begin{cases}x'=x-ut\\y'=y\\z'=z\\t'=t\end{cases}\quad 或\quad \begin{cases}x=x'+ut'\\y=y'\\z=z'\\t=t'\end{cases}$$

(2) 力学相对性原理

$\vec{F}=m\vec{a}$, $F'=m\vec{a}'$

(3) 非惯性系中的力学

$\vec{F}+\vec{F}_{惯}=m\vec{a}'$

9. 冲量 动量定理及其守恒定律

(1) 动量 $\vec{P}=m\vec{V}=mv_x\vec{i}+mv_y\vec{j}+mv_z\vec{k}=p_x\vec{i}+p_y\vec{j}+p_z\vec{k}$

(2) 冲量 $\vec{I}=\int_{t_1}^{t_2}\vec{F}\cdot dt=I_x\vec{i}+I_y\vec{j}+I_z\vec{k}$

(3) 质点的动量定理

$$\vec{I}=\int_{t_1}^{t_2}\vec{F}\cdot dt=\int_{\vec{V}_1}^{\vec{V}_2}m d\vec{V}=m\vec{V}_2-m\vec{V}_1=\int_{\vec{P}_1}^{\vec{P}_2}d\vec{p}=\vec{P}_2-\vec{P}_1=\Delta\vec{P}$$

(4) 质点系的动量定理

$$\int_{t_1}^{t_2}\left(\sum_{i=1}^{n}F_{i外}\right)dt=\sum_{i=1}^{n}m_iv_{i2}-\sum_{i=1}^{n}m_iv_{i1}$$

(5) 动量守恒定律 $\sum_{i=1}^{n}F_{i外}=0$, $\sum_{i=1}^{n}m_iv_{i2}=\sum_{i=1}^{n}m_iv_{i1}$

10. 功 动能 势能 机械能守恒定律

(1) 功 功率 $dA=F\cdot dr$ $P=F\cdot V$

(2) 保守力及其功

保守力：做功与路径无关的力 $\oint_l \vec{F}_{保} \cdot d\vec{r} = 0$

①重力功 ②万有引力功 ③弹性力功

(3) 动能定理 $A = \int_1^2 \vec{F} \cdot d\vec{r} = \frac{1}{2}mv_2^2 - \frac{1}{2}mv_1^2$

(4) 势能 $E_p = -\int \vec{F}_{保} \cdot d\vec{r} + c$

$$E_{p重} = mgz \quad E_{p引} = -G\frac{mM}{r} \quad E_{p弹} = \frac{1}{2}kx^2$$

(5) 势能曲线

(6) 质点系的动能定理与功能原理

$$\sum_{i=1}^{n} \int_1^2 \vec{F}_{i外} \cdot d\vec{r}_i + \sum_{i=1}^{n} \int_1^2 \sum_{j}^{n-1} \vec{f}_{ji} \cdot d\vec{r}_i = \sum_{i=1}^{n} \frac{1}{2}m_i v_{i2}^2 - \sum_{i=1}^{n} \frac{1}{2}m_i v_{i1}^2$$

(7) 机械能守恒定律

若 $A_{外} = 0$，$A_{内非} = 0$

$E_{k1} + E_{p1} = E_{k2} + E_{p2}$

(8) 能量转换与守恒守律

解题指导

[例题 1] 有人说："分子很小，可将其当作质点；地球很大，不能当作质点"．对吗？

答： 不对．物体当作质点是有条件的、相对的，不是无条件、绝对的．例如研究地球绕太阳公转时，可以把地球当作质点；而研究地球自转时就不能把地球当作质点．

[例题 2] 已知质点的运动方程为 $\vec{r} = x(t)\vec{i} + y(t)\vec{j}$，有人说其速度和加速度分别为

$$v = \frac{dr}{dt},\ a = \frac{d^2 r}{dt^2}$$

其中 $r = \sqrt{x^2 + y^2}$．对吗？

答： 不对．$\vec{v} = \frac{d\vec{r}}{dt}$，$\vec{a} = \frac{d^2\vec{r}}{dt^2}$，

而 $v = \sqrt{\left(\frac{dx}{dt}\right)^2 + \left(\frac{dy}{dt}\right)^2}$，$a = \sqrt{\left(\frac{d^2x}{dt^2}\right)^2 + \left(\frac{d^2y}{dt^2}\right)^2 + \left(\frac{d^2z}{dt^2}\right)^2}$．

[例题 3] 在什么情况下，力的冲量和力的方向相同？

答： 冲量是矢量，元冲量的方向与力的方向相同；至于在一段较长时间内，力的冲量等于这段时间内各无穷小时间间隔元冲量的矢量和，因此，力的冲量方向决定于这段时间诸元冲量矢量和的方向，即 $\vec{I} = \int_{t_0}^{t} \vec{F} dt$，不一定和某个时刻力的方向相同．当在一段时间

内，各无穷小时间间隔元冲量方向都相同时，则这段时间内力的冲量和力的方向相同．另外冲量和平均力的方向总是一致的．

[例题4] 两个质量相等的物体，分别从高度相同、倾角不同的光滑斜面的顶端由静止自由滑下，问当两个物体到达其斜面底部时，它们的动量和动能是否相同?

答： 因为无摩擦力，重力势能全部转化为动能，所以动能相同，又因为质量相同，即速度 v 大小相同，但方向不同（因为斜面的角度不同）.

[例题5] 已知一质点作直线运动，其加速度为 $a=4+3t\mathrm{m\cdot s^{-2}}$，开始运动时，$x=5m$，$v=0$，求该质点在 $t=10\mathrm{s}$ 时的速度和位置．

解 因为 $a=\dfrac{\mathrm{d}v}{\mathrm{d}t}=4+3t$ 分离变量，得 $\mathrm{d}v=(4+3t)\mathrm{d}t$

积分 $\int_0^v \mathrm{d}v=\int_0^t(4+3t)\mathrm{d}t$，得 $v=4t+\dfrac{3}{2}t^2$

又因为 $v=\dfrac{\mathrm{d}x}{\mathrm{d}t}=4t+\dfrac{3}{2}t^2$ 分离变量，$\mathrm{d}x=\left(4t+\dfrac{3}{2}t^2\right)\mathrm{d}t$

积分得 $x=2t^2+\dfrac{1}{2}t^3+5$

所以 $t=10s$ 时

$$v_{10}=4\times10+\frac{3}{2}\times10^2=190\mathrm{m\cdot s^{-1}}$$

$$x_{10}=2\times10^2+\frac{1}{2}\times10^3+5=705\mathrm{m}$$

[例题6] 质点沿半径为 R 的圆周按 $s=v_0t-\dfrac{1}{2}bt^2$ 的规律运动，式中 s 为质点离圆周上某点的弧长，v_0，b 都是常量，求：(1) t 时刻质点的加速度；(2) t 为何值时，加速度在数值上等于 b.

解 (1) $v=\dfrac{\mathrm{d}s}{\mathrm{d}t}=v_0-bt$

$$a_\tau=\frac{\mathrm{d}v}{\mathrm{d}t}=-b$$

$$a_n=\frac{v^2}{R}=\frac{(v_0-bt)^2}{R}$$

则 $a=\sqrt{a_\tau^2+a_n^2}=\sqrt{b^2+\dfrac{(v_0-bt)^4}{R^2}}$

加速度与半径的夹角为 $\varphi=\arctan\dfrac{a_\tau}{a_n}=\dfrac{-Rb}{(v_0-bt)^2}$

(2) 由题意应有

$$a = b = \sqrt{b^2 + \frac{(v_0 - bt)^4}{R^2}} \quad 即\ b^2 = b^2 + \frac{(v_0 - bt)^4}{R^2}, \Rightarrow (v_0 - bt)^4 = 0$$

所以，当 $t = \frac{v_0}{b}$ 时，$a = b$

[例题 7] 质量为 16*kg* 的质点在 xOy 平面内运动，受一恒力作用，力的分量为 $f_x = 6\text{N}$，$f_y = -7\text{N}$，当 $t = 0$ 时，$x = y = 0$，$v_x = -2\text{m}\cdot\text{s}^{-1}$，$v_y = 0$. 求当 $t = 2\text{s}$ 时质点的：(1) 位矢；(2) 速度.

解 $a_x = \frac{f_x}{m} = \frac{6}{16} = \frac{3}{8}\text{m}\cdot\text{s}^{-2}$

$a_y = \frac{f_y}{m} = \frac{-7}{16}\text{m}\cdot\text{s}^{-2}$

(1) $v_x = v_{x0} + \int_0^2 a_x \text{d}t = -2 + \frac{3}{8} \times 2 = -\frac{5}{4}\text{m}\cdot\text{s}^{-1}$

$v_y = v_{y0} + \int_0^2 a_y \text{d}t = \frac{-7}{16} \times 2 = -\frac{7}{8}\text{m}\cdot\text{s}^{-1}$

于是质点在 2s 时的速度

$\vec{v} = -\frac{5}{4}\vec{i} - \frac{7}{8}\vec{j}\text{m}\cdot\text{s}^{-1}$

(2) $\vec{r} = \left(v_0 t + \frac{1}{2}a_x t^2\right)\vec{i} + \frac{1}{2}a_y t^2 \vec{j}$

$= \left(-2 \times 2 + \frac{1}{2} \times \frac{3}{8} \times 4\right)\vec{i} + \frac{1}{2}\left(\frac{-7}{16}\right) \times 4\vec{j}$

$= -\frac{13}{4}\vec{i} - \frac{7}{8}\vec{j}\text{m}$

[例题 8] 一质量为 m 的质点在 xOy 平面上运动，其位置矢量为 $\vec{r} = a\cos\omega t\vec{i} + b\sin\omega t\vec{j}$，求质点的动量及 $t = 0$ 到 $t = \frac{\pi}{2\omega}$ 时间内质点所受的合力的冲量和质点动量的该变量.

解 质点的动量为 $\vec{P} = m\vec{v} = m\omega(-a\sin\omega t\vec{i} + b\cos\omega t\vec{j})$

将 $t = 0$ 和 $t = \frac{\pi}{2\omega}$ 分别代入上式，得 $\vec{P}_1 = m\omega b\vec{j}$，$\vec{P}_2 = -m\omega a\vec{i}$，

则动量的增量亦即质点所受外力的冲量为 $\vec{I} = \Delta\vec{P} = \vec{P}_2 - \vec{P}_1 = -m\omega(a\vec{i} + b\vec{j})$

同步自测练习题

(一) 选择题

1. 质点做半径为 R 的变速圆周运动时，加速度大小为（v 表示任一时刻质点的速率）（　　）

（A）$\frac{\mathrm{d}v}{\mathrm{d}t}$　　（B）$\frac{v^2}{R}$

（C）$\frac{\mathrm{d}v}{\mathrm{d}t}+\frac{v^2}{R}$　　（D）$\sqrt{\left(\frac{\mathrm{d}v}{\mathrm{d}t}\right)^2+\left(\frac{v^2}{R}\right)^2}$

2. 一运动质点在某瞬时位于位矢 $r(x,y)$ 的端点处，其速度的大小为（　　）

（A）$\frac{\mathrm{d}r}{\mathrm{d}t}$　　（B）$\frac{\mathrm{d}|r|}{\mathrm{d}t}$

（C）$\frac{\mathrm{d}r}{\mathrm{d}t}$　　（D）$\sqrt{\left(\frac{\mathrm{d}x}{\mathrm{d}t}\right)^2+\left(\frac{\mathrm{d}y}{\mathrm{d}t}\right)^2}$

3. 一运动质点在某瞬时位于位矢 $r(x,y)$ 的端点处，对其速度的大小有四种意见，即

（1）$\frac{\mathrm{d}r}{\mathrm{d}t}$；　（2）$\frac{\mathrm{d}|r|}{\mathrm{d}t}$；　（3）$\frac{\mathrm{d}s}{\mathrm{d}t}$；　（4）$\sqrt{\left(\frac{\mathrm{d}x}{\mathrm{d}t}\right)^2+\left(\frac{\mathrm{d}y}{\mathrm{d}t}\right)^2}$.

下述判断正确的是（　　）

（A）只有（1）（2）正确　　（B）只有（2）正确

（C）只有（2）（3）正确　　（D）只有（3）（4）正确

4. 弹簧一端系一重物竖直放置，上端固定，该系统的（　　）

（A）机械能守恒，动量不守恒　　（B）机械能守恒，动量守恒

（C）机械能不守恒，动量守恒　　（D）机械能不守恒，动量不守恒

5. 对质点系总动量有以下几种说法正确是（　　）

（A）质点系总动量的改变一定与内力有关

（B）质点系总动量的改变一定与内力无关

（C）质点系总动能的改变一定与内力无关

（D）质点系总势能的改变一定与保守力无关

6. 对功的概念有以下几种说法：

（1）保守力做正功时，系统内相应的势能增加；（2）质点运动经一闭合路径，保守力对质点做的功为零；（3）作用力和反作用力大小相等、方向相反，所以两者所做功的代数和必为零．

下列表述中判断正确的是（　　）

（A）（1）（2）是正确的　　　（B）（2）（3）是正确的

（C）只有（2）是正确的　　　（D）只有（3）是正确的

7. 穿着轮滑鞋的哥哥总质量为 80kg，同样穿着轮滑鞋的弟弟总质量则为 40kg，他们用一轻绳相连后站在平整的广场上．不计地面及轮滑鞋的摩擦力，哥哥用 $F=4(1+2t)$N 的水平力来拉绳子，则 4s 后弟弟和哥哥的速度大小分别为（　　）

（A）2m/s，1m/s　　　（B）2m/s，2m/s

（C）1m/s，2m/s　　　（D）4m/s，2m/s

（二）填空题

1. 一质点运动方程为 $\boldsymbol{r}=-10\boldsymbol{i}+15t\boldsymbol{j}+5t^2\boldsymbol{k}$(SI)，当 $t=0$ 秒时（1）质点的速度 $\boldsymbol{v}=$________；（2）质点的加速度 $\boldsymbol{a}=$________________________.

2. 一质点运动方程为 $x=3t^2-2t$(SI)，当 $t=4$ 秒时，（1）质点的速度为____________________；（2）质点的加速度为________________________.

3. 一质点沿半径为 R 的圆周运动，路程 s 随时间 t 变化的规律为：$s=bt-ct^2/2$(SI)，式中 b、c 为大于零的常数，且 $b^2>Rc$.（1）质点运动的切向加速度 $a_\tau=$__________________；（2）法向加速度 $a_n=$____________________.

4. 质点运动方程为 $\vec{r}=2t\vec{i}+(19-2t^2)\vec{j}$(SI)，则该质点第 2 秒时刻质点的瞬时速度为：________________________，第 2 秒时刻质点的瞬时加速度为：________________________.

5. 已知质点位矢随时间变化的函数形式为 $\boldsymbol{r}=t^2\boldsymbol{i}+2t\boldsymbol{j}$，式中 r 的单位为 m，t 的单位为 s. 求任一时刻的速度________m/s，任一时刻加速度__________m/s^2.

6. 质点在平面上运动，若 $\frac{\mathrm{d}r}{\mathrm{d}t}=0$，$\frac{\mathrm{d}\vec{r}}{\mathrm{d}t}$不为零，则质点作________________；若 $\frac{\mathrm{d}v}{\mathrm{d}t}=0$，$\frac{\mathrm{d}\vec{v}}{\mathrm{d}t}$不为零，则质点作__________________________.

7. 如图 1.1 所示，质点在竖直 OXY 平面内做斜抛运动，$t=0$ 时质点在 O 点，t 时质点运动到 A 点，则

(1) $\int_0^t v_y \mathrm{d}t$ 表示________________________________，

(2) $\int_0^t \vec{v} \mathrm{d}t$ 表示________________________________.

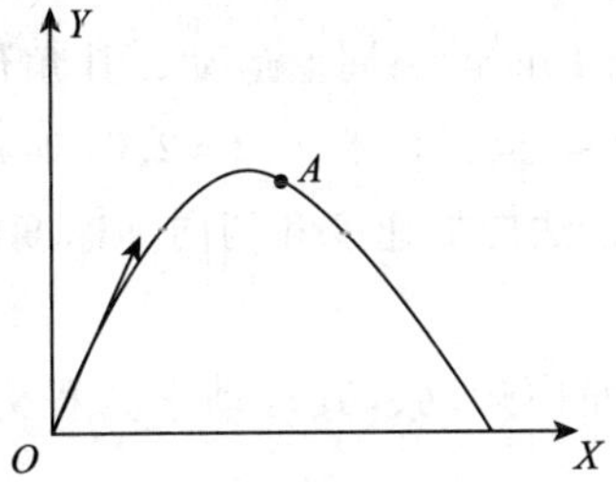

图 1.1

8. 质点沿直线运动，加速度 $a=4-t^2$，式中 a 的单位为 $\mathrm{m \cdot s^{-2}}$，t 的单位为 s. 如果当 $t=3\mathrm{s}$ 时，$x=9\mathrm{m}$，$v=2\mathrm{m \cdot s^{-1}}$，则质点的运动方程为______________________________.

9. 一质量为 m 的质点在 Oxy 平面内运动，其位置矢量为 $\boldsymbol{r}=a\cos\omega t\boldsymbol{i}+b\sin\omega t\boldsymbol{j}$(SI)，求质点在任一时刻的动量____________，从 $t=0$ 到 $t=\pi/2\omega$ 的时间内质点所受到的合力的冲量____________________.

10. 质量 $m=2.0\mathrm{kg}$ 的质点，受合力 $\boldsymbol{F}=4t\boldsymbol{i}+6\boldsymbol{j}\mathrm{N}$ 的作用. 已知 $t=0$ 时 $v_0=0$，则 3s 末质点的速度为 $v=$__________________m/s.

（三）计算题

1. 已知质点位矢随时间变化的函数形式为 $\boldsymbol{r}=R(\cos\omega t\vec{i}+\sin\omega t\vec{j})$ 其中 ω 为常量. 求：(1) 质点的轨道方程；(2) 速度和速率.

2. 已知质点位矢随时间变化的函数形式为 $\boldsymbol{r}=4t^2\boldsymbol{i}+(3+2t)\boldsymbol{j}$，式中 r 的单位为 m，t 的单位为 s. 求：(1) 质点的轨道方程；(2) 从 $t=0$ 到 $t=1$ 秒的位移.

3. 一质点沿直线运动，其运动方程为 $x=2+4t-2t^2$(m)，在 t 从 0 秒到 3 秒的时间间隔内，则质点走过的路程为多少？

4. 已知质点沿 x 轴作直线运动，其运动方程为 $x=2+6t^2-2t^3$，式中 x 的单位为 m，t 的单位为 s. 求：（1）质点在运动开始后 4.0s 内的位移；（2）质点在该时间内所通过的路程 .

5. 一质点具有恒定加速度 $\boldsymbol{a}=6\boldsymbol{i}+4\boldsymbol{j}$，式中 $\boldsymbol{a}$ 的单位为 $\mathrm{m\cdot s^{-2}}$. 在 $t=0$ 时，其速度为零，位置矢量 $\boldsymbol{r}_0=10m\boldsymbol{i}$. 求在任意时刻的速度和位置矢量 .

6. 一质点在半径为 0.10m 的圆周上运动，其角位置为 $\theta=2+4t^3$，式中 θ 的单位为 rad，t 的单位为 s. 求：（1）在 $t=2.0\mathrm{s}$ 时质点的法向加速度和切向加速度；（2）t 为多少时，法向加速度和切向加速度的值相等？

7. 一质点在 XOY 平面内运动，其运动学方程为 $x=2t$；$y=19-2t^2$，试求解：

（1）质点的位置矢量；

（2）$t=1\mathrm{s}$ 和 $t=2\mathrm{s}$ 时刻的位置矢量并计算这一秒内的平均速度 .

8. 质量为 m 的子弹以速度 v_0 水平射入沙土中，设子弹所受阻力与速度反向，大小与速度成正比，比例系数为 k，忽略子弹的重力，求子弹射入沙土后，速度随时间变化的函数式 .

9. 一颗子弹在枪筒里前进时所受的合力大小为 $F=400-4\times10^5t/3$，子弹从枪口射出时的速率为 300m/s. 设子弹离开枪口处合力刚好为零 . 求：（1）子弹走完枪筒全长所用的时间 t；（2）子弹在枪筒中所受力的冲量 I.

10. $F_x=30+4t$（式中 F_x 的单位为 N，t 的单位为 s）的合外力作用在质量 $m=10\mathrm{kg}$ 的物体上，试求：（1）在开始 2s 内此力的冲量；（2）若冲量 $I=300\mathrm{N\cdot s}$，此力作用的时间.

同步自测练习题参考答案

质点运动学同步自测练习题视频讲解

(一) 选择题

1. D　2. D　3. D　4. A　5. B　6. C　7. A

(二) 填空题

1. $15j$；$10k$　2. 22ms^{-1}；6ms^{-2}　3. $-c$；$\frac{(b-ct)^2}{R}$　4. $2\vec{i}-8\vec{j}$；$-4\vec{j}$

5. $v=2ti+2j$；$a=2i$　6. 圆周运动；匀速曲线运动

7. 质点在 Y 轴的位移，质点运动的位移　8. $x=-\frac{1}{12}t^4+2t^2-t+0.75$

9. $\omega m(-\alpha\sin\omega t\vec{i}+b\cos\omega t\vec{j})$；$-\omega m(a\vec{i}+b\vec{j})$　10. $9\vec{i}+9\vec{j}$

(三) 计算题

1. **解**：(1) 由 $r=R\ (\cos\omega t\vec{i}+\sin\omega t\vec{j})$ 可知

$x=R\cos\omega t$，$y=R\sin\omega t$

消去 t 可得轨道方程　$x^2+y^2=R^2$……(2 分)

(2) $v=\frac{\mathrm{d}r}{\mathrm{d}t}=-\omega R\sin\omega t\vec{i}+\omega R\cos\omega t\vec{j}$……(1 分)

$v=[(-\omega R\sin\omega t)^2+(\omega R\cos\omega t)^2]^{\frac{1}{2}}=\omega R$……(1 分)

2. **解**：(1) 由 $r=4t^2i+(3+2t)j$ 可知

$x=4t^2$，$y=3+2t$

消去 t 得轨道方程为：$x=(y-3)^2$……(2 分)

(2) $v=\frac{\mathrm{d}r}{\mathrm{d}t}=8ti+2j$……(1 分)

$\Delta r=\int_0^1 v\mathrm{d}t=\int_0^1(8ti+2j)\mathrm{d}t=4i+2j$……(1 分)

3. **解**：$v=\frac{\mathrm{d}x}{\mathrm{d}t}=4-4t$　若 $v=0$ 解得 $t=1\text{s}$……(1 分)

$\Delta x_1=x_1-x_0=(2+4-2)-2=2\text{m}$……(1 分)

$\Delta x_2=x_3-x_1=(2+4\times3-2\times3^2)-(2+4-2)=-8\text{m}$……(1 分)

$\Delta x=|\Delta x_1|+|\Delta x_2|=10\text{m}$……(1 分)

4. **解**：(1) 质点在 4.0s 内位移

$\Delta x=x_4-x_0=-32\text{m}$……(1 分)

(2) 由$\frac{\mathrm{d}x}{\mathrm{d}t}=0$

得知质点的换向时刻为

$t_p=2\text{s}$（$t=0$ 不合题意）……(1 分)

$\Delta x_1=x_2-x_0=8.0\text{m}$；$\Delta x_2=x_4-x_2=-40\text{m}$

所以，质点在 4.0s 时间间隔内的路程为

$s=|\Delta x_1|+|\Delta x_2|=48\text{m}$……(2 分)

5. **解**：由加速度定义式，根据初始条件 $t_0=0$ 时 $v_0=0$，积分可得

$$\int_0^v \mathrm{d}v = \int_0^t a\mathrm{d}t = \int_0^t (6i + 4j)\,\mathrm{d}t$$

$v=6ti+4tj$…… （2 分）

$$\int_{r_0}^r \mathrm{d}r = \int_0^t v\mathrm{d}t = \int_0^t (6ti + 4tj)\,\mathrm{d}t$$

$r=(10+3t^2)\ i+2t^2j$…… （2 分）

6. **解**：（1）由于 $\theta=2+4t^3$，

则角速度 $\omega=\frac{\mathrm{d}\theta}{\mathrm{d}t}=12t^2$…… （1 分）

在 $t=2\mathrm{s}$ 时，法向加速度和切向加速度的数值分别为

$a_n|_{t=2s}=r\omega^2=230.4\mathrm{m}\cdot\mathrm{s}^{-2}$…… （1 分）

$a_t|_{t=2s}=r\frac{\mathrm{d}\omega}{\mathrm{d}t}=4.80\mathrm{m}\cdot\mathrm{s}^{-2}$…… （1 分）

（2）要使 $a_n=a_t$，则有

$r(24t)=r(12t^2)^2$

$t=0.55\mathrm{s}$…… （1 分）

7. **解**：（1）$\vec{r}=2t\vec{i}+(19-2t^2)\vec{j}$…… （1 分）

（2）$\vec{r}_1=2\vec{i}+17\vec{j}$；$\vec{r}_2=4\vec{i}+11\vec{j}$；…… （1 分）

$\overline{\vec{V}}=\frac{\Delta\vec{r}}{\Delta t}=2\vec{i}-6\vec{j}$…… （2 分）

8. **解**：由题意和牛顿第二定律可得：

$f=-kv=m\frac{\mathrm{d}v}{\mathrm{d}t}$…… （2 分）

分离变量，可得：$-\frac{k}{m}\mathrm{d}t=\frac{\mathrm{d}v}{v}$　两边同时积分，所以：$v=v_0e^{-\frac{k}{m}t}$

9. **解**：（1）由 $F=400-4\times10^5t/3$ 和子弹离开枪口处合力刚好为零，则可以得到：$F=400-4\times10^5t/3=0$

算出 $t=0.003\mathrm{s}$

（2）由冲量定义：

$$I=\int_{t_0}^t F\mathrm{d}t=\int_0^{0.003}\left(400-\frac{4\times10^5t}{3}\right)\mathrm{d}t=0.6\mathrm{N}\cdot\mathrm{s}$$

10. **解**：（1）由分析可知

$$I=\int_0^2 (30+4t)\,\mathrm{d}t=30t+2t^2\big|_0^2=68\ \mathrm{N}\cdot\mathrm{s}$$

（2）由 $I=300=30t+2t^2$，解此方程可得

$t=6.86\mathrm{s}$（另一解不合题意已舍去）

第二章

刚体力学

基本要求

1. 理解力矩概念和转动惯量的概念、转动动能、转动定律及其应用
2. 掌握角动量的概念和角动量守恒定律以及角动量守恒定律的应用

重点与难点

1. 转动定律及应用
2. 角动量的概念
3. 角动量守恒定律及其应用

内容提要

1. 力矩 $\vec{M}=\vec{r}\times\vec{F}$

2. 转动惯量及其计算

（1）转动惯量的定义 $I=\int r^2\mathrm{d}m$

（2）转动惯量的计算

①质量离散分别的刚体的转动惯量

$I=\sum m_i r_i^2$

②质量连续分布的刚体转动惯量

$I=\int r^2\mathrm{d}m$

3. 转动定律

（1）转动定律　$\sum M = I\frac{d\omega}{dt} = I\beta$

（2）转动定律的应用

4. 刚体的转动动能　$E_k = \frac{1}{2}I\omega^2$

5. 力矩做功　$A = \int_{\theta_1}^{\theta_2} M d\theta$

6. 刚体转动的动能定理　$A = \frac{1}{2}I\omega_2^2 - \frac{1}{2}I\omega_1^2 = E_{k_2} - E_{K_1} = \Delta E_k$

7. 角动量的定义　$L = I\omega$

质点的角动量　$\vec{L} = \vec{r} \times m\vec{v}$

8. 质点的角动量定理

$$\int_{t_0}^{t} \vec{M} dt = \vec{L} - \vec{L}_0$$

9. 角动量守恒定律及其应用

（1）守恒条件　$\vec{M} = 0$

（2）角动量守恒定律　$\vec{L} = \vec{r} \times m\vec{v} =$ 常量

解题指导

[例题 1] 如图 2.1 所示，轻杆连成的正三角形顶点各有一质点，质量均为 m，此系统对通过质心 C 且垂直于三角形平面的轴的转动惯量为多少？

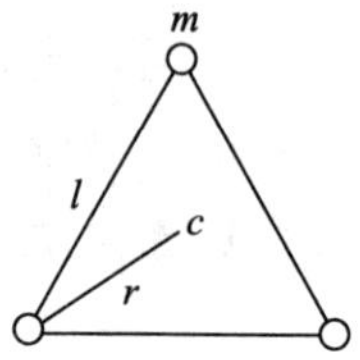

图 2.1

解　质量离散分布的刚体对定点的转动惯量大小等于每个质点对该点的转动惯量的和．

$I_c = 3mr^2 = ml^2 (r = (\sqrt{3}/3)l)$

[例题 2] 质量为 m，长为 l，密度均匀的细杆，求：（1）它对过杆的中心且与杆垂直的 z 轴的转动惯量．（2）当转轴由 z 轴开始沿杆的方向平移到杆的一端 A 时，转动惯量是多少？

解　（1）把杆分成许多无限小的质元，杆的线密度为 λ，以 z 轴与杆的交点 C 为坐标原点，建立坐标轴，如图 2.2 所示：

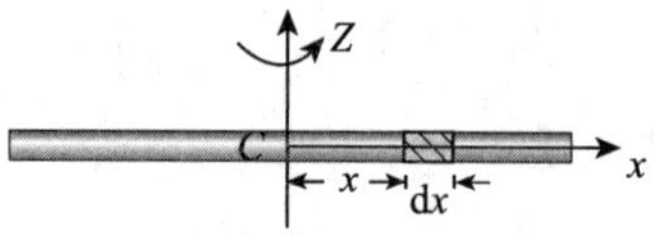

图 2.2

在距离 z 轴 x 处，选取一质元 dx，则该质元的质量为 $dm=\lambda dx$

其中 $\lambda=m/l$

$$I_C=\int r^2 dm=\lambda\int_{-\frac{l}{2}}^{\frac{l}{2}} x^2 dx=\frac{ml^2}{12}$$

（2）以 A 点作为坐标原点如图 2.3 所示，建立坐标轴

$$I_A=\int r^2 dm=\lambda\int_0^l x^2 dx=\frac{ml^2}{3}$$

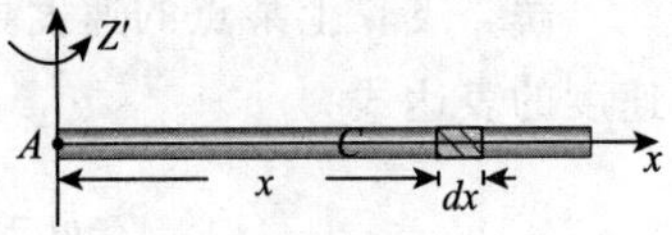

图 2.3

［例题 3］ 求匀质圆环对过中心且垂直环面的轴的转动惯量（圆环半径为 R，质量为 m）.

解 如图 2.4 所示，把杆分成许多无限小的质元，在圆环上任取质元 dm

$$I=\int R^2 dm=R^2\int dm=mR^2$$

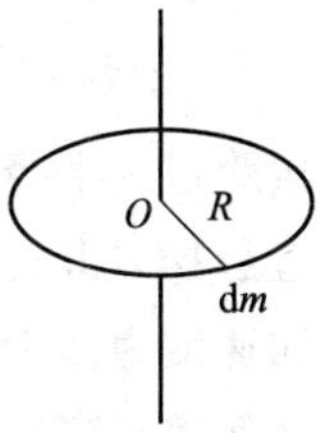

图 2.4

［例题 4］ 一飞轮以转速 $n=1500\text{r/min}$ 转动，受到制动后均匀地减速，经 $t=50\text{s}$ 后静止.

（1）求角加速度 α 和飞轮从制动开始到静止所转过的转数 N；

（2）求制动开始后 $t=25\text{s}$ 时飞轮的角加速度 ω；

（3）设飞轮的半径 $r=1\text{m}$，求在 $t=25\text{s}$ 时飞轮的边缘上一点的速度和加速度.

解 （1）设初角速度为 ω_0，$\omega_0=2\pi n=2\pi\dfrac{1500}{60}=50\pi\ \text{rad/s}$，对于匀变速转动，可以应用以角量表示的运动方程. 在 $t=50\text{s}$ 时刻，$\omega=0$，代入方程 $\omega=\omega_0+\alpha t$ 得

$$\alpha=\frac{\omega-\omega_0}{t}=\frac{-50\pi}{50}\text{rad/s}^2=-3.14\text{rad/s}^2$$

从开始制动到静止，飞轮的角位移 $\Delta\theta$ 及转数 N 分别为

$$\Delta\theta=\theta-\theta_0=\omega_0 t+\frac{1}{2}\alpha t=50\pi\times50-\frac{1}{2}\times\pi\times50^2=1250\pi\ \text{rad}$$

$$N=\frac{\Delta\theta}{2\pi}=\frac{1250\pi}{2\pi}=625\ \text{转}$$

（2）$t=25\text{s}$ 时刻飞轮的角速度为

$$\omega=\omega_0+\alpha t=(50\pi-\pi\times25)\text{rad/s}=25\pi\ \text{rad/s}$$

（3）$t=25\text{s}$ 时，飞轮边缘上一点 P 的速度 $v=r\omega=78.5\text{m/s}$

相应的切向加速度和向心加速度分别为

$$a_\tau=\alpha r=-3.14\text{m/s}^2$$

$$a_n=r\omega^2=6.16\times10^3\text{m/s}^2$$

边缘上该点的加速度 $\boldsymbol{a}=\boldsymbol{a}_\tau+\boldsymbol{a}_n$，

$\boldsymbol{a}$ 的大小为 $a=\sqrt{a_n^2+a_\tau^2}=\sqrt{(6.16\times10^3)^2+(3.14)^2}\text{m/s}\approx6.16\times10^3\text{m/s}$

[**例题5**] 一飞轮在 t 内转过角度 $\theta = at + bt^3 - ct^4$，式中 a、b、c 都是常量，求它的角加速度.

解 飞轮上某点的速度可用 θ 表示为 $\theta = at + bt^3 - ct^4$，将此式对 t 求导，即得飞轮角速度的表达式.

$$\omega = \frac{\mathrm{d}\theta}{\mathrm{d}t} = \frac{\mathrm{d}}{\mathrm{d}t}(at + bt^3 - ct^4) = a + 3bt^2 - 4ct^3$$

角加速度是角速度对时间的导数，因此得

$$\alpha = \frac{\mathrm{d}\omega}{\mathrm{d}t} = \frac{\mathrm{d}}{\mathrm{d}t}(a + 3bt^2 - 4ct^3) = 6bt - 12ct^2$$

由此可见飞轮做的是变加速转动.

[**例题6**] 质量为 m_A 的物体 A 静止在光滑水平面上，和一质量不计的绳索相连接，绳索跨过一半径为 R、质量为 m_C 的圆柱形滑轮 C，并系在另一质量为 m_B 的物体 B 上，B 竖直悬挂. 滑轮与绳索间无滑动，且滑轮与轴承间的摩擦力可略去不计.（1）两物体的线加速度为多少？水平和竖直两段绳索的张力各为多少？（2）物体 B 从静止落下距离 y 时，其速率是多少？

解 （1）用隔离法分别对各物体作受力分析，取如图 2.5 所示坐标系.

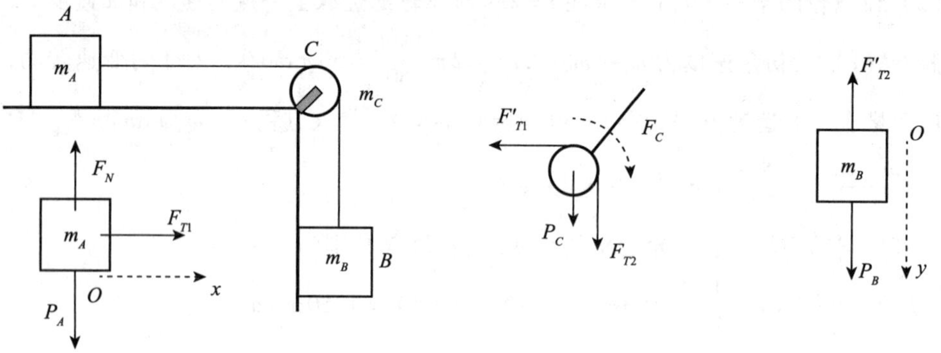

图 2.5

按照题意滑轮具有一定的转动惯量，两边绳子的张力不再相等. 设物体 A 这边绳子的张力为 F_{T1}，$F'_{T1}(F_{T1} = F'_{T1})$，物体 B 这边绳的张力为 F_{T2}，$F'_{T2}(F_{T2} = F'_{T2})$. 显然物体 B 向下运动，A 水平向右运动，滑轮顺时针方向旋转. 按照牛顿定律和转动定律可列出下列方程：

$$\begin{cases} F_{T1} = m_A a \\ m_B g - F_{T2} = m_B a \\ RF_{T2} - RF_{T1} = J\alpha \end{cases}$$

式中 α 是滑轮的角加速度，a 是物体的加速度. 滑轮边缘上的切向加速度和物体的加速度相等，即

$$a = R\alpha$$

从以上各式可解得

$$\begin{cases} a = \dfrac{m_B g}{m_A + m_B + m_C/2} \\ F_{T1} = \dfrac{m_A m_B g}{m_A + m_B + m_C/2} \\ F_{T2} = \dfrac{(m_A + m_C/2)\ m_B g}{m_A + m_B + m_C/2} \end{cases}$$

如令 $m_C = 0$，可得 $F_{T1} = F_{T2} = \dfrac{m_A m_B g}{m_A + m_B}$，即不考虑滑轮的转动时，滑轮两边的绳子的张力相等.

（2）B 由静止出发作匀加速直线运动，下落的速率为

$$v = \sqrt{2ay} = \sqrt{\frac{2m_B g y}{m_A + m_B + m_C/2}}$$

［**例题 7**］如图 2.6 所示，质量为 m、长为 l 的细棒，可绕棒一端 O 的水平轴自由转动（转动惯量 $I = ml^2/3$），棒于水平位置由静止开始摆下，求：（1）初始时刻的角加速度；（2）杆摆到竖直位置时的角速度及端点 A 的速度大小.

解　先对细棒 OA 所受的力作一分析：重力 G，作用在棒的中心点 C，方向竖直向下；轴和棒之间没有摩擦力，轴对棒作用的支撑力 N 垂直于棒和轴的接触面且通过 O 点，在棒的下摆过程中，此力的方向和大小是随时间改变的.

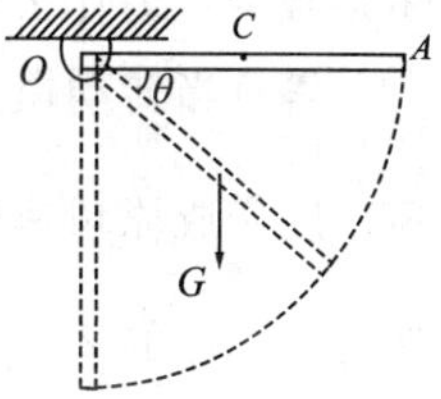

图 2.6

在棒的下摆过程中，对转轴 O 而言，支撑力 N 的力矩等于零，重力 G 的力矩则是变力矩，大小等于 $mg\dfrac{l}{2}\cos\theta$，棒转过一个极小的角位移 $\mathrm{d}\theta$ 时，重力矩所做的功是 $\mathrm{d}A = mg\dfrac{l}{2}\cos\theta\mathrm{d}\theta$，在棒从水平位置下摆到竖直位置的过程中，重力矩所做的总功

$$A = \int \mathrm{d}A = \int_0^{\pi/2} mg\frac{l}{2}\cos\theta\mathrm{d}\theta = mg\frac{l}{2}$$

应该指出重力矩做的功就是重力做的功，也可用重力势能的差值来表示. 棒在水平位置时的角速度 $\omega_0 = 0$，下摆到竖直位置时的角速度为 ω，按力矩的功和转动动能增量的关系式得

$$mg\frac{l}{2} = \frac{1}{2}I\omega^2$$

由此可得

$$\omega = \sqrt{\frac{mgl}{I}}$$

因 $I=\frac{1}{3}ml^2$，代入上式得

$$\omega=\sqrt{\frac{mg}{l}}$$

所以细棒在竖直位置时，端点 A 和中心点 C 的速度分别为

$$v_A=l\omega=\sqrt{3gl}$$

$$v_C=\frac{l}{2}\omega=\frac{1}{2}\sqrt{3gl}$$

[例题 8] 一个圆环和一个圆盘半径相等，质量相同，均可绕通过中心、垂直于环、盘面的轴转动，开始时静止．当对两者施以相同的力矩，经过相同的时间间隔后，哪个转得快？

答： 圆环的转动惯量为 mR^2，圆盘的转动惯量为 $mR^2/2$，据转动定律，在相同力矩作用下，圆盘产生的角加速度大，经过相同的时间间隔，圆盘转得快一些．

[例题 9] 有人握着哑铃两手伸开，坐在以一定角速度转动的凳子上（摩擦力可忽略不计）．若此人把手缩回使转动惯量减为原来的一半，则角速度怎样变化？转动动能增加还是减少？为什么？

答： 当转动惯量减为原来的一半时，根据角动量守恒定律，$\omega I_0/2=\omega_0 I_0$，即 $\omega=2\omega_0$，角速度变成原角速度的 2 倍，转动动能 $E_K=\frac{1}{2}I\omega^2=\frac{1}{2}\frac{I_0}{2}(2\omega_0)^2=2\left(\frac{1}{2}I_0\omega_0^2\right)=2E_{K0}$，也增加为原动能的 2 倍，因为两手缩回时对系统做了功．

同步自测练习题

（一）选择题

1. 两个均质圆盘 A 和 B 的密度分别为 ρ_A 和 ρ_B，若 $\rho_A>\rho_B$，但两圆盘的质量与厚度相同，如两盘对通过盘心垂直于盘面的转动惯量各为 J_A 和 J_B，则（　　）

（A）$J_A>J_B$　　（B）$J_A<J_B$

（C）$J_A=J_B$　　（D）J_A 和 J_B 哪个大，不能确定

2. 当飞轮做加速定轴转动时，对于飞轮上到轮心距离不等的两点的切向加速度大小 a_τ 和法向加速度大小 a_n 有（　　）

（A）a_τ 相同，a_n 相同　　（B）a_τ 相同，a_n 不同

（C）a_τ 不同，a_n 相同　　（D）a_τ 不同，a_n 不同

3. 几个力同时作用在一个具有固定转轴的刚体上，如果这几个力的矢量和为零，则此刚体（　　）

(A) 必然不会转动　　(B) 转速必然不变

(C) 转速必然改变　　(D) 转速可能不变，也可能改变

4. 一物体正在绕固定光滑轴自由转动（　　）

(A) 它受热膨胀或遇冷收缩时，角速度不变

(B) 它受热时角速度变小，它遇冷时角速度变大

(C) 它受热或遇冷时，角速度均变大

(D) 它受热时角速度变大，它遇冷时角速度变小

5. 个人站在有光滑固定转轴的转动平台上，双臂伸直水平地举起二哑铃，在该人把此二哑铃水平收缩到胸前的过程中，人、哑铃与转动平台组成的系统的（　　）

(A) 机械能守恒，角动量守恒

(B) 机械能守恒，角动量不守恒

(C) 机械能不守恒，角动量守恒

(D) 机械能不守恒，角动量不守恒

6. 一圆盘绕通过盘心且垂直于盘面的水平轴转动，轴间摩擦不计．如图 2.7 所示，射来两个质量相同，速度大小相同，方向相反并在一条直线上的子弹，它们同时射入圆盘并且留在盘内，则子弹射入后的瞬间，圆盘和子弹系统的角动量 L 以及圆盘的角速度 ω 的变化情况为（　　）

(A) L 不变，ω 增大

(B) 两者均不变

(C) L 不变，ω 减小

(D) 两者均不确定

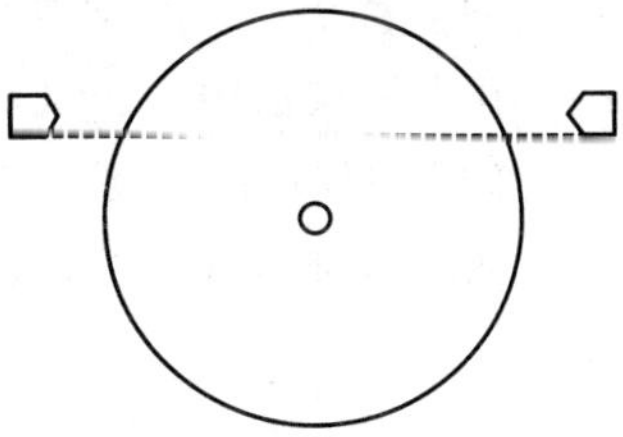

图 2.7

7. 以下说法中正确的是（　　）

(A) 作用在定轴转动刚体上的合力矩越大，刚体转动的角加速度越大

(B) 作用在定轴转动刚体上的合力矩越大，刚体转动的角速度越大

(C) 作用在定轴转动刚体上的力越大，刚体转动的角加速度越大

(D) 作用在定轴转动刚体上的合力矩为零，刚体转动的角速度为零

8. 如图 2.8 所示，一质量为 m 的均质杆长为 l，绕铅直轴 oo' 成 θ 角转动，其转动惯量为（　　）

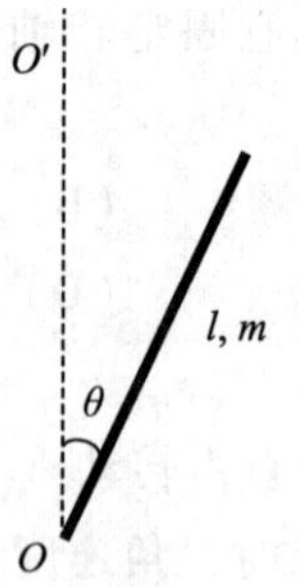

图 2.8

(A) $\frac{1}{12}ml^2$　　(B) $\frac{1}{4}ml^2\sin^2\theta$

(C) $\frac{1}{3}ml^2\sin^2\theta$　　(D) $\frac{1}{3}ml^2$

9. 一轻绳绕在有水平轴的定滑轮上，绳下端挂一物体．物体所受重力为 $\vec{p}$，滑轮的角加速度为α. 若将物体去掉而用与 $\vec{p}$ 相等的力直接向下拉绳子，则滑轮的角加速度α将（　　）

(A) 变大　　(B) 变小

(C) 不变　　(D) 无法判断

10. 有两个力作用在一个有固定转轴的刚体上：

(1) 这两个力都平行于轴作用时，它们对轴的合力矩一定是零

(2) 这两个力都垂直于轴作用时，它们对轴的合力矩可能是零

(3) 当这两个力的合力为零时，它们对轴的合力矩也一定是零

(4) 当这两个力对轴的合力矩为零时，它们的合力也一定是零

在上述说法中，正确的是（　　）

(A) 只有 (1) 是正确的　　(B) 只有 (1) (2) 正确

(C) 只有 (4) 是错误的　　(D) 全正确

11. 有一根质量分布不均匀的细直杆 AB，该杆相对于过端点 A 且与杆垂直的轴的转动惯量为 J_1，相对于过端点 A 且与杆成 θ 角的轴的转动惯量为 J_2. 若 $0<\theta<\pi/2$，则（　　）

(A) $J_1>J_2$　　(B) $J_1=J_2$

(C) $J_1<J_2$　　(D) 条件不足，无法判定

12. 一圆盘绕过盘心且与盘面垂直的光滑固定轴 O 以角速度 ω 按图示方向转动．若如图 2.9 所示的情况那样，将两个大小相等方向相同，且力线距圆心距离相等的一对力作用到圆盘上，则圆盘的角速度 ω（　　）

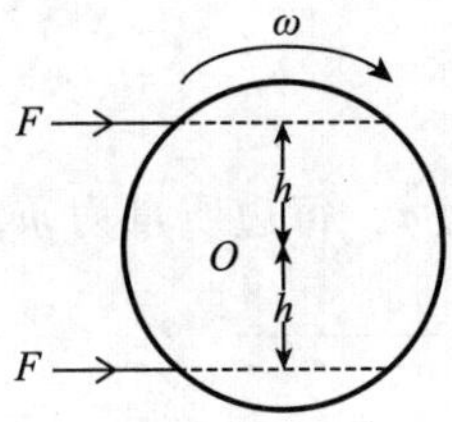

图 2.9

(A) 必然增大　　(B) 必然减少

(C) 不会改变　　(D) 如何变化，不能确定

13. 可看作刚体的均匀细棒 OA 可绕通过其一端 O 而与棒垂直的水平固定光滑轴转动，如图 2.10 所示．现使棒从水平位置由静止开始自由下落，在棒摆动到竖直位置的过程中，则（　　）

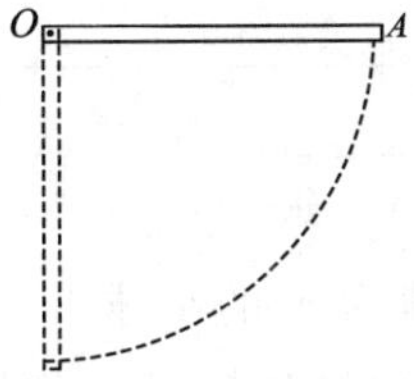

图 2.10

(A) 细棒的转动惯量从小到大，其角加速度也从小到大

(B) 细棒的转动惯量从大到小，其角加速度也从大到小

(C) 细棒的转动惯量不变，但其角加速度从小到大

(D) 细棒的转动惯量不变，但其角加速度从大到小

14. 如图 2.11 所示，一质量为 M 的定滑轮，可绕光滑水平轴转动，一轻绳跨过定滑轮，绳的两端分别挂有质量均为 m 的物体，且绳与轮之间无相对滑动．若某时刻滑轮沿逆时针方向转动，则绳中的张力大小是（　　）

(A) 处处相等　　(B) 左边大于右边

(C) 右边大于左边　　(D) 哪边大无法判断

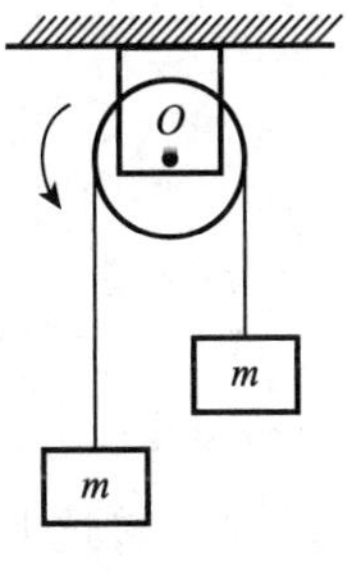

图 2.11

15. 跳水运动员在空中绕通过自身质心的水平轴转动．开始时通过收拢四肢实现团身，其转动惯量为 J_0，角速度为 ω_0，然后保持其质心位置不变，通过四肢伸开实现展身，使其转动惯量增加为 $3J_0$，则此时她转动的角速度变为（　　）

(A) $\frac{1}{3}$　　(B) $\frac{1}{\sqrt{3}}\omega_0$

(C) $\sqrt{3}\omega_0$　　(D) $3\omega_0$

（二）填空题

1. 刚性正方形线圈边长为 a，每边质量为 m，该刚性线圈绕其中一个边转动，其转动惯量为________.

2. 一质量为 m 匀质的杆，长为 l，绕通过其中心的铅直轴转动，其转动惯量为________.

3. 质量均为 m 的小球放在边长为 a 的正方形四个顶点上，该质点系绕过正方形中心垂直纸面的轴作定轴转动的转动惯量为：________.

4. 机械能守恒定律的应用条件是：________；动量守恒定律的应用条件是：________；动量距守恒定律的应用条件是：________.

5. 如图 2. 12 所示，一质量为 m 的小球由一绳索系着，以角速度 ω_0 在无摩擦的水平面上，作半径为 r_0 的圆周运动．如果在绳的另一端作用一竖直向下的拉力，使小球作半径为 $r_0/2$ 的圆周运动．则小球新的角速度为________，拉力所做的功________.

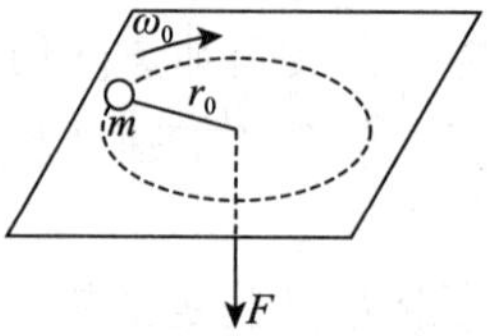

图 2. 12

6. 一个以恒定角加速度转动的圆盘，如果在某一时刻的角速度 $\omega_1 = 20\pi \text{rad/s}$，再转 60 转后角速度为 $\omega_2 = 30\pi \text{rad/s}$，则角加速度 $\alpha =$________ rad/s^2，转过上述 60 转所需的时间 $\Delta t =$________s.

7. 有一半径为 R 的水平圆转台，可绕通过其中心的竖直固定光滑轴转动，转动惯量为 J，开始时转台以匀角速度 w_0 转动，此时有一质量为 m 的人站住转台中心，随后人沿半径向外跑去，当人到达转台边缘时，转台的角速度为________.

8. 在光滑的水平桌面上，有一根自然长度为 l_0，劲度系数为 k 的轻弹簧，一端固定，另一端系一质量为 m 的质点．若质点在桌面上以角速度 ω 绕固定端作匀速圆周运动，则该圆周的半径 $R=$ ________，弹簧作用于质点的拉力 $F=$ ________．

9. 一匀质轮圈半径为 R，质量为 M；长为 R，质量为 m 的匀质辐条固定在轮心和轮缘之间，辐条共有 $2N$ 根．若将辐条数减少 N 根，但要保持轮对通过轮心、垂直于轮平面轴的转动惯量不变，则轮圈的质量应变为________．

10. 一质量为 m 的质点沿着一条空间曲线运动，该曲线在直角坐标系下的定义式为 $\boldsymbol{r}=a\cos\omega t\boldsymbol{i}+b\sin\omega t\boldsymbol{j}$，其中 a、b、ω 皆为常数．则此质点所受的对原点的力矩 $\boldsymbol{M}=$ ________；该质点对原点的角动量 $\boldsymbol{L}=$ ________．

11. 一质量不计、长为 l 的直杆，两端分别固定着质量为 $2m$ 和 m 的小球，杆可绕通过其中心 O 且与杆垂直的水平光滑固定轴在竖直平面内转动．开始杆与水平方向成角度 θ，且处于静止状态，如图 2.13 所示．释放后，杆绕过 O 点水平轴转动，当杆转到水平位置时，该系统所受到的合外力矩的大小 $M=$ ________，此时该系统角加速度的大小 $\alpha=$ ________．

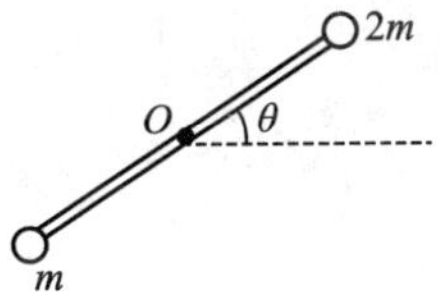

图 2.13

12. 一绕定轴转动的飞轮，在沿转轴方向、大小为 20N·m 的合外力矩作用下，其转速在 10s 内由零匀速地增加到 5rad/s，由此可知，飞轮的转动惯量为 $J=$ ________．

13. 一个作定轴转动的轮子，对轴的转动惯量 $J=4.0\text{kg}\cdot\text{m}^2$，正以角速度 $-\omega_0$ 作匀速转动．现对轮子加一恒定的转轴方向的力矩，大小为 $M=12\text{N}\cdot\text{m}$，经过时间 $t=8.0\text{s}$ 时轮子的角速度 $\omega=\omega_0$，则 $\omega_0=$ ________．

14. 光滑的水平桌面上，有一长为 $2L$、质量为 m 的匀质细杆，可绕过其中点且垂直于杆的竖直光滑固定轴 O 自由转动，其转动惯量为 $\frac{1}{3}mL^2$，起初细杆静止．突然细杆两端同时以速度 v、且垂直于细杆的方向上发射出两个质量均为 m 的小球，其俯视图如图 2.14 所示．由此引起了细杆的转动，其转动角速度为________.

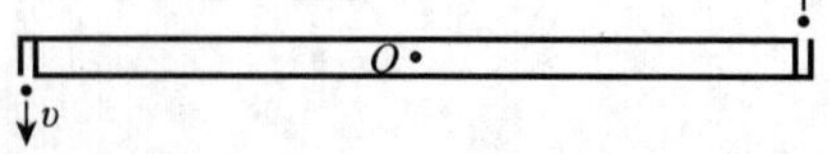

图 2.14

15. 哈雷彗星绕太阳运行的轨道是以太阳为一个焦点的椭圆，它离太阳的近距离为 $r_1=8.75\times10^{10}\,\mathrm{m}$，相应的运动速率为 $v_1=5.46\times10^4\,\mathrm{m/s}$. 它离太阳的远距离为 $r_2=5.26\times10^{12}\,\mathrm{m}$，则此时哈雷彗星的运动速率为 $v_2=$________.

（三）计算题

1. 质量为 m、长为 l 的细棒，可绕通过棒一端 O 的水平轴自由转动（转动惯量 $J=ml^2/3$），棒于水平位置由静止开始摆下，求：（1）初始时刻的角加速度；（2）杆摆到竖直位置时的角速度及端点 A 的速度大小；（3）杆转过 θ 角时的角速度和角加速度.

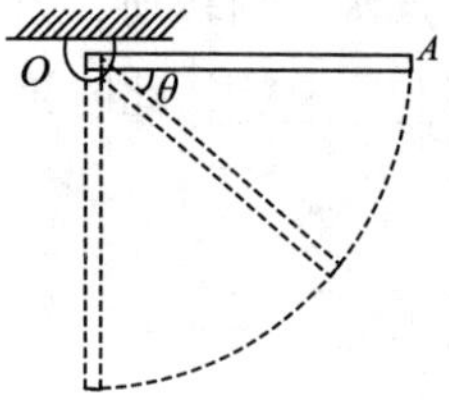

图 2.15

2. 如图 2.16 所示，一轻绳绕于半径为 $R=20\mathrm{cm}$ 的飞轮边缘，在绳端挂一质量 $m=10\mathrm{kg}$ 的物体，飞轮的转动惯量为 $J=0.5\mathrm{kg}\cdot\mathrm{m}^2$，飞轮与转轴间摩擦不计，求：（1）物体的加速度；（2）当绳端下降 5m 时物体的动能．（g 取 $10\mathrm{ms}^{-2}$）

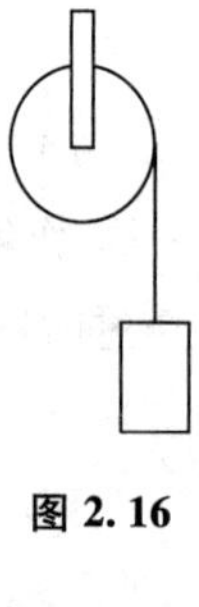

图 2.16

3. 一半径为 R、质量为 m 的匀质圆盘，以角速度 ω 绕其中心轴转动，现将它平放在一水平板上，盘与板表面的摩擦因数为 μ. 求：（1）圆盘所受的摩擦力矩；（2）经多少时间后，圆盘转动才能停止？

4. 如图 2.17 所示，质量均为 m 的物体 A 和 B 叠放在水平面上，由跨过定滑轮的不可伸长的轻质细绳相互连接．设定滑轮的质量为 m，半径为 R，且 A 与 B 之间、A 与桌面之间、滑轮与轴之间均无摩擦，绳与滑轮之间无相对滑动. 物体 A 在力 F 的作用下运动后，求：(1) 滑轮的角加速度；(2) 物体 A 与滑轮之间的绳中的张力；(3) 物体 B 与滑轮之间的绳中的张力．

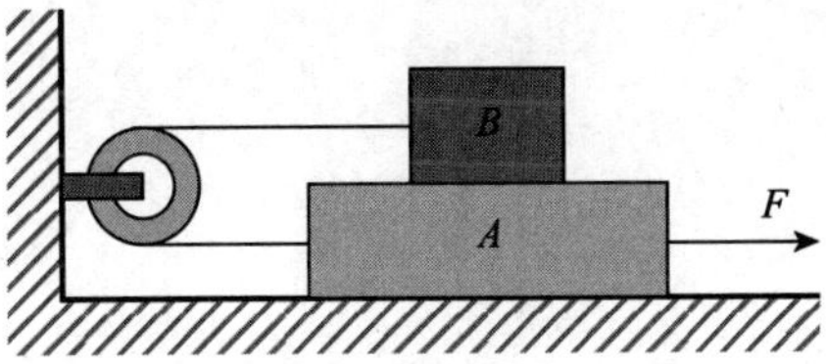

图 2.17

5. 如图 2.18 所示，将长为 l 的匀质直杆和一等长的单摆悬挂在同一点，杆和单摆摆锤的质量都是 m. 开始时直杆自然下垂，将单摆摆锤拉到高度 h_0，令摆锤自静止状态下摆，于铅锤位置与直杆发生弹性碰撞，求碰撞后：(1) 小球达到的高度；(2) 直杆下端达到的高度．

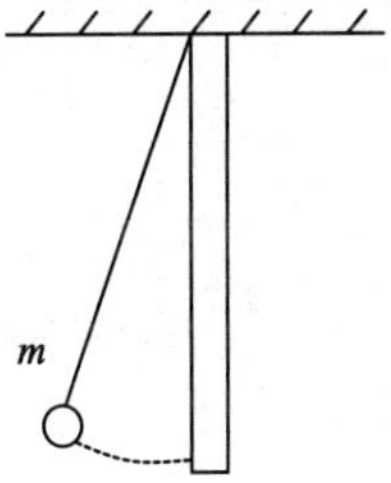

图 2.18

6. 如图 2.19 所示，质量分别为 m_1 和 m_2 的物体 A 和 B 用一根质量不计的轻绳相连，此绳跨过一半径为 R、质量为 m 的定滑轮．若物体 A 与水平面间是光滑接触，求：物体的加速度和定滑轮的角加速度各为多少？(忽略滑轮转动时与轴承间的摩擦力，且绳子相对滑轮没有滑动)

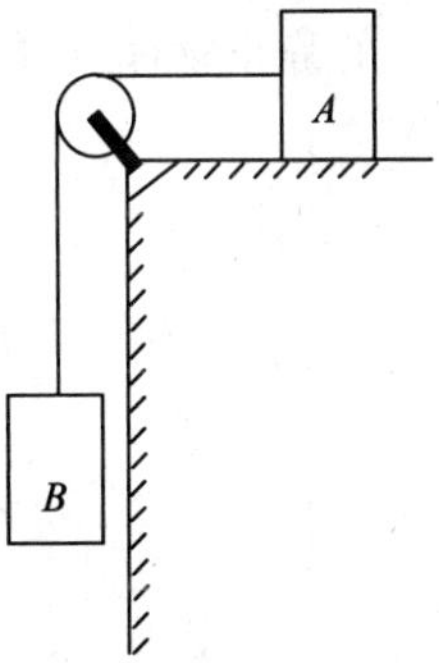

图 2.19

7. 如图 2.20 所示，物体 A 和 B 分别悬挂在定滑轮的两边，该定滑轮由两个同轴的，且半径分别为 r_1 和 $r_2(r_1 > r_2)$ 的圆盘组成．已知两物体的质量分

别为 m_1 和 m_2，定滑轮的转动惯量为 J，轮与轴承间的摩擦、轮与绳子间的摩擦均忽略不计．求：两物体运动的加速度．

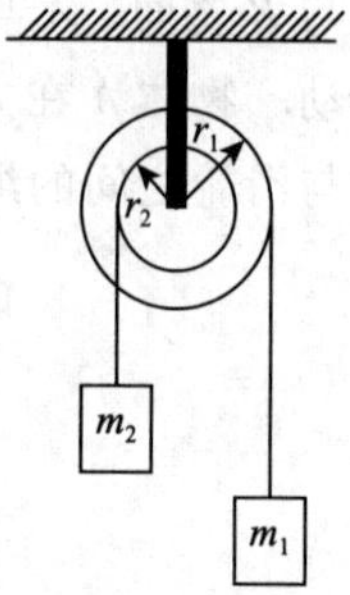

图 2.20

8. 如图 2.21 所示，一根轻绳跨过一定滑轮（滑轮视为圆盘），绳的两端分别悬有质量为 m_1 和 m_2 的物体，$m_1 < m_2$，滑轮的质量为 m，半径为 R，所受的摩擦阻力矩为τ_r，绳与滑轮间无相对滑动．试求：物体的加速度和滑轮的角加速度．

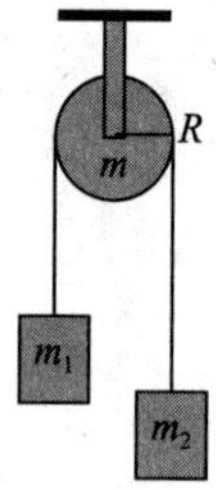

图 2.21

9. 如图 2.22 所示，一质量为 M、长为 l 的均匀细杆，以 O 点为轴，从静止在与竖直方向成 θ_0 角处自由下摆，到竖直位置时，与光滑桌面上一质量为 m 的静止物体（质点）发生弹性碰撞．求碰撞后 M 的角速度 ω_M 和 m 的线速度 v_m.

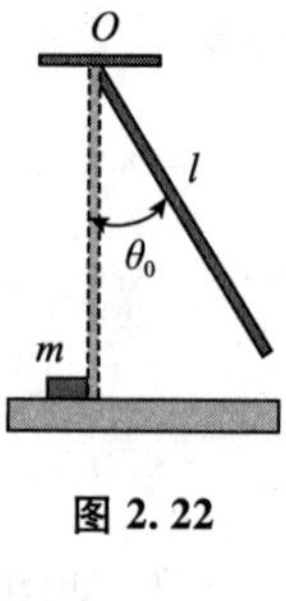

图 2.22

同步自测练习题参考答案

（一）选择题

1. B　2. D　3. D　4. B　5. C　6. C　7. A　8. C　9. A
10. B　11. A　12. C　13. D　14. A　15. A

（二）填空题

1. $\frac{5ma^2}{3}$　2. $\frac{ml^2}{12}$　3. $2ma^2$

4. 系统所受的合外力及内非保守力做功为零；系统所受的合外力为零；系统所受的合外力矩零

5. $\omega = 4\omega_0$ $W = \frac{3}{2}mr_0^2\omega_0^2$　6. $\frac{25\pi}{12}$ 4.8　7. $\frac{J\omega_0}{J + mR^2}$　8. $\frac{kl_0}{k - m\omega^2}$ $\frac{kl_0 m\omega^2}{k - m\omega^2}$

9. $\frac{N}{3}m + M$　10. 0 $abm\omega k$　11. $\frac{1}{2}mgl$ $\frac{2g}{3l}$　12. 40kgm^2

13. 12rad/s　14. $\frac{6v}{L}$　15. 9.08×10^2m/s

（三）计算题

1. **解：**（1）由转动定律，有

$\frac{1}{2}mgl = (\frac{1}{3}ml^2)\alpha$……（2 分）

$\therefore \alpha = \frac{3g}{2l}$……（2 分）

（2）由机械能守恒定律，有

$\frac{1}{2}mgl = \frac{1}{2}J\omega^2$……（2 分）

$\therefore \omega = \sqrt{\frac{3g}{l}}$ ……（2 分）

$v_A = \sqrt{3gl}$ ……（2 分）

（3）由机械能守恒定律，有

$\frac{1}{2}mgl\sin\theta = \frac{1}{2}J\omega^2$……（2 分）

$\therefore \omega = \sqrt{\frac{3g\sin\theta}{l}}$ ………（1 分）

$\frac{1}{2}mgl\cos\theta = (\frac{1}{3}ml^2)\alpha$……（2 分）

$\alpha = \frac{3g}{2l}\cos\theta$……（1 分）

2. **解**：（1）$\because mg - T = ma$ ……（2 分）

$TR = J\beta$……（2 分）

$a = R\beta$……（1 分）

$\therefore a = \frac{mgR^2}{mR^2 + J}$

$= 4.44\text{m/s}^2$……（1 分）

（2）$2ah = v^2$……（2 分）

$\therefore E_k = \frac{1}{2}mv^2 = mah = 222$（J）……（2 分）

3. **解**：由分析可知，圆盘上半径为 r、宽度为 dr 的同心圆环所受的摩擦力矩为

$\mathrm{d}M = r\mathrm{d}f = -2r^2\mu mg\mathrm{d}r/R^2$……（3 分）

$M = \int \mathrm{d}M = \int_0^R \frac{2r^2\mu mg}{R^2}\mathrm{d}r = \frac{2}{3}\mu mgR$ ……（2 分）

（2）圆盘的转动惯量 $J = mR^2/2$……（1 分）

由角动量定理 $M\Delta t = \Delta(J\omega)$ ……（2 分）

可得圆盘停止的时间为

$\Delta t = \frac{J\omega}{M} = \frac{3\omega R}{4\mu g}$ ……（2 分）

4. **解**：根据刚体定轴转动定律有

$T'_2R - T'_1R = J\alpha$……（2 分）

其中 滑轮的转动惯量 $J = \frac{1}{2}mR^2$……（1 分）

根据牛顿第二定律有

物体 A：$F - T_2 = ma$……（1 分）

其中，$T_1 = T'_1$，$T_2 = T'_2$

因绳与滑轮之间无相对滑动，所以有

$a = R\alpha$……（2 分）

将 4 个方程联立，可得滑轮的角加速度

$\alpha = \frac{F}{2mR + J/R} = \frac{2F}{5mR}$ ……（2 分）

物体 A 与滑轮之间的绳中的张力

$T_2 = T'_2 = \frac{3}{5}F$……1 分

物体 B 与滑轮之间的绳中的张力 $T_1 = T'_1 = \frac{2}{5}F$……（1 分）

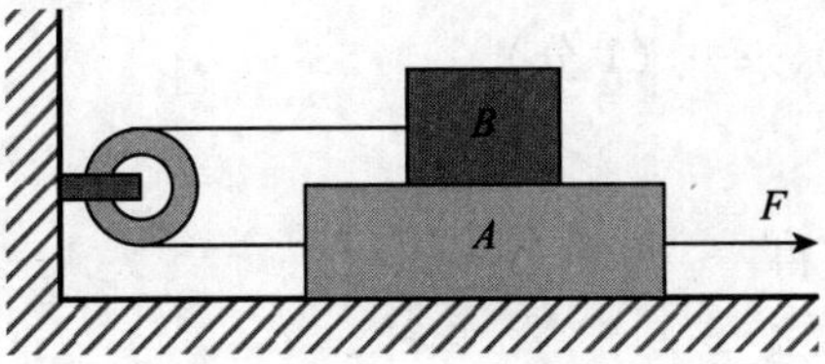

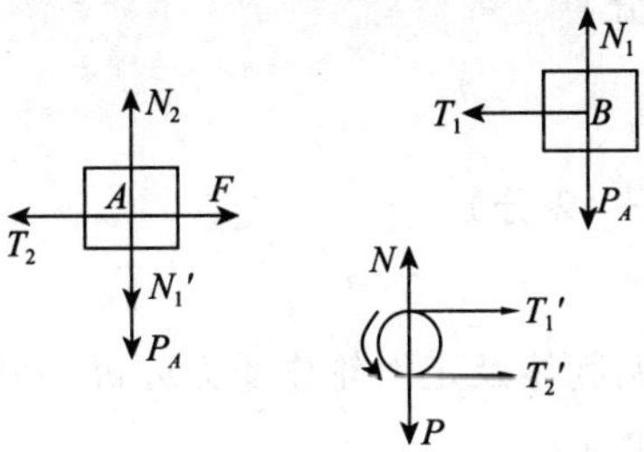

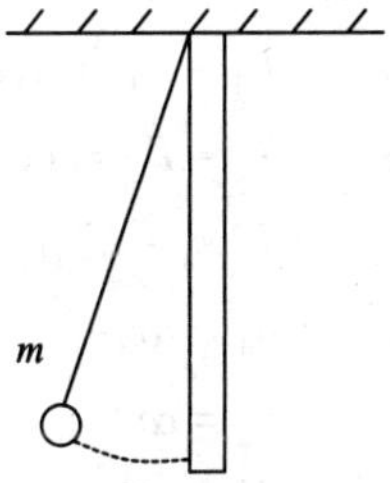

5. **解**：此题分三个过程，小球自然下落，碰撞，碰后各自运动。在三个过程中无能量损失，故均满足机械能守恒定律

小球与棒碰前的初速度：$mgh_0=\frac{1}{2}mv_1{}^2$……（1 分）

球、杆弹性碰撞，（小球、细杆）系统，系统角动量守恒；动能不变，设碰后摆球速度为 v_2，杆的角速度为 ω，则有

$lmv_1=lmv_2+J\omega$……（2 分）

由机械能守恒得 $\frac{1}{2}mv_1{}^2=\frac{1}{2}mv_2{}^2+\frac{1}{2}J\omega^2$……（1 分）

其中 $J=ml^2/3$

两式联立得 $v_2=\frac{\sqrt{2gh_0}}{2}$　$\omega=\frac{3\sqrt{2gh_0}}{2l}$

（1）碰后摆球上升，机械能守恒定律：$mgh_1=\frac{1}{2}mv_2{}^2$……（2 分）

解得，$h_1=\frac{h_0}{4}$……（1 分）

（2）杆上摆，（细杆、地球）系统，只有重力做功，机械能守恒，取杆的中点处为重力势能的零点，杆的中心上升的高度为 h，有

$\frac{1}{2}J\omega^2=mgh'_2$……（2 分）

解得杆的中心上升的高度为 $h'_2=3h_0/4$

所以，杆末端上升高度为 $h_2=2h'_2=3h_0/2$ ……（1 分）

6. **解**：如右图所示

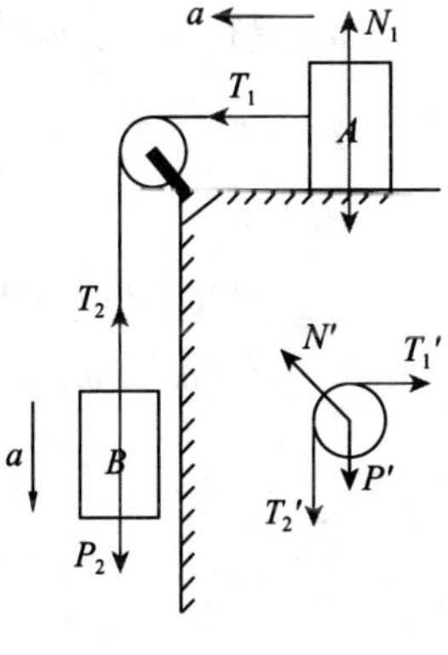

$T_1=m_1a$　　（1）……（1 分）

$P_2-T_2=m_2g-T_2=m_2a$　　（2）……（1 分）

$RT'_2-RT'_1=J\alpha$　　（3）……（2 分）

$a=R\alpha$　　（4）……（1 分）

$J=\frac{1}{2}mR^2$ (5) …… (1 分)

$T'_1=T_1$，$T'_2=T_2$ (6)

将上面 6 个方程联立，得

$a=\frac{m_2g}{m_1+m_2+\frac{1}{2}m}$ …… (2 分)

$\alpha=\frac{m_2g}{R\left(m_1+m_2+\frac{1}{2}m\right)}$ …… (2 分)

7. **解**：如右图所示分别对两物体及定滑轮作受力分析，根据质点的牛顿定律和刚体的转动定律有

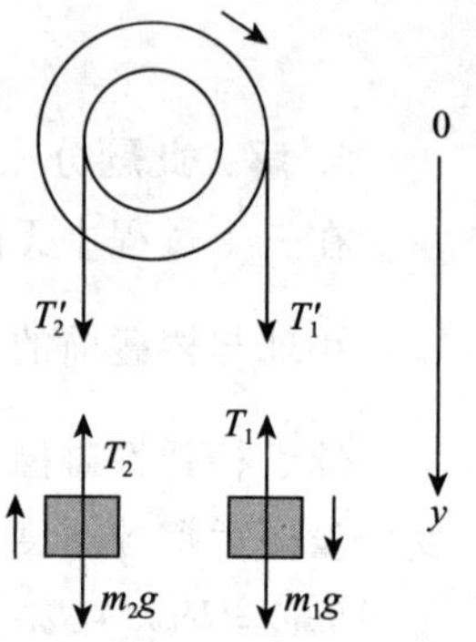

$P_1-T_1=m_1g-T_1=m_1a_1$ (1) …… (1 分)

$T_2-P_2=T_2-m_2g=m_2a_2$ (2) …… (1 分)

$T'_1r_1-T'_2r_2=J\alpha$ (3) …… (2 分)

$a_1=\alpha r_1$ (4) …… (1 分)

$a_2=\alpha r_2$ (5) …… (1 分)

其中 $T'_1=T_1$，$T'_2=T_2$

解上述方程组，可得

$a_1=\frac{(m_1r_1-m_2r_2)\ gr_1}{J+m_1r_1^2+m_2r_2^2}$ …… (2 分)

$a_2=\frac{(m_1r_1-m_2r_2)\ gr_2}{J+m_1r_1^2+m_2r_2^2}$ …… (2 分)

8. **解**：研究对象 m_1，m_2，m

建立坐标，受力分析，如右图所示，对各隔离体写出运动方程：

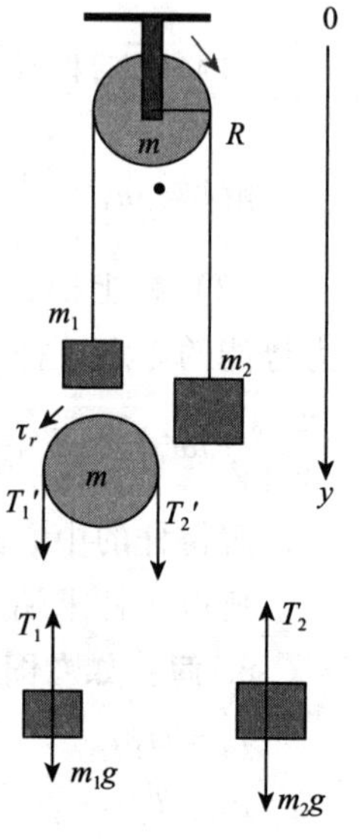

$T_1-m_1g=m_1a$ ……1 分

$m_2g-T_2=m_2a$ ……1 分

$T'_2R-T'_1R-\tau_r=J\beta$ …… (2 分)

$a=R\beta$，$J=\frac{1}{2}mR^2$

$T_1=T'_1$，$T_2=T'_2$ …… (2 分)

解得：

$a=\frac{(m_2-m_1)\ gR-\tau_r}{R\left(m_1+m_2+\frac{1}{2}m\right)}$ …… (2 分)

$$\alpha = \frac{(m_2 - m_1)\ gR - \tau_r}{R^2\ (m_1 + m_2 + \frac{1}{2}m)} \cdots\cdots \text{(2 分)}$$

9. **解**：杆自由下摆，机械能守恒．（设杆摆到竖直位置时角速度为ω_0）

$$Mg\frac{l}{2}(1-\cos\theta_0) = \frac{1}{2}\cdot J\cdot\omega_0^2 \qquad (1) \cdots\cdots \text{(2 分)}$$

$$J = \frac{1}{3}Ml^2 \qquad (2) \cdots\cdots \text{(2 分)}$$

杆与物弹性碰撞过程系统对轴的角动量守恒，机械能守恒：

$$J\cdot\omega_0 = J\cdot\omega_M + mlv_m \qquad (3) \cdots\cdots \text{(2 分)}$$

$$\frac{1}{2}J\omega_0^2 = \frac{1}{2}J\omega_M^2 + \frac{1}{2}mv_m^2 \qquad (4) \cdots\cdots \text{(2 分)}$$

（1）（2）（3）（4）联立解得：

$$\omega_M = \frac{M-3m}{M+3m}\sqrt{\frac{3g}{l}(1-\cos\theta_0)} \cdots\cdots \text{(1 分)}$$

$$v_m = \frac{2M}{3m+M}\sqrt{3gl(1-\cos\theta_0)} \cdots\cdots \text{(1 分)}$$

第三章

静 电 场

基本要求

1. 理解带电体的理想模型（如“点”电荷、“无限大”带电平面、“无限长”带电直导线等）及其物理意义

2. 掌握库仑定律及其适用范围，理解静电力的叠加原理

3. 理解场的基本概念，及电荷间相互作用的物理本质

4. 掌握描述静电场的两个物理量——电场强度矢量和电势的概念．能用点电荷电场强度和场强叠加原理及高斯定理求解带电系统电场强度矢量；能用点电荷和电势叠加原理及电势的定义式求解带电系统的电势，理解电场强度与电势的关系

5. 理解电场线及电通量的物理意义，会计算电通量

6. 理解静电场的高斯定理及环路定律是描述静电场基本性质的两个重要定理，它们表明静电场是有源场和保守场

7. 理解电势能的概念及其计算方法

8. 理解静电感应及导体的静电平衡条件，理解导体达到静电平衡状态时电荷及电场强度的分布特征．能结合静电平衡条件分析静电感应、静电屏蔽等现象

9. 理解电容的定义及其物理意义，理解电容器的概念，掌握典型电容器电容及电容器储能的计算方法

10. 了解电介质的极化原理和电介质对静电场的影响；了解含电介质时的高斯定理和有电介质存在时静电场中的电位移矢量 $\boldsymbol{D}$ 和电场强度 $\boldsymbol{E}$ 的计算方法；了解电介质对电容器性质的影响

11. 理解电容器的储能公式，理解电场能量密度的概念，并能作有关电场能量的简单计算

重点与难点

1. 重点

(1) 重点掌握处理静电场问题的三种方法. 利用叠加原理、高斯定理、电势梯度求电场

(2) 用叠加原理、对电场强度的线积分式求电势或电势差

(3) 电容器的电容、电场、电势差、电场能量的计算. 重点是平行板电容器

2. 难点

(1) 利用电场强度的叠加原理、高斯定理求电场

(2) 电容器中的电场、电势差、静电能的计算

内容提要

1. 电荷

得到或失去电子的物体. 物质是由原子组成的；原子是由原子核和电子组成的；原子核是由质子和中子组成的，质子带正电量 = 电子带负电量. $e = 1.6\times10^{-19}$库仑，是电量的最小单位. 带电体本身的线度比它到带电体的距离小很多时，带电体→点电荷，即只计电量不考虑大小和形状的电荷叫点电荷.

2. 库仑定律

两个静止的点电荷之间的作用力的大小和它们电荷的乘积成正比，和它们之间距离的平方成反比，作用力的方向沿着它们的连线方向，同号电荷相排斥，异号电荷相吸. 即两点电荷间库仑力大小为:

$$f = k\frac{q_1q_2}{r^2} = \frac{1}{4\pi\varepsilon}\frac{q_1q_2}{r^2}$$ 在 SI 制中，$k = 8.988\times10^9 \approx 9.0\times10^9(\mathrm{Nm^2C^{-2}})$

$$\varepsilon = \varepsilon_r\varepsilon_0；\ \varepsilon_0 = 8.85\times10^{-12}\frac{\mathrm{c^2}}{\mathrm{Nm^2}}$$

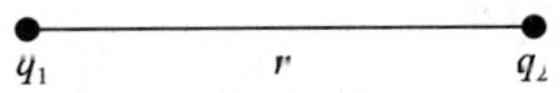

图 3.1

其中 q_1，q_2 分别为两点电荷电量；ε，ε_r，ε_0 分别为电介质（绝缘体）的介电常数，相对介电常数和真空中的介电常数；r 为两点电荷间的距离. 而该力的方向需要根据两电荷的电量符号加以判断.

3. 电场

电荷周围存在着一种具有能量的特殊物质，称为电场，可以对处于其中的电荷施以作用力. 电荷与电荷之间的库仑力是通过电场来实现.

4. 电场强度矢量

描述电场强弱的物理量，等于单位正电荷所受的电场力.

$$\vec{E} = \frac{\vec{F}}{q} \quad 单位: \frac{N}{q} = \frac{\mathrm{N\cdot m}}{q\cdot m} = \frac{J}{\frac{q}{S}m\cdot S} = \frac{V\cdot I\cdot S}{I\cdot S\cdot m} = \frac{伏特}{米}$$

(1) 点电荷的电场强度

$$E=\frac{F}{q_0}=\frac{q}{4\pi\varepsilon r^2}$$

图 3.2

(2) 多个点电荷的电场强度

$$\vec{E}=\vec{E}_1+\vec{E}_2+\vec{E}_3$$

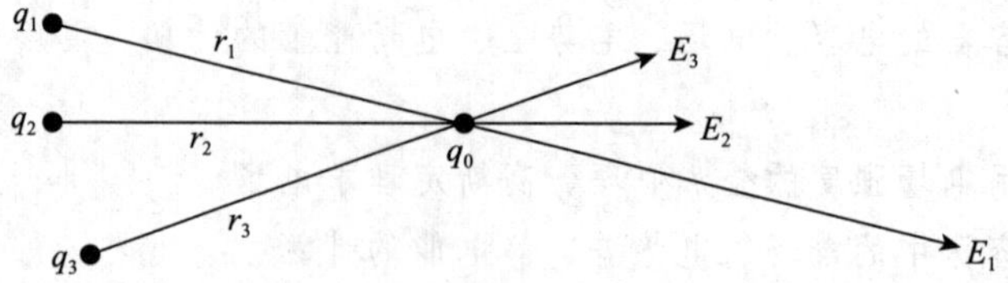

图 3.3

其中 $E_i=\frac{q_i}{4\pi\varepsilon r_i^2}$，　(i=1，2，3)

(3) 任意形状的带电体的电场强度

$$\vec{E}=\int_q \mathrm{d}\vec{E}=\int_q \frac{1}{4\pi\varepsilon}\frac{\mathrm{d}q}{r^2}\vec{r}$$

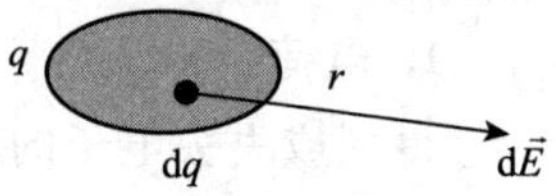

图 3.4

5. 电力线

在电场中描绘一系列的曲线，使这些曲线上的每一点切线方向都与该点场强 E 的方向一致，这些曲线叫电力线．电力线的特点：

(1) 始于正电荷，终于负电荷，在无电荷处不中断，不形成闭合曲线．

(2) 电力线间彼此不相交．

(3) 电场强度大的地方，电力线密，否则稀疏．

6. 电通量

通过电场中任一给定面的电场线的条数，即为该面的电通量．一般用 Φ_e 表示．

Φ_e 的计算：定义闭合曲面 $\vec{S}$，$\mathrm{d}\vec{S}$的方向：法线方向（向外为正）．

(1) 均匀电场：$\Phi_e=\vec{E}\cdot\vec{S}=ES\cos\theta$

(2) 非均匀电场：$\Phi_e=\int_S \vec{E}\cdot\mathrm{d}\vec{S}=\int_S E\cos\theta\mathrm{d}S$

(3) S 为闭合曲面：$\Phi_e=\oint_S \vec{E}\cdot\mathrm{d}\vec{S}$

7. 高斯定理

(1) 真空中的高斯定理

在真空中的任何静电场中，通过任一闭合曲面的电通量等于该闭合曲面所包围的所有电荷的代数和的$\frac{1}{\varepsilon_0}$倍，即

$$\Phi_e=\oint_S \vec{E}\cdot\mathrm{d}\vec{S}=\frac{1}{\varepsilon_0}\sum q_i$$

其中，Φ_e：封闭曲面的电通量；$\vec{E}$：内外电荷共同产生的场强；$\sum q_i$：封闭曲面内包围的所有电荷电量的代数和.

（2）验证

高斯定理与库仑定律等价，可由库仑定律导出：（1）对点电荷；（2）对点电荷系.

（3）高斯定理的意义

①从理论上，揭示了静电场是有源场的基本性质；

②在应用上，提供了另一种求 $\vec{E}$ 的简便方法.

8. 高斯定理的应用：求均匀对称性电场的电场强度 E

用高斯定理求电场强度的基本步骤：

（1）由 q 分布的对称性，分析 $\vec{E}$ 分布的对称性：是点对称，轴对称，还是面对称?

（2）选高斯面（适当的闭合曲面，使 $\oint \vec{E} \cdot d\vec{S}$ 中的 $\vec{E}$ 能以标量形式提出积分号外）；

（3）计算高斯面内包围的所有电荷的代数和.

9. 电场力做功

电荷 q_0 由电场中的 A 点运动到 B 点过程中，电场力做功为

$$W = \int_A^B \vec{F} \cdot d\vec{l} = \int_A^B F\cos\theta dl = q\int_A^B E\cos\theta dl = q\int_{r_A}^{r_B} E dr$$

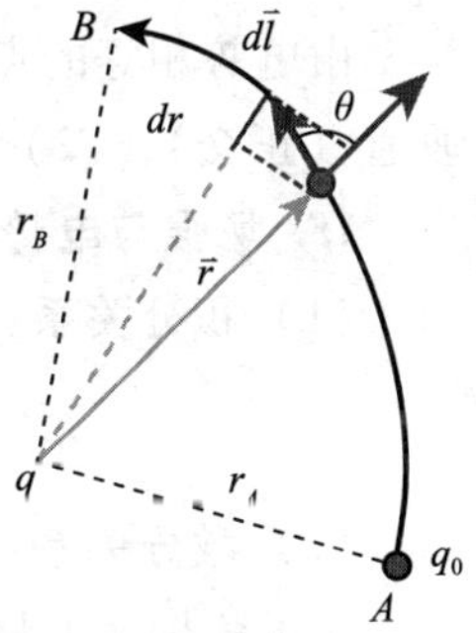

图 3.5

静电场力做功的特点：

（1）问题：试验电荷 q_0 在 $+q$ 的电场中，由 $A \to B$，

$$W = \frac{q_0 q}{4\pi\varepsilon_0}\left(\frac{1}{r_A} - \frac{1}{r_B}\right)$$

（2）结论：静电场力做功与路径无关，静电力是保守力.

10. 静电场的环流定理

由于静电场力是保守力，于是得到 $\oint_L \vec{E} \cdot d\vec{l} = 0$

即在静电场中，场强沿任意闭合路径的线积分（称为场强的环流）恒为零. 或者 $\vec{E}$ 的环流为零，这一结论说明了静电场力做功与路径无关，静电场是保守场，静电场线不闭合.

11. 电势能

（1）零势能点

通常取 $W_\infty = 0$

（2）电势能

q_0 在 a 点的电势能，等于将 q_0 从 a 移到零势能点处的过程中，电场力所

做的功.

$$W_a = q\int_a^{0势面} E\cos\theta dl\ (或\ = q\int_a^{\infty} E\cos\theta dl)$$

12. 电势

单位正电荷所具有的电势能.

$$U_A = \frac{W_a}{q_0} = \int_a^{0势面} E\cos\theta dl = \int_a^{\infty} E\cos\theta dl = \int_a^{\infty} \vec{E}\cdot d\vec{l} \quad (单位:V)$$

讨论:

(1) 只与 $\vec{E}$ 有关,可描述场的性质;

(2) U_a 是标量,没有方向但有正负;

(3) 对点电荷及有限系统来说,取 $U_\infty = 0$,实用中取 $U_{地} = 0$.

13. 电势差

$$U_{ab} = U_a - U_b = \frac{W_a}{q_0} - \frac{W_b}{q_0} = \frac{W_{ab}}{q_0} = \int_a^b \vec{E}\cdot d\vec{l} = \int_a^b E\cos\theta dl$$

其中 $W_{ab} = q_0(U_a - U_b) = q_0\int_a^b \vec{E}\cdot d\vec{l} = q\int_a^b E\cos\theta dl.$

14. 等势面

由电势相等的点组成的曲面. 满足两个条件:(1) 电力线与等势面处处垂直(正交);(2) 顺着电力线的方向电势不断减小.

15. 场强与电势的关系

(1) 积分关系:

$$U_a - U_b = \int_a^b \vec{E}\cdot d\vec{l}$$

(2) 微分关系:

①电势梯度矢量:

$$\frac{dU}{dn}\vec{n}_0 = gradU = \nabla U$$

②$\vec{E}$ 与 U 的关系:

$$\vec{E} = -gradU = -\nabla U$$

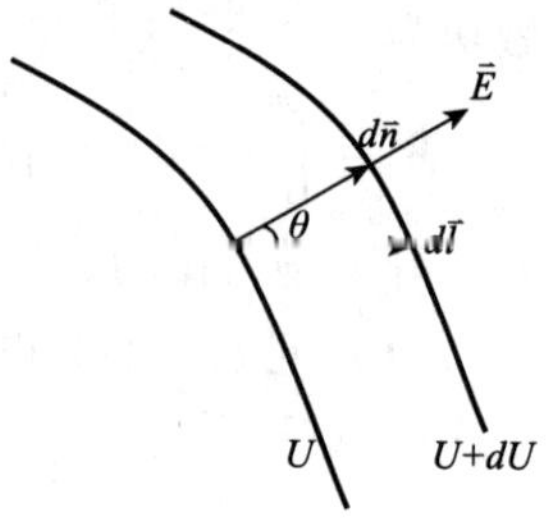

图 3.6

16. 静电场中金属导体的静电平衡条件

(1) 导体内部的场强处处为零,$\vec{E}_{内} = 0$,$\vec{E}_{表面} \perp$ 表面;

(2) 导体为等势体,表面为等势面;

(3) 净电荷只分布在表面,内部各处无净电荷存在.

特点:导体表面附近处的场强与该处表面电荷面密度成正比. 电荷在导体表面上曲率大处面密度大,曲率小处面密度小.

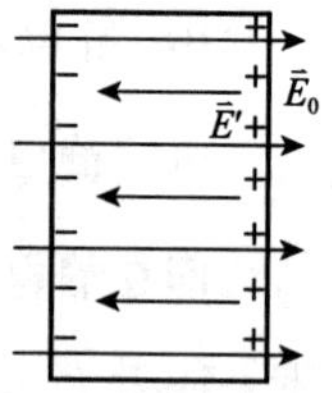

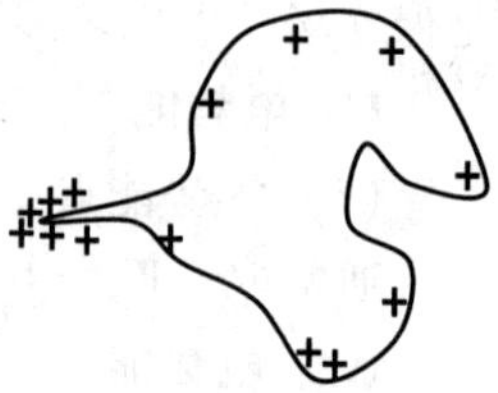

图 3.7

17. 静电屏蔽

(1) 外屏蔽：空腔导体屏蔽外电场.

(2) 内屏蔽：接地的空腔导体，屏蔽内电场.

18. 静电场中的电介质

(1) 介质分子的偶极子模型：核，核外电子构成偶极子．分为无极分子：$l=0(H_2,N_2,CO_2,\cdots)$ 和有极分子：$l\neq0(H_2O,SO_2,CO,\cdots)$．（注：$l$ 为电偶极矩）

(2) 电介质的极化：在外场作用下介质表面出现束缚电荷的现象.

无极分子的极化——位移极化；

有极分子的极化——以转向极化为主.

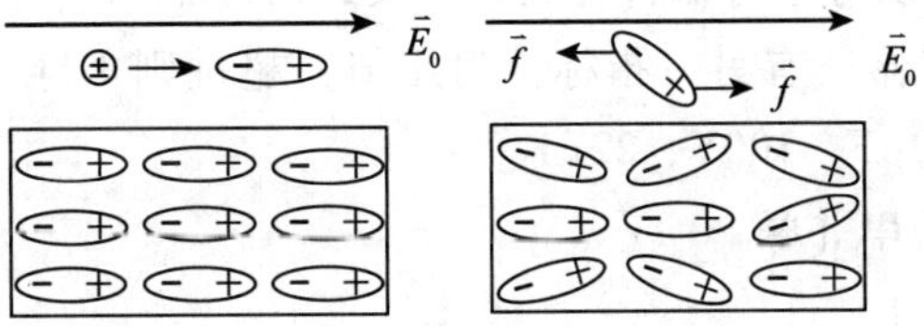

图 3.8

(3) 电极化强度 $\vec{P}$

定义：单位体积内分子电偶极矩的矢量和.

即：$\vec{P}=\dfrac{\sum \vec{p}_i}{\Delta V}$ 单位：$C\cdot m^{-2}$

(4) $\vec{P}$ 与 $\vec{E}$ 的关系：$\vec{P}=\chi_e\varepsilon_0\vec{E}$；$\chi_e$ 叫作电极化率，大小与电介质有关.

(5) 极化电荷面密度 σ' 与 $\vec{P}$ 的关系：$\sigma'=\vec{P}\cdot\vec{n}$.

(6) 相对介电常数：$\varepsilon_r=\dfrac{\vec{E}_0}{\vec{E}}$；$\varepsilon_r=1+\chi_e$

(7) 均匀电介质中的场强 $\vec{E}$：$\vec{E}=\dfrac{\vec{E}_0}{\varepsilon_r}=\vec{E}_0+\vec{E}'$.

(8) 有电介质时的高斯定理：$\oint_S\vec{E}\cdot d\vec{S}=\dfrac{1}{\varepsilon}\sum q_i$ 或 $\oint_S\vec{D}\cdot d\vec{S}=\sum q$，

$\vec{D}=\varepsilon\vec{E}=\varepsilon_0\varepsilon_r\vec{E}=\varepsilon_0(1+\chi_e)\vec{E}=\varepsilon_0\vec{E}+\vec{P}$ 叫作电位移矢量.

19. 电容和电容器

(1) 孤立导体的电容

对于孤立导体，它是一个等势体，其电势与它所带的电量成正比，我们定义 $C=\dfrac{q}{U}$ 为孤立导体的电容，单位为：法拉（F)．另外还有微法拉和皮法拉，它们之间的关系为：

$$1F=10^6\mu F=10^{12}pF$$

(2) 电容器的电容

由两块带等量异号电荷的金属导体 a 和 b 所组成的导体带电系统叫作电容器，组成电容器的两块金属导体叫作电容器的极板．极板所带的电量与两极板之间的电势差的比值叫作电容器的电容．即 $C=\dfrac{q}{U_{ab}}$.

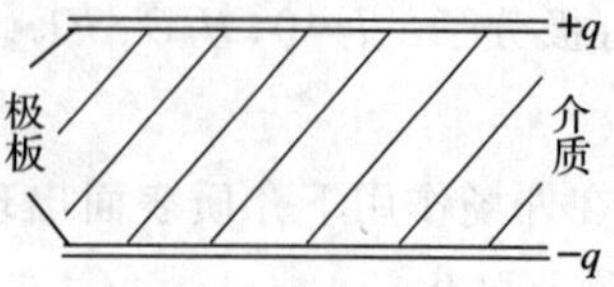

图 3.9

C 与极板、介质等电容器自身因素有关，而与 q，U_{ab} 等外界因素无关．除了电容以外，电容器还有另一指标：耐压值，超过则击穿．一般电容都有明示，如：400V，10μF，100V，22μF.

(3) 电容器的串并联

串联 $q_1=q_2$；$\dfrac{1}{C}=\dfrac{1}{C_1}+\dfrac{1}{C_2}$

并联 $U_1=U_2$；$C=C_1+C_2$

(4) 电容器的电容 C 的求解步骤

①假设电容器的两极板分别带电 $\pm q$；

②求出电容器的两极板之间的电场强度 E；

③计算电容器的两极板之间的电势差 $U_{ab}=\int_a^b \vec{E}\cdot \mathrm{d}\vec{l}$；

④代入定义公式 $C=\dfrac{q}{U_{ab}}$

20. 电场的能量和能量密度

(1) 电容器的能量

如果给电容器充电，电容器中就有了电场，电场中储存的能量等于充电时电源所做的功，下面以平行板电容器为例来推导电容器的能量公式：

假设在 t 时刻，把正的电荷元 dq 从 b 板推到 a 板所做的功为：$dW=Fd=Edq.\,d=Ed.\,dq=Udq=\dfrac{q}{C}dq$

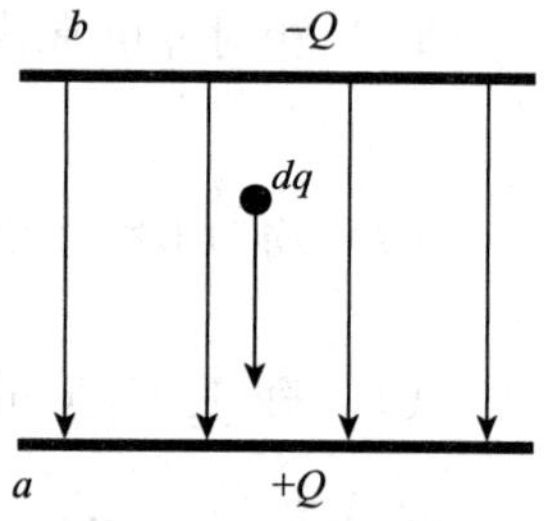

图 3.10

这样，从开始极板上没有电荷到两极板分别带电 $\pm Q$ 时，电源所的功为：

$$W=\int_0^Q \frac{q}{C}dq=\frac{Q^2}{2C}$$

电场储存的能量 W_e 就等于这个功的数值，即 $W_e=\dfrac{Q^2}{2C}=\dfrac{1}{2}CU^2=\dfrac{1}{2}QU$

它适用于各种结构的电容器．

(2) 电场的能量

$$W = \frac{1}{2}CU^2 = \frac{1}{2}\varepsilon E^2 V$$

(3) 电场的能量体密度

$$w = \frac{W}{V} = \frac{1}{2}\varepsilon E^2 = \frac{1}{2}DE$$

为点函数，适用于任何电场.

(4) 非均匀电场的能量

$$W = \int_V w\mathrm{d}V = \int_V \frac{1}{2}\varepsilon E^2\mathrm{d}V$$

解题指导

[例题1] 如图3.11所示，半径为 R 的圆环开有一小空隙而形成一圆弧，弧长为 L，电荷 $-Q$ 均匀分布其上. 空隙长为 $\Delta L(\Delta L \ll R)$，则圆弧中心 O 点的电场强度和电势分别为（　　）

(A) $\dfrac{-Q\Delta L}{4\pi\varepsilon_0 R^2 L}\vec{i}$，$\dfrac{-Q}{4\pi\varepsilon_0 R}$　　(B) $\dfrac{-Q\Delta L}{8\pi^2\varepsilon_0 R^2 L}\vec{i}$，$\dfrac{-Q}{4\pi\varepsilon_0 R}$

(C) $\dfrac{Q\Delta L}{4\pi\varepsilon_0 R^2 L}\vec{i}$，$\dfrac{Q}{4\pi\varepsilon_0 R}$　　(D) $\dfrac{-Q\Delta L}{4\pi\varepsilon_0 R^2 L}\vec{i}$，$\dfrac{-Q\Delta L}{4\pi\varepsilon_0 RL}$

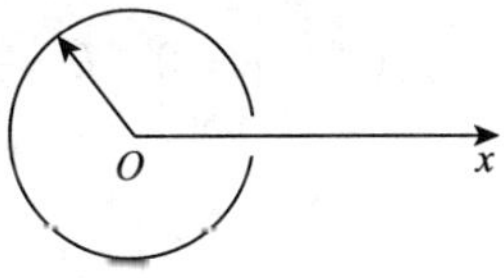

图 3.11

解　闭合圆环中心场强为0，则圆弧产生的场强与空隙在圆心处产生的场强之和为0. 由于空隙 Δl 非常小，可视为点电荷，设它与圆弧电荷密度相同，则所带电荷为 $-Q\Delta L/L$，产生的场强为 $\dfrac{Q\Delta L}{4\pi\varepsilon_0 R^2 L}\vec{i}$，所以圆弧产生的场强为 $\vec{E}_O = \dfrac{-Q\Delta L}{4\pi\varepsilon_0 R^2 L}\vec{i}$；又根据电势叠加原理可得 $U_O = \dfrac{-Q}{4\pi\varepsilon_0 R}$

[例题2] 有两个电荷都是 $+q$ 的点电荷，相距为 $2a$. 今以左边的点电荷所在处为球心，以 a 为半径作一球形高斯面. 在球面上取两块相等的小面积 S_1 和 S_2，其位置如图3.12所示. 设通过 S_1 和 S_2 的电场强度通量分别为 Φ_1 和 Φ_2，通过整个球面的电场强度通量为 Φ_S，则（　　）

(A) $\Phi_1 > \Phi_2$，$\Phi_S = q/\varepsilon_0$

(B) $\Phi_1 < \Phi_2$，$\Phi_S = 2q/\varepsilon_0$

(C) $\Phi_1 = \Phi_2$，$\Phi_S = q/\varepsilon_0$

(D) $\Phi_1 < \Phi_2$，$\Phi_S = q/\varepsilon_0$

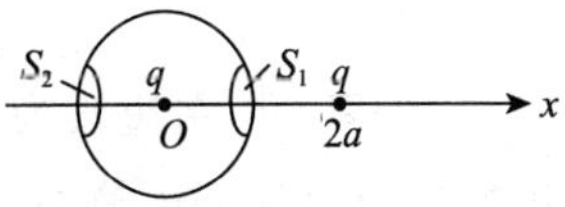

图 3.12

解　由高斯定理知 $\Phi_S = q/\varepsilon_0$. 由于面积 S_1 和 S_2 相等且很小，场强可视为均匀. 根据场强叠加原理，$E_1 = 0$，$E_2 < 0$，所以 $\Phi_1 = 0$，$\Phi_2 > 0$.

［**例题 3**］半径为 R 的均匀带电球体的静电场中各点的电场强度的大小 E 与距球心的距离 r 的关系曲线为（　　）

（A）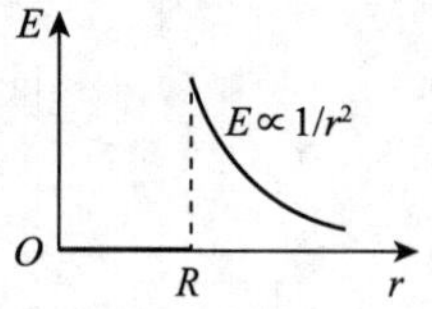

（B）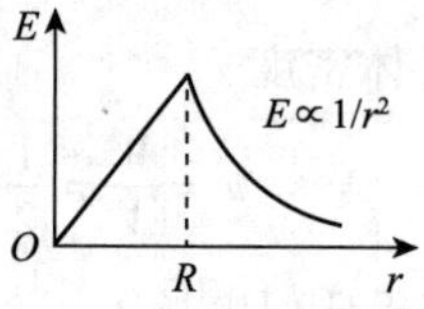

（C）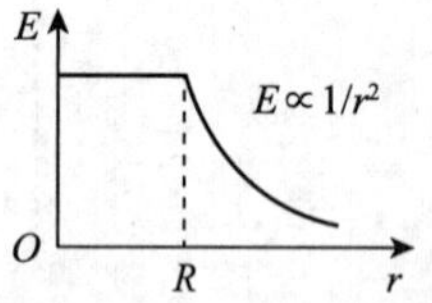

（D）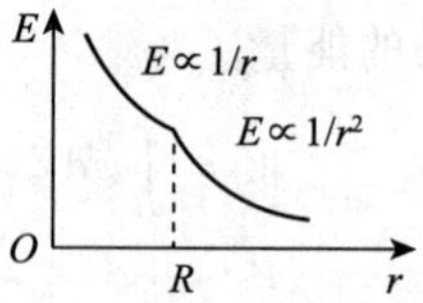

解　由高斯定理知均匀带电球体的场强分布为 $E=\begin{cases}\dfrac{q}{4\pi\varepsilon_0 R^3}r & (r<R)\\ \dfrac{1}{4\pi\varepsilon_0}\dfrac{q}{r^2} & (r>R)\end{cases}$，所以选（B）．

［**例题 4**］如图 3.13 所示，一半径为 a 的“无限长”圆柱面上均匀带电，其电荷线密度为 λ. 在它外面同轴地套一半径为 b 的薄金属圆筒，圆筒原先不带电，但与地连接．设地的电势为零，则在内圆柱面里面、距离轴线为 r 的 P 点的场强大小和电势分别为（　　）

（A）$E=0$，$U=\dfrac{\lambda}{2\pi\varepsilon_0}\ln\dfrac{a}{r}$

（B）$E=\dfrac{\lambda}{2\pi\varepsilon_0 r}$，$U=\dfrac{\lambda}{2\pi\varepsilon_0}\ln\dfrac{b}{r}$

（C）$E=0$，$U=\dfrac{\lambda}{2\pi\varepsilon_0}\ln\dfrac{b}{a}$

（D）$E=\dfrac{\lambda}{2\pi\varepsilon_0 r}$，$U=\dfrac{\lambda}{2\pi\varepsilon_0}\ln\dfrac{b}{a}$

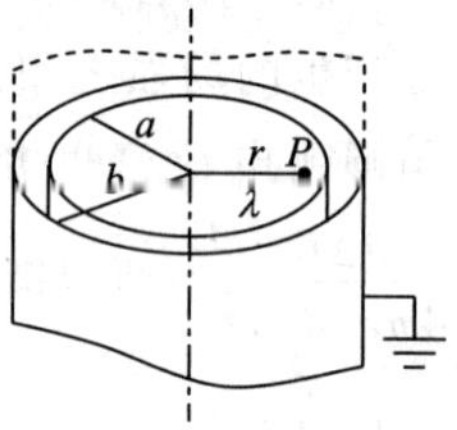

图 3.13

解　由高斯定理知内圆柱面里面各点 $E=0$，两圆柱面之间 $E=\dfrac{\lambda}{2\pi\varepsilon_0 r}$，则 P 点的电势为

$$U=\int_r^b E\mathrm{d}r=\int_r^a 0\mathrm{d}r+\int_a^b\frac{\lambda}{2\pi\varepsilon_0 r}\mathrm{d}r=\frac{\lambda}{2\pi\varepsilon_0}\ln\frac{b}{a}$$

［**例题 5**］在边长为 a 的正方体中心处放置一点电荷 Q，设无穷远处为电势零点，则在正方体顶角处的电势为（　　）

（A）$\dfrac{Q}{4\sqrt{3}\pi\varepsilon_0 a}$　　（B）$\dfrac{Q}{2\sqrt{3}\pi\varepsilon_0 a}$

（C）$\dfrac{Q}{6\pi\varepsilon_0 a}$　　（D）$\dfrac{Q}{12\pi\varepsilon_0 a}$

解 正方体中心到顶角处的距离 $r=\frac{\sqrt{3}}{2}a$，由点电荷的电势公式得

$$U=\frac{Q}{4\pi\varepsilon_0 r}=\frac{Q}{2\sqrt{3}\pi\varepsilon_0 a}$$

［**例题 6**］真空中两平行的无限长均匀带电直线，电荷线密度分别为 $-\lambda$ 和 λ，点 P_1 和 P_2 与两带电线共面，位置如图 3.14 所示，取向右为坐标正方向，则 P_1 和 P_2 两点的场强分别为______________和______________.

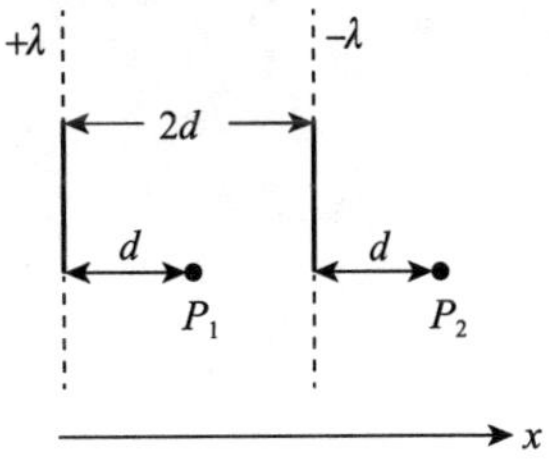

图 3.14

解 无限长均匀带电直线，在空间某点产生的场强 $E=\frac{\lambda}{2\pi\varepsilon_0 a}$，方向垂直于带电直线沿径向向外（$\lambda>0$）. 式中 a 为该点到带电直线的距离.

由场强叠加原理，P_1，P_2 点的场强为两直线产生的场强的矢量和．在 P_1 点，两场强方向相同，均沿 x 轴正向；在 P_2 点，两场强方向相反，所以

$$\vec{E}_1=\frac{\lambda}{2\pi\varepsilon_0 d}\vec{i}+\frac{\lambda}{2\pi\varepsilon_0 d}\vec{i}=\frac{\lambda}{\pi\varepsilon_0 d}\vec{i}；\ \vec{E}_2=\frac{\lambda}{2\pi\varepsilon_0\times 3d}\vec{i}-\frac{\lambda}{2\pi\varepsilon_0 d}\vec{i}=-\frac{\lambda}{3\pi\varepsilon_0 d}\vec{i}$$

［**例题 7**］一半径为 R，长为 L 的均匀带电圆柱面，其单位长度带有 λ. 在带电圆柱的中垂面上有一点 P，它到轴线距离为 $r(r>R)$，则 P 点的电场强度的大小：当 $r\ll L$ 时，$E=$____________；当 $r\gg L$ 时，$E=$____________.

解 当 $r\ll L$ 时，带电体可视为无限长均匀带电圆柱面 $E=\frac{\lambda}{2\pi\varepsilon_0 r}$；当 $r\gg L$ 时，带电体可视为点电荷 $E=\frac{\lambda L}{4\pi\varepsilon_0 r^2}$.

［**例题 8**］如图 3.15 所示，A 点与 B 点间距离为 $2l$，OCD 是以 B 为中心，以 l 为半径的半圆路径．A、B 两处各放有一点电荷，电量分别为 $+q$ 和 $-q$. 若把单位正电荷从 O 点沿 OCD 移到 D 点，则电场力所做的功为____________；把单位负电荷从 D 点沿 AB 延长线移到无穷远，电场力所做的功为____________.

解 电场力做功与路径无关.

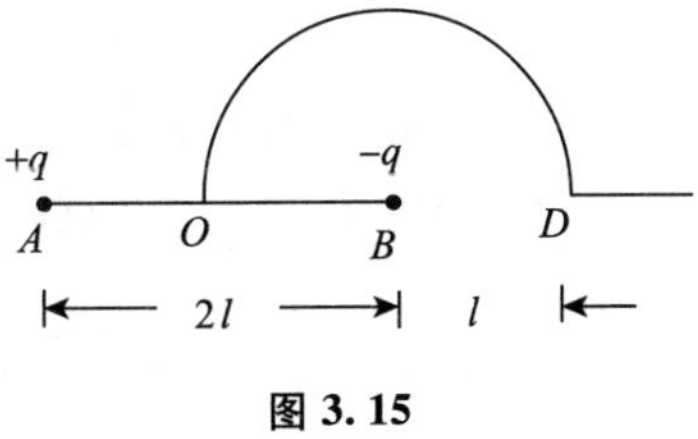

图 3.15

（1）$U_D=\frac{q}{4\pi\varepsilon_0 3l}+\frac{q}{4\pi\varepsilon_0 l}=\frac{-q}{6\pi\varepsilon_0 l},U_O=\frac{q}{4\pi\varepsilon_0 l}+\frac{-q}{4\pi\varepsilon_0 l}=0$，

$$A=Q(U_O-U_D)=1\times\left(0-\frac{-q}{6\pi\varepsilon_0 l}\right)=\frac{q}{6\pi\varepsilon_0 l}$$

（2）$A'=Q'(U_D-U_\infty)=-1\times\left(\frac{-q}{6\pi\varepsilon_0 l}-0\right)=\frac{q}{6\pi\varepsilon_0 l}$

[**例题 9**] 如图 3.16 所示，两同心带电球面，内球面半径为 $r_1=5\text{cm}$，带电荷 $q_1=3\times10^{-8}\text{C}$；外球面半径为 $r_2=20\text{cm}$，带电荷 $q_2=-6\times10^{-8}\text{C}$. 设无穷远处电势为零，则在两球面间另一电势为零的球面半径 $r=$________.

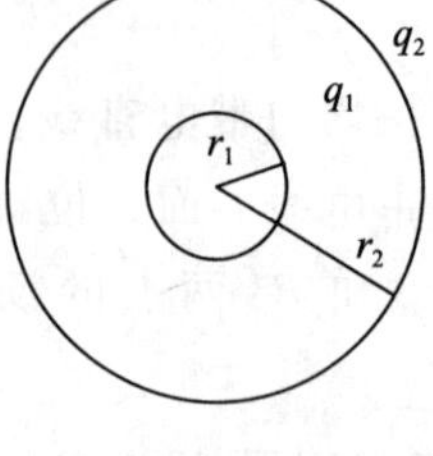

图 3.16

解 半径为 R 的均匀带电球面的电势分布为 $U_p=\begin{cases}\dfrac{q}{4\pi\varepsilon_0 r} & (r>R)\\ \dfrac{q}{4\pi\varepsilon_0 R} & (r<R)\end{cases}$. 所以，当 $r_1<r<r_2$ 时，$U_r=\dfrac{q_1}{4\pi\varepsilon_0 r}+\dfrac{q_2}{4\pi\varepsilon_0 r_2}$. 令 $U_r=0$，得 $r=10\text{cm}$.

[**例题 10**] 已知某静电场的电势分布为 $U=8x+12x^2y-20y^2$，则场强分布 $\vec{E}=$________________.

解 电场强度与电势梯度的关系为 $\vec{E}=-\dfrac{\partial U}{\partial x}\vec{i}-\dfrac{\partial U}{\partial y}\vec{j}-\dfrac{\partial U}{\partial z}\vec{k}$. 由此可求得

$$\vec{E}=(-8-24xy)\vec{i}+(-12x^2+40y)\vec{j}$$

[**例题 11**] 如图 3.17 所示，真空中一长为 L 的均匀带电细直杆，总电荷为 q，试求在直杆延长线上距杆的一端为 d 的 P 点的电场强度.

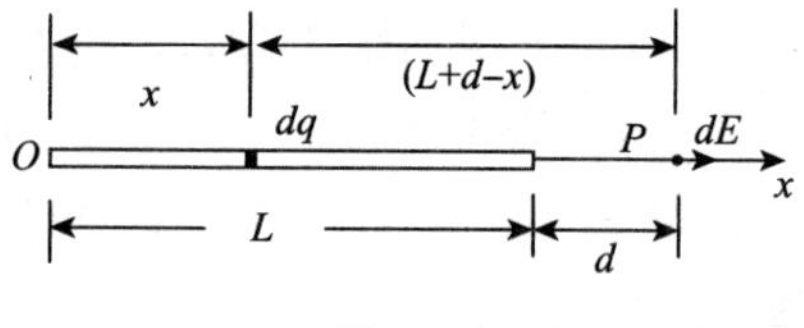

图 3.17

解 带电直杆的电荷线密度为 $\lambda=q/L$. 设坐标原点 O 在杆的左端，在 x 处取一电荷元 $dq=\lambda dx=qdx/L$，它在 P 点的场强为

$$\mathrm{d}E=\frac{dq}{4\pi\varepsilon_0(L+d-x)^2}=\frac{qdx}{4\pi\varepsilon_0 L(L+d-x)^2}$$

总场强 $E=\dfrac{q}{4\pi\varepsilon_0 L}\displaystyle\int_0^L\frac{dx}{(L+d-x)^2}=\frac{q}{4\pi\varepsilon_0 d(L+d)}$

方向沿 x 轴，即杆的延长线方向.

[例题 12] 如图 3.18 所示，一半径为 R 的半圆环，右半部均匀带电 $+Q$，左半部均匀带电 $-Q$. 求：半圆环中心 O 点的电场强度大小为多少？方向如何？

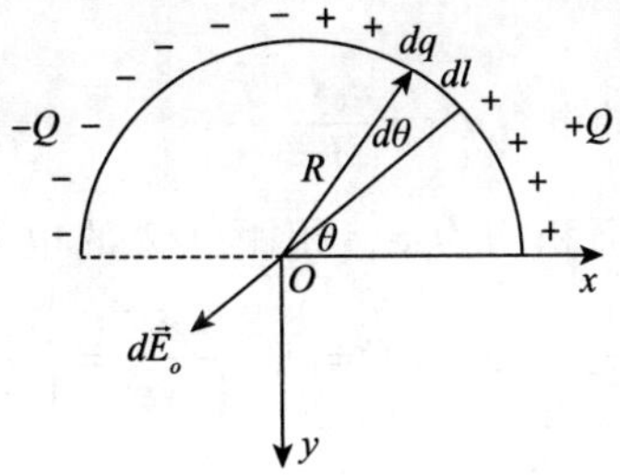

图 3.18

解 本题运用点电荷公式对电荷连续分布的带电体在空间产生的电场进行计算.

如图 3.18 所示，取电荷元 $dq=\frac{2Q}{\pi R}R\mathrm{d}\theta$，则电荷元在中心 O 点产生的场强为

$$\mathrm{d}E_0=\frac{1}{4\pi\varepsilon_0}\frac{\mathrm{d}q}{R^2}=\frac{1}{4\pi\varepsilon_0}\frac{\frac{2Q}{\pi}\mathrm{d}\theta}{R^2}$$

由对称性可知 $\int\mathrm{d}E_{Oy}=0$. 所以

$$E_0=\int\mathrm{d}E_{Ox}=\int\mathrm{d}E_0\cos\theta=2\int_0^{\pi/2}\frac{Q}{2\pi^2\varepsilon_0R^2}\cos\theta\mathrm{d}\theta=\frac{Q}{\pi^2\varepsilon_0R^2}(\sin\theta)\Big|_0^{\pi/2}=\frac{Q}{\pi^2\varepsilon_0R^2}$$

方向沿 $-x$ 方向，即水平向左.

[例题 13] 电荷以相同的面密度 σ 分布在半径为 $r_1=10\text{cm}$ 和 $r_2=20\text{cm}$ 的两个同心球面上. 设无限远处电势为零，球心处的电势为 $U_0=300\text{V}$，求电荷面密度 σ.

解 根据高斯定理 $\oint E\cdot\mathrm{d}S=\frac{\sum q}{\varepsilon_0}$

$$E_1=0 \qquad r<R_3$$

$$E_2=\frac{q}{4\pi\varepsilon_0r^2} \qquad r_1<r<r_2$$

$$E_3=0 \qquad R_2<r<R_1$$

$$E_4=\frac{2q}{4\pi\varepsilon_0r^2} \qquad r>R_1$$

$$U_0=\int_0^{R_3}E_1\cdot\mathrm{d}r+\int_{R_3}^{R_2}E_2\cdot\mathrm{d}r+\int_{R_2}^{R_1}E_3\cdot\mathrm{d}r+\int_{R_1}^{\infty}E_4\cdot\mathrm{d}r$$

$$=\int_{R_3}^{R_2}\frac{q}{4\pi\varepsilon_0r^2}\mathrm{d}r+\int_{R_1}^{\infty}\frac{2q}{4\pi\varepsilon_0r^2}\mathrm{d}r=\frac{q}{4\pi\varepsilon_0}\left(\frac{1}{R_3}-\frac{1}{R_2}+\frac{2}{R_1}\right)$$

[例题 14] 将平行板电容器接在电源上，用相对介电常数为 ε_r、厚度为板间距离一半

的均匀介质插入其中，则电容为原来的多少倍？极板上的电量为原来的多少倍？

解 设平行板电容器两个极板的面积均为 S、相距的距离为 d，电容器两端的电压为 U_0，

(1) 插介质板前，电容器的电容 $C_0=\dfrac{\varepsilon_0 s}{d}$

插介质板后，相当于两个面积均为 S、相距 $d/2$ 的电容器串联，那么电容器的电容

$\dfrac{1}{C}=\dfrac{1}{C_1}+\dfrac{1}{C_2}=\dfrac{1}{\dfrac{\varepsilon_0 S}{\frac{d}{2}}}+\dfrac{1}{\dfrac{\varepsilon_0\varepsilon_r S}{\frac{d}{2}}}=\dfrac{1}{\dfrac{\varepsilon_0 S}{d}\dfrac{2\varepsilon_r}{1+\varepsilon_r}}$，即 $C=\dfrac{\varepsilon_0 S}{d}\dfrac{2\varepsilon_r}{1+\varepsilon_r}=\dfrac{2\varepsilon_r}{1+\varepsilon_r}C_0$，所以，$\dfrac{C}{C_0}=\dfrac{2\varepsilon_r}{1+\varepsilon_r}$.

(2) 设平行板电容器极板的带电量在入插介质板前后分别为 Q_0 和 Q，电容器两端的电压为 U_0，因为电容器一直接在电源上，则电压不变，所以

$Q_0=C_0U_0$，$Q=CU_0=\dfrac{2\varepsilon_r}{1+\varepsilon_r}C_0\cdot U_0=\dfrac{2\varepsilon_r}{1+\varepsilon_r}Q_0$，则$\dfrac{Q}{Q_0}=\dfrac{2\varepsilon_r}{1+\varepsilon_r}$.

[**例题 15**] A、B、C 是三块平面金属板，面积均为 S. A、B 相距为 d，A、C 相距 $d/2$，B、C 两板都接地，A 板带正电荷 Q，不计边缘效应．

(1) 求 B 板和 C 板上的感应电荷 Q_B、Q_C 及 A 板的电势 U_A；

(2) 若在 A、B 间充以相对介电常数为 ε_r 的均匀电介质，再求 B 板和 C 板上的感应电荷 Q_B、Q_C 及 A 板的电势 U_A.

解 (1) 设 C、A 间的场强为 E_1，A、B 间的场强为 E_2，C、B 接地．

所以 $U_{AC}=U_{AB}$，则 $E_1\dfrac{d}{2}=E_2d$

又设 A 板左、右两侧分别带电 q_1 和 q_2，则 $E_1=\dfrac{q_1}{\varepsilon_0 s}$，$E_2=\dfrac{q_2}{\varepsilon_0 s}$，因此有 $q_1=2q_2$

由电荷守恒定律：$q_1+q_2=Q$ 得：$q_1=2Q/3$，$q_2=Q/3$. 则

$Q_C=-q_1=-2Q/3$，$Q_B=-q_2=-Q/3$

所以 $U_A=E_1\dfrac{d}{2}=\dfrac{dQ}{3\varepsilon_0 s}$

(2) 若在 A、B 间充以相对介电常数为 ε_r 的均匀电介质，则

$E_1=\dfrac{q_1}{\varepsilon_0 s}$，$E_2=\dfrac{q_2}{\varepsilon_0\varepsilon_r s}$，因为 C、B 接地，$U_{AC}=U_{AB}$，则 $E_1\dfrac{d}{2}=E_2d$，$q_1=2q_2/\varepsilon_r$

由电荷守恒定律：$q_1+q_2=Q$ 得：$q_1=\dfrac{2}{2+\varepsilon_r}Q$，$q_2=\dfrac{\varepsilon_r}{2+\varepsilon_r}Q$，得：

$Q_C=-q_1=-2Q/(2+\varepsilon_r)$，$Q_B=-q_2=-\varepsilon_r Q/(2+\varepsilon_r)$

$U_A=E_1\dfrac{d}{2}=\dfrac{dQ}{(2+\varepsilon_r)\varepsilon_0 s}$，所以充以均匀电介质后变小．

[例题 16] 如图 3.19 所示，一均匀带电球体，总电量为 $+Q$，其外部同心地罩一内、外半径分别为 r_1 和 r_2 的金属球壳．设无穷远处为电势零点，则球壳内半径为 r 的 P 点处的场强和电势为（ ）

(A) $E=\dfrac{Q}{4\pi\varepsilon_0 r^2}$，$U=\dfrac{Q}{4\pi\varepsilon_0 r}$

(B) $E=0$，$U=\dfrac{Q}{4\pi\varepsilon_0 r_1}$

(C) $E=0$，$U=\dfrac{Q}{4\pi\varepsilon_0 r}$

(D) $E=0$，$U=\dfrac{Q}{4\pi\varepsilon_0 r_2}$

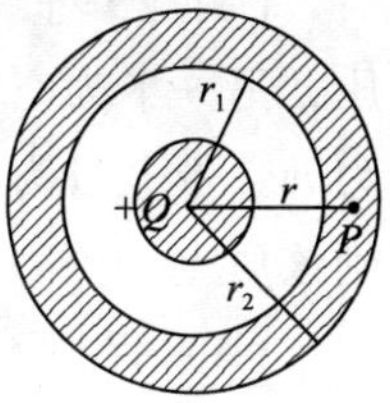

图 3.19

解 由静电平衡条件得金属壳内 $E=0$；外球壳内、外表面分别带电为 $-Q$ 和 $+Q$，根据电势叠加原理得

$$U=\frac{Q}{4\pi\varepsilon_0 r}+\frac{-Q}{4\pi\varepsilon_0 r}+\frac{Q}{4\pi\varepsilon_0 r_2}=\frac{Q}{4\pi\varepsilon_0 r_2}$$

[例题 17] 半径为 R 的金属球与地连接，在与球心 O 相距 $d=2R$ 处有一电量为 q 的点电荷，如图 3.20 所示．设地的电势为零，则球上的感应电荷 q'为（ ）

(A) 0　　(B) $\dfrac{q}{2}$

(C) $-\dfrac{q}{2}$　　(D) $-q$

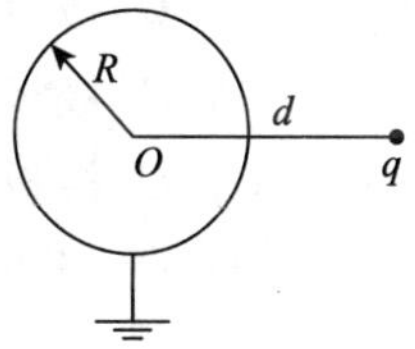

图 3.20

解 导体球接地，球心处电势为零，即 $U_0=\dfrac{q}{4\pi\varepsilon_0 d}+\dfrac{q'}{4\pi\varepsilon_0 R}=0$（球面上所有感应电荷到球心的距离相等，均为 R），由此解得 $q'=-\dfrac{R}{d}q=-\dfrac{q}{2}$.

[例题 18] 如图 3.21 所示，在一带电量为 Q 的导体球外，同心地包有一层各向同性均匀电介质球壳，其相对电容率为 ε_r，壳外是真空，则在壳外 P 点处（$\overline{OP}=r$）的场强和电位移的大小分别为（ ）

(A) $E=\dfrac{Q}{4\pi\varepsilon_0\varepsilon_r r^2}$，$D=\dfrac{Q}{4\pi\varepsilon_0 r^2}$

(B) $E=\dfrac{Q}{4\pi\varepsilon_r r^2}$，$D=\dfrac{Q}{4\pi r^2}$

(C) $E=\dfrac{Q}{4\pi\varepsilon_0 r^2}$，$D=\dfrac{Q}{4\pi r^2}$

(D) $E=\dfrac{Q}{4\pi\varepsilon_0 r^2}$，$D=\dfrac{Q}{4\pi\varepsilon_0 r^2}$

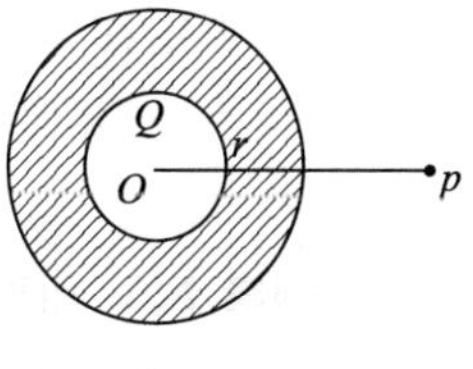

图 3.21

解 由高斯定理得电位移 $D=\dfrac{Q}{4\pi r^2}$，而 $E=\dfrac{D}{\varepsilon_0}=\dfrac{Q}{4\pi\varepsilon_0 r^2}$.

［**例题19**］一大平行板电容器水平放置，两极板间的一半空间充有各向同性均匀电介质，另一半为空气，如图3.22所示．当两极板带上恒定的等量异号电荷时，有一个质量为 m、带电量为 $+q$ 的质点，在极板间的空气区域中处于平衡．此后，若把电介质抽去，则该质点（ ）

（A）保持不动 （B）向上运动

（C）向下运动 （D）是否运动不能确定

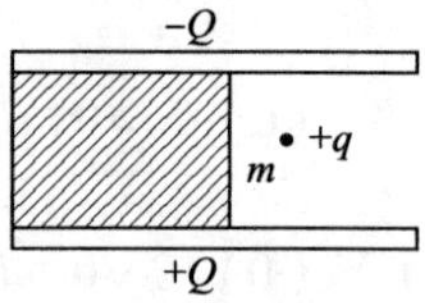

图3.22

解 由 $C=\dfrac{\varepsilon_0\varepsilon_r S}{d}$ 知，把电介质抽去则电容 C 减少．因极板上电荷 Q 恒定，由 $C=\dfrac{Q}{U}$ 知电压 U 增大，场强 $E=U/d$ 增大，质点受到的电场力 $F=qE$ 增大，且方向向上，故质点向上运动．

［**例题20**］C_1 和 C_2 两空气电容器并联以后接电源充电，在电源保持联接的情况下，在 C_1 中插入一电介质板，如图3.23所示，则（ ）

（A）C_1 极板上电荷增加，C_2 极板上电荷减少

（B）C_1 极板上电荷减少，C_2 极板上电荷增加

（C）C_1 极板上电荷增加，C_2 极板上电荷不变

（D）C_1 极板上电荷减少，C_2 极板上电荷不变

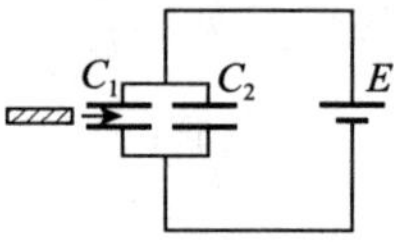

图3.23

解 在 C_1 中插入电介质板，则电容 C_1 增大，而电压保持不变，由 $q=CU$ 知 C_1 极板上电荷增加，C_2 极板上电荷不变．

［**例题21**］一空心导体球壳带电 q，当在球壳内偏离球心某处再放一电量为 q 的点电荷时，则导体球壳内表面上所带的电量为________；电荷________均匀分布（填“是”或“不是”）；外表面上的电量为________；电荷________均匀分布（填“是”或“不是”）．

解 由高斯定理及导体静电平衡条件，导体球壳内表面带有非均匀分布的电量 $-q$；由电荷守恒定律，球壳外表面带电量为 $2q$，且根据静电屏蔽原理知，外表面电荷均匀分布．答案为：$-q$；不是；$2q$；是．

［**例题22**］如图3.24所示，两块很大的导体平板平行放置，面积都是 S，有一定厚度，带电荷分别为 Q_1 和 Q_2．如不计边缘效应，则 A、B、C、D 四个表面上的电荷面密度分别为__________；__________；__________；__________．

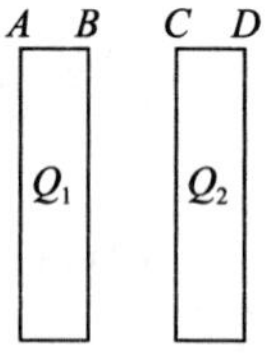

图3.24

解 作高斯面，用高斯定理可得（或参考教材例题），$\sigma_2=-\sigma_3$，$\sigma_1=$

σ_4. 依题意得，$\sigma_1+\sigma_2=\frac{Q_1}{S}$，$\sigma_3+\sigma_4=\frac{Q_2}{S}$，四式联立求解出结果：$\frac{Q_1+Q_2}{2S}$；$\frac{Q_1-Q_2}{2S}$；$\frac{Q_1-Q_2}{2S}$；$\frac{Q_1+Q_2}{2S}$.

［**例题 23**］一空气平行板电容器，电容为 C，两极板间距离为 d. 充电后，两极板间相互作用力为 F，则两极板间的电势差为____________，极板上的电量为____________.

答案： $\sqrt{2Fd/C}$；$\sqrt{2FdC}$.

解 $C=\frac{\varepsilon_0 S}{d}$，$F=qE_1=q\frac{\sigma}{2\varepsilon_0}=\frac{q^2}{2\varepsilon_0 S}=\frac{q^2}{2Cd}$，故，$q=\sqrt{2FdC}$，$U=\frac{q}{C}=\sqrt{\frac{2Fd}{C}}$.

［**例题 24**］一电容为 C 的空气平行板电容器，接上电源充电至端电压为 V 后与电源断开. 若把电容器的两个极板的间距增大至原来的 3 倍，则外力所做的功为__________.

解 因 $C=\frac{\varepsilon_0 S}{d}$，所以当 $d'=3d$，则 $C'=\frac{C}{3}$. 电容器充电后与电源断开，极板上的电荷不变，由 $W=\frac{Q^2}{2C}$知，$W'=3W$. 外力所做的功为 $A=W'-W=2W=2\left(\frac{1}{2}CV^2\right)=CV^2$

［**例题 25**］两个电容器的电容关系为 $C_1=2C_2$，若将它们串联后接入电路，则电容器 1 储存的电场能量是电容器 2 储能的________倍；若将它们并联后接入电路，则电容器 1 储存的电场能量是电容器 2 储能的________倍.

解 串联电容器的电量相等，所以$\frac{W_1}{W_2}=\frac{Q^2}{2C_1}/\frac{Q^2}{2C_2}=\frac{C_2}{C_1}=\frac{1}{2}$；并联电容器的电压相等，所以$\frac{W_1}{W_2}=\frac{1}{2}C_1V^2/\frac{1}{2}C_2V^2=2$.

［**例题 26**］半径为 $R_1=1.0\text{cm}$ 的导体球，带有电荷 $q=1.0\times10^{-10}\text{C}$，球外有一个内外半径分别为 $R_2=3.0\text{cm}$ 和 $R_3=4.0\text{cm}$ 的同心导体球壳，壳上带有电荷 $Q=11\times10^{-10}\text{C}$，试计算：

（1）两球的电势 U_1 和 U_2；

（2）用导线把球和球壳接在一起后，U_1 和 U_2 分别是多少？

（3）若外球接地，U_1 和 U_2 为多少？

（4）若内球接地，U_1 和 U_2 为多少？

解 本题可用电势叠加法求解，即根据均匀带电球面内任一点电势等于球面上电势，均匀带电球面外任一点电势等于将电荷集中于球心的点电荷在该点产生的电势. 首先求出导体球表面和同心导体球壳内外表面的电荷分布. 然后根据电荷分布和上述结论由电势叠加原理求得两球的电势. 若两球用导线连接，则电荷将全部分布于外球壳的外表面，再求得其电势.

（1）据题意，静电平衡时导体球带电 $q=1.0\times10^{-10}$C，则

导体球壳内表面带电为 $-q=-1.0\times10^{-10}$C；

导体球壳外表面带电为 $q+Q=12\times10^{-10}$C，

所以，导体球电势 U_1 和导体球壳电势 U_2 分别为

$$U_1=\frac{1}{4\pi\varepsilon_0}\left(\frac{q}{R_1}-\frac{q}{R_2}+\frac{q+Q}{R_3}\right)=330\text{V}$$

$$U_2=\frac{1}{4\pi\varepsilon_0}\left(\frac{q}{R_3}-\frac{q}{R_3}+\frac{q+Q}{R_3}\right)=270\text{V}$$

（2）两球用导线相连后，导体球表面和同心导体球壳内表面的电荷中和，电荷全部分布于球壳外表面，两球成等势体，其电势为

$$U'=U_1=U_2=\frac{1}{4\pi\varepsilon_0}\frac{q+Q}{R_3}=270\text{V}$$

（3）若外球接地，则球壳外表面的电荷消失，且 $U_2=0$

$$U_1=\frac{1}{4\pi\varepsilon_0}\left(\frac{q}{R_1}-\frac{q}{R_2}\right)=60\text{V}$$

（4）若内球接地，设其表面电荷为 q'，而球壳内表面将出现 $-q'$，球壳外表面的电荷为 $Q+q'$. 这些电荷在球心处产生的电势应等于零，即

$$U_1=\frac{1}{4\pi\varepsilon_0}\left(\frac{q'}{R_1}-\frac{q'}{R_2}+\frac{q'+Q}{R_3}\right)=0$$

解得 $q'=-3\times10^{-10}$C，则

$$U_2=\frac{1}{4\pi\varepsilon_0}\left(\frac{q'}{R_3}-\frac{q'}{R_3}+\frac{q'+Q}{R_3}\right)=180\text{V}$$

［**例题 27**］两个同心的薄金属球壳，内、外半径分别为 R_1 和 R_2. 球壳之间充满两层均匀电介质，其相对电容率分别为 ε_{r1} 和 ε_{r2}，两层电介质的分界面半径为 R. 设内球壳带有电荷 Q，求电位移、场强分布和两球壳之间的电势差.

答案：（1）$D=\begin{cases}0 & (r<R_1)\\ \dfrac{Q}{4\pi r^2} & (r>R_1)\end{cases}$；（2）$E=\begin{cases}0 & (r<R_1)\\ \dfrac{Q}{4\pi\varepsilon_0\varepsilon_{r1}r^2} & (R_1<r<R)\\ \dfrac{Q}{4\pi\varepsilon_0\varepsilon_{r2}r^2} & (R<r<R_2)\\ \dfrac{Q}{4\pi\varepsilon_0 r^2} & (r>R_2)\end{cases}$；

（3）$U_{12}=\dfrac{Q}{4\pi\varepsilon_0}\left(\dfrac{1}{\varepsilon_{r1}R_1}-\dfrac{1}{\varepsilon_{r1}R}+\dfrac{1}{\varepsilon_{r2}R}-\dfrac{1}{\varepsilon_{r2}R_2}\right)$.

解 由高斯定理 $D4\pi r^2=q_{int}$ 及 $D=\varepsilon_0\varepsilon_r E$ 得：

当 $r<R_1$ 时， $D_1=0$，$E_1=0$

当 $R_1 < r < R$ 时，$D_2 = \dfrac{Q}{4\pi r^2}$，$E_2 = \dfrac{Q}{4\pi\varepsilon_0\varepsilon_{r1} r^2}$

当 $R < r < R_2$ 时，$D_3 = \dfrac{Q}{4\pi r^2}$，$E_3 = \dfrac{Q}{4\pi\varepsilon_0\varepsilon_{r2} r^2}$

当 $r > R_2$ 时，　　$D_4 = \dfrac{Q}{4\pi r^2}$，$E_4 = \dfrac{Q}{4\pi\varepsilon_0 r^2}$

两球壳之间的电势差为

$$U_{12} = \int_{R_1}^{R_2} E dr = \int_{R_1}^{R} E_2 dr + \int_{R}^{R_2} E_3 dr = \frac{Q}{4\pi\varepsilon_0}\left(\frac{1}{\varepsilon_{r1}R_1} - \frac{1}{\varepsilon_{r1}R} + \frac{1}{\varepsilon_{r2}R} - \frac{1}{\varepsilon_{r2}R_2}\right)$$

[**例题 28**] 在极板间距为 d 的空气平行板电容器中，平行于极板插入一块厚度为 $d/2$、面积与极板相同的金属板后，其电容为原来电容的多少倍？如果平行插入的是相对电容率为 ε_r 的与金属板厚度、面积均相同的介质板则又如何？

解　(1) 平行插入 $d/2$ 厚的金属板，相当于原来电容器极板间距由 d 减小为 $d/2$，则

$$C' = \varepsilon_0 \frac{S}{d/2} = 2\varepsilon_0 \frac{S}{d} = 2C_0$$

(2) 插入同样厚度的介质板，则相当于一个极板间距为 $d/2$ 的空气平行板电容器与另一个极板间距为 $d/2$、充满电容率为 $\varepsilon_0\varepsilon_r$ 的电介质的电容器的串联，则

$$\frac{1}{C''} = \frac{1}{C'} + \frac{1}{\varepsilon_r C'} = \frac{1}{2C_0} + \frac{1}{2\varepsilon_r C_0} = \frac{1+\varepsilon_r}{2\varepsilon_r C_0}，\text{解得 } C'' = \frac{2\varepsilon_r}{1+\varepsilon_r}C_0$$

[**例题 29**] 一半径为 R 的球体，均匀带电，总电荷量为 Q，求其静电能．

解　由高斯定理易得球体内外场强为

$$E_{in} = \frac{Qr}{4\pi\varepsilon_0 R^3}，E_{out} = \frac{Q}{4\pi\varepsilon_0 r^2}$$

把空间看成由许多与带电球体同心的球壳组成，任取一个内径为 r，外径为 $r + \mathrm{d}r$ 的球壳，其体积为 $\mathrm{d}V = 4\pi r^2 \mathrm{d}r$，球壳中的电场能量为

$$\mathrm{d}W = \frac{1}{2}\varepsilon_0 E^2 \mathrm{d}V$$

则整个空间的电场能量为

$$W = \int \frac{1}{2}\varepsilon_0 E^2 \mathrm{d}V = \int_{V_{in}} \frac{1}{2}\varepsilon_0 E_{in}^2 \mathrm{d}V + \int_{V_{out}} \frac{1}{2}\varepsilon_0 E_{out}^2 \mathrm{d}V$$

$$= \int_0^R \frac{\varepsilon_0}{2}\left(\frac{Qr}{4\pi\varepsilon_0 R^3}\right)^2 4\pi r^2 \mathrm{d}r + \int_R^\infty \frac{\varepsilon_0}{2}\left(\frac{Q}{4\pi\varepsilon_0 r^3}\right)^2 4\pi r^2 \mathrm{d}r = \frac{3Q^2}{20\pi\varepsilon_0 R}$$

[**例题 30**] 一圆柱形电容器内外两极板的半径分别为 a 和 b，试证其带电后所储存的电场能量的一半是在半径为 $r = \sqrt{ab}$ 的圆柱面内部．

证：圆柱状电容器中的场强 $E=\dfrac{\lambda}{2\pi\varepsilon_0 r}$，其中，$\lambda=q/l$. 取体积元 $\mathrm{d}V=2\pi rl\mathrm{d}r$，能量为

$$\mathrm{d}W=w\mathrm{d}V=\frac{1}{2}\varepsilon_0E^2\cdot 2\pi rl\mathrm{d}r=\frac{1}{2}\varepsilon_0\left(\frac{\lambda}{2\pi\varepsilon_0 r}\right)^2\cdot 2\pi lr\mathrm{d}r=\frac{q^2}{4\pi\varepsilon_0 l}\frac{\mathrm{d}r}{r}$$

$$W=\frac{q^2}{4\pi\varepsilon_0 l}\int_a^b\frac{\mathrm{d}r}{r}=\frac{q^2}{4\pi\varepsilon_0 l}\ln\frac{b}{a}$$

设总能量的一半是储藏在半径为 r 的圆柱内部，则有

$$\frac{W}{2}=\frac{q^2}{4\pi\varepsilon_0 l}\int_a^r\frac{\mathrm{d}r}{r}=\frac{q^2}{4\pi\varepsilon_0 l}\ln\frac{r}{a},\text{即}\quad \frac{1}{2}\frac{q^2}{4\pi\varepsilon_0 l}\ln\frac{b}{a}=\frac{q^2}{4\pi\varepsilon_0 l}\ln\frac{r}{a}$$

解得 $r=\sqrt{ab}$.

同步自测练习题

（一）选择题

1. 关于电场强度的方向和大小，下述论述中正确的是（　　）

（A）电场强度大小处处相同的地方，电场强度的方向也处处相同

（B）电场强度大小处处相同的地方，电场线都是平行直线

（C）电场强度方向处处相同的地方，电场强度的大小必定处处相等

（D）电场强度方向处处不同的地方，电场强度的大小必定处处不等

2. 下列关于静电场的说法，正确的是（　　）

（A）电场线可以闭合

（B）电场中某点电场强度的方向，就是放在该点的检验电荷所受电场力的方向

（C）电场线越密的地方，同一电荷所受电场力越大

（D）正电荷只在电场力作用下一定沿电场线运动

3. 已知穿过一闭合曲面的电场强度通量为零，则可肯定（　　）

（A）此闭合曲面上各点电场强度均为零

（B）此闭合曲面内有电荷

（C）此闭合曲面内没有电荷

（D）穿过此闭合曲面的电场线净条数为零

4. 真空中有两个点电荷，现作一球形高斯面将两电荷包在其内部，则下列几种说法中正确的是（　　）

（A）穿过此球形高斯面的电场线净条数不可能为零

（B）若改变点电荷的位置，通过高斯面的电通量一定不变

（C）若改变球形高斯面的半径，通过高斯面的电通量一定不变

（D）若此球形高斯面被一与它相切的正方体表面所代替，通过高斯面的电通量不变

5. 在静电场中，关于场的对称性、高斯定理、静电力，下列说法正确的是（　　）

（A）若静电场的分布不具有对称性，则高斯定理不成立

（B）点电荷在电场力作用下，一定沿电场线运动

（C）两个点电荷之间的作用力大小为 F，当第三个点电荷移近时，两个点电荷之间的作用力大小仍为 F

（D）有限长均匀带电直线的场具有轴对称性，因此可以用高断定理求出空间各点的场强

6. 如图 3.25 所示，在 C 点放置点电荷 q，在 A 点放置点电荷 Q，S 是包围 q 的封闭曲面，P 点是曲面上任意一点．现将 Q 从 A 点移到 B 点，则（　　）

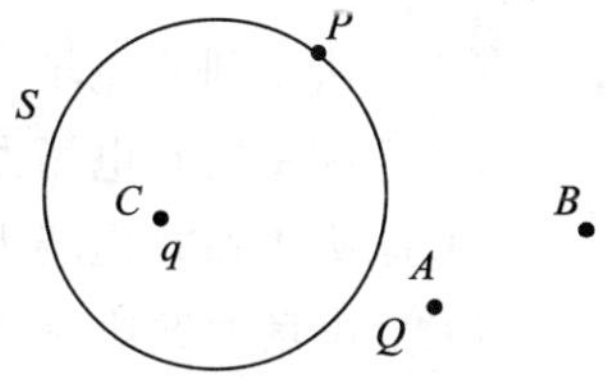

图 3.25

（A）通过 S 面的电通量改变，但 P 点的电场强度不变

（B）通过 S 面的电通量和 P 点的电场强度都改变

（C）通过 S 面的电通量和 P 点的电场强度都不变

（D）通过 S 面的电通量不变，但 P 点的电场强度改变

7. 关于静电场下列说法中正确的是（　　）

（A）场源电荷的静电场和试探电荷同时存在同时消失

（B）由 $\vec{E}=\vec{F}/q$ 知电场强度与试探电荷的电量成反比

（C）场源电荷电场的存在与试探电荷无关

（D）在场强大小相同处，试探电荷所受电场力也相同

8. 下列各图中所有电荷均与原点等距，且电量相等．设无穷远为零电势，则各图中电势和场强均为零的是（　　）

（A）
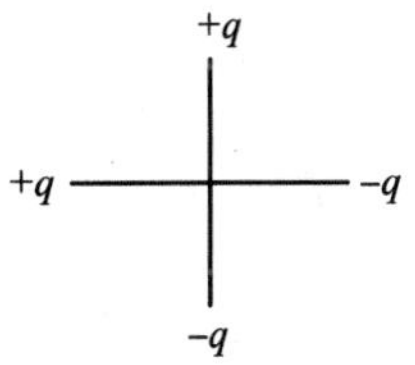

（B）
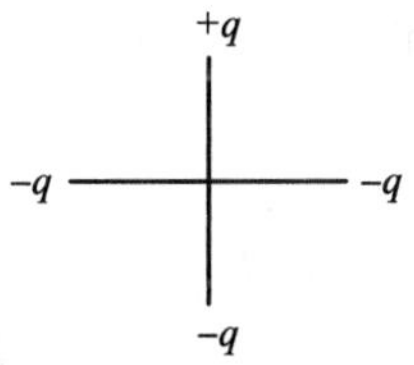

(C) 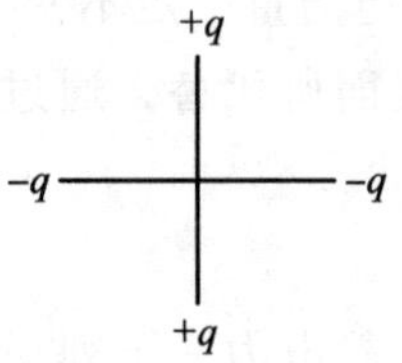

(D) 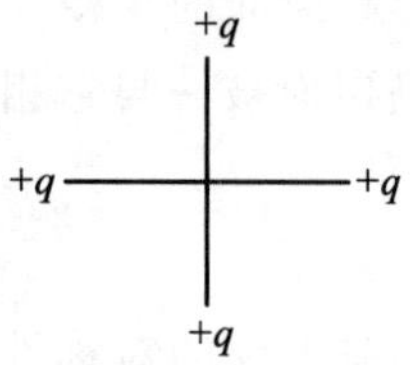

9. 一均匀带电球面，若球内电场强度处处为零，则球面上带电量为 $\sigma \mathrm{d}s$ 的面元在球面内产生的电场强度是（　　）

(A) 处处为零　　(B) 不一定为零

(C) 一定不为零　　(D) 是常数

10. 在一个点电荷 $+Q$ 的电场中，一个检验电荷 $+q$，从 A 点分别移到 B，C，D 点，B，C，D 点在 $+Q$ 为圆心的圆周上，如图 3.26 所示，则电场力做功是（　　）

(A) 从 A 到 B 电场力做功最大

(B) 从 A 到 C 电场力做功最大

(C) 从 A 到 D 电场力做功最大

(D) 电场力做功一样大

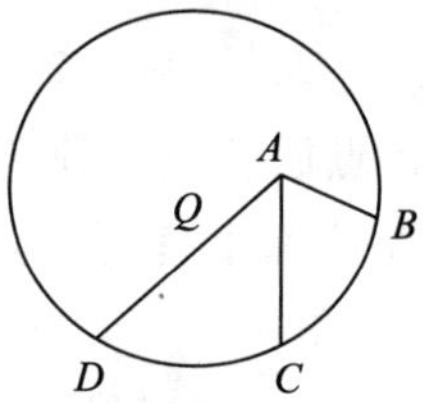

图 3.26

11. 空心导体球壳，外半径为 R_2，内半径为 R_1，中心有点电荷 q，球壳上总电荷 q，以无穷远处为电势零点，则导体壳的电势为（　　）

(A) $\dfrac{1}{4\pi\varepsilon_0}\dfrac{q}{R_1}$　　(B) $\dfrac{1}{4\pi\varepsilon_0}\dfrac{q}{R_2}$

(C) $\dfrac{1}{4\pi\varepsilon_0}\dfrac{2q}{R_1}$　　(D) $\dfrac{1}{4\pi\varepsilon_0}\dfrac{2q}{R_2}$

12. 等腰三角形三个顶点上分别放置 $+q$，$-q$ 和 $2q$ 三个点电荷，顶角分角线上一点 P 与三个顶点的距离分别为 d_1，d_1 和 d，如图 3.27 所示，把电荷 Q 从无穷远处移到 P 点最少需要做功（　　）

(A) $\dfrac{1}{4\pi\varepsilon_0}\dfrac{qQ}{d_1}$

(B) $\dfrac{1}{4\pi\varepsilon_0}\dfrac{2qQ}{d_1}$

(C) $\dfrac{1}{4\pi\varepsilon_0}\dfrac{2qQ}{d}$

(D) $\dfrac{1}{4\pi\varepsilon_0}\left(\dfrac{2qQ}{d}+\dfrac{qQ}{d_1}\right)$

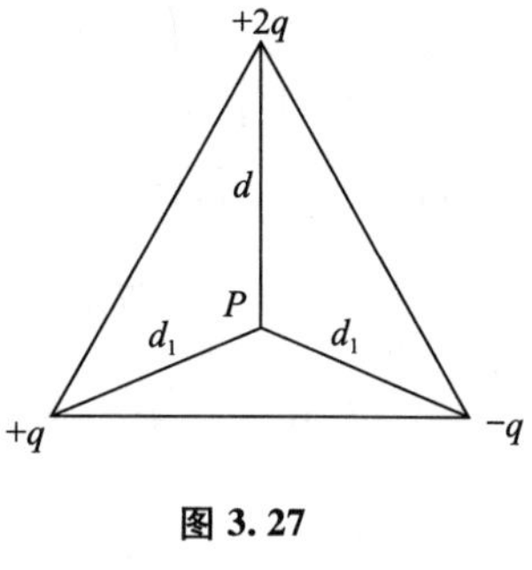

图 3.27

13. 如图 3.28 所示，一点电荷 q 位于一边长为 a 的立方体的顶点 A，则通过立方体 B 表面的电通量为（　　）

（A）$\frac{q}{6\varepsilon_0}$　　（B）$\frac{q}{12\varepsilon_0}$

（C）$\frac{q}{24\varepsilon_0}$　　（D）$\frac{q}{\varepsilon_0}$

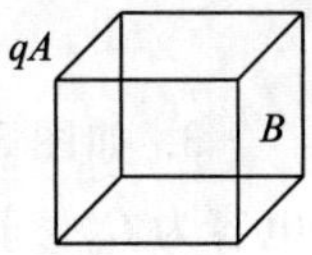

图 3.28

14. 两金属球 A 和 B 的半径之比为 1∶4，都带等量的同号电荷 Q. 若将两球接触一下再移回原处，则 A 球所带的电量变为（　　）

（A）$\frac{2}{3}Q$　　（B）$\frac{1}{5}Q$

（C）$\frac{1}{3}Q$　　（D）$\frac{2}{5}Q$

15. 下列说法中，正确的是（　　）

（A）电场强度不变的空间，电势必为零

（B）电势不变的空间，电场强度必为零

（C）电场强度为零的地方，电势必为零

（D）电势为零的地方，电场强度必为零

16. 真空中两平行带电平板相距为 d，面积为 S，且有 $d^2 \ll S$，带电量分别为 $+q$ 和 $-q$，则两板间的作用力大小为（　　）

（A）$F=\frac{q^2}{4\pi\varepsilon_0 d^2}$　　（B）$F=\frac{q^2}{\varepsilon_0 S}$

（C）$F=\frac{2q^2}{\varepsilon_0 S}$　　（D）$F=\frac{q^2}{2\varepsilon_0 S}$

17. 一平行板电容器充电后保持与电源连接，若改变两极板间的距离，则下述物理量中哪个保持不变？（　　）

（A）电容器的电容　　（B）两极板间的电场强度

（C）电容器储存的能量　　（D）两极板间的电势差

（二）填空题

1. 如图 3.29 所示，静电场中有一立方形均匀导体，边长为 a. 已知立方导体中心 O 处的电势为 U_0，则立方体顶点 A 的电势为__________.

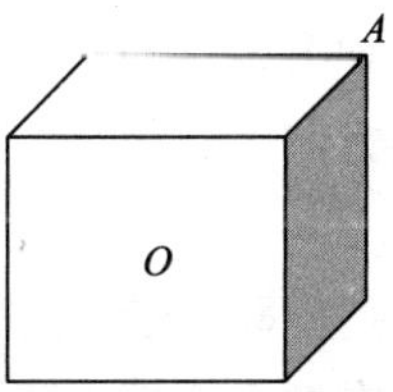

图 3.29

2. 如图 3.30 所示，一点电荷 q 位于一边长为 a 的立方体内的中心，通过立方体各表面的电通量为__________.

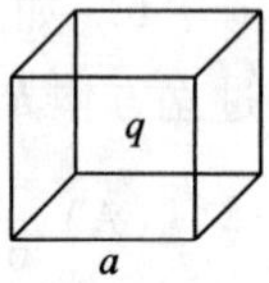

图 3.30

3. 如图 3.31 所示，一空气平行板电容器，两极板间距为 d，电容为 C_0，若在两平行板中间平行地插入一块厚度为 $d/3$ 的金属板，则其电容值变为______.

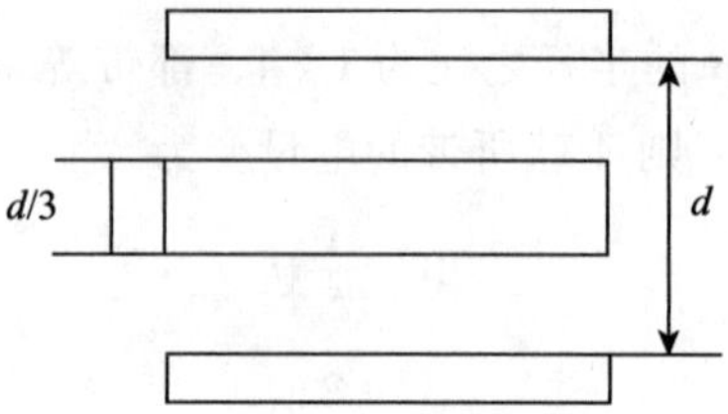

图 3.31

4. 一平行板电容器 C_0 充电 Q 后切断电源，若使两极板间的距离增大到原来的两倍，则外力做的功为________.

5. 在边长为 a 的正六角形的六个顶点和中心都放有电荷，如图 3.32 所示. 若以无穷远处为零电势能点，则电荷 Q 的电势能为________，电荷的受力大小为________.

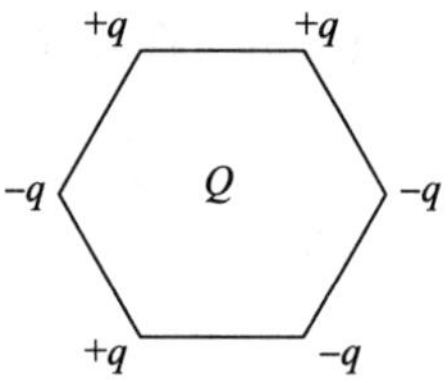

图 3.32

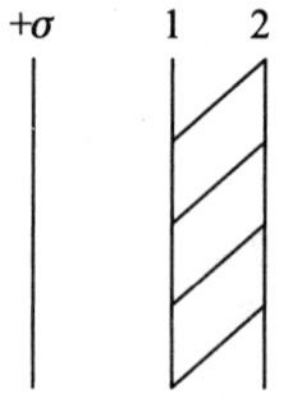

图 3.33

6. 如图 3.33 所示，一无限大均匀带电平面的电荷面密度为 $+\sigma$，现在其附近平行地放置一无限大平面导体板，导体板两表面 1，2 上的感应电荷面密度分别为 $\sigma_1 =$________，$\sigma_2 =$________.

7. 半径为 R，带电 $Q(Q>0)$ 的圆环有一缺口 $d(d \ll 2\pi R)$，如图 3.34 所示，则圆环圆心 O 处的电场强度大小为 $E =$________，方向________.

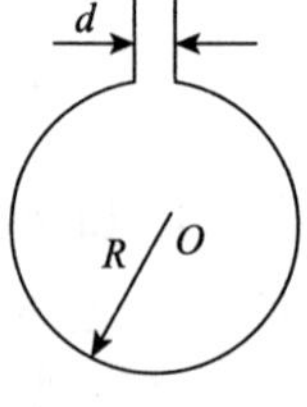

图 3.34

8. 一空气平行板电容器，两极板间距为 d，电容为 C_0，若在两平行板中间平行地插入一块厚度为 $d/3$ 的电介质板，介质的相对介电常数 ε_r，则其电容值变为________.

9. 两个点电荷分别带电 q 和 $2q$，相距 l，试问将第三个点电荷 Q 放在离点电荷 q 的距离为 $x=$ ＿＿＿＿＿处它所受合力为零？

10. 真空中一半径为 R 的均匀带电球面，总电量为 $q(q<0)$，如图 3.35 所示．今在球面上挖去非常小的一块面积 ΔS（连同电荷），且假设不影响原来的电荷分布，则挖去 ΔS 后球心处的电场强度大小为 $E=$ ＿＿＿＿，方向＿＿＿＿.

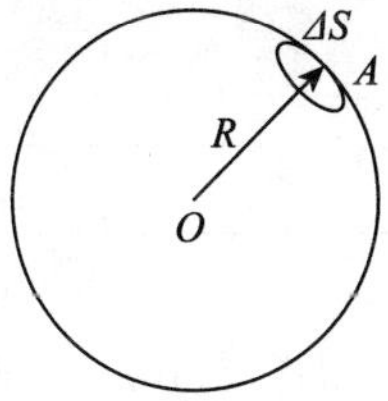

图 3.35

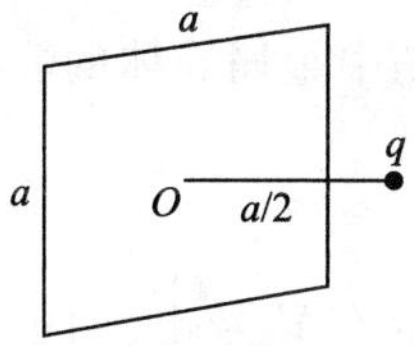

图 3.36

11. 有一边长为 a 的正方形平面，在其中垂线上距中心 O 点 $a/2$ 处，有一电荷为 q 的正点电荷，如图 3.36 所示，则通过该平面的电场强度通量为＿＿＿＿＿.

12. 两个相距很远的导体，半径分别为 $r_1=6.0\text{cm}$，$r_2=12.0\text{cm}$，都带有 $q=3\times10^{-8}C$ 的电量，如果用一导线将两球连接起来，则最终每个球上的电量为 $q_1=$ ＿＿＿＿；$q_2=$ ＿＿＿＿＿.

13. 有一外半径为 R_1，内半径 R_2 的金属球壳，在壳内有一半径为 R_3 的金属球，球壳和内球均带电量 q，则球心处的电场强度 E_0- ＿＿＿＿＿.

14. 一电量为 q 的点电荷位于导体球壳中心，壳的内外半径分别为 R_1、R_2. 则球壳上的电场强度 $E=$ ＿＿＿＿＿；电势 $U=$ ＿＿＿＿＿.

15. 在边长为 a 的正六角形的六个顶点都放有电荷，如图 3.37 所示，则正六角形中心 O 处的电场强度为 $E=$ ＿＿＿.

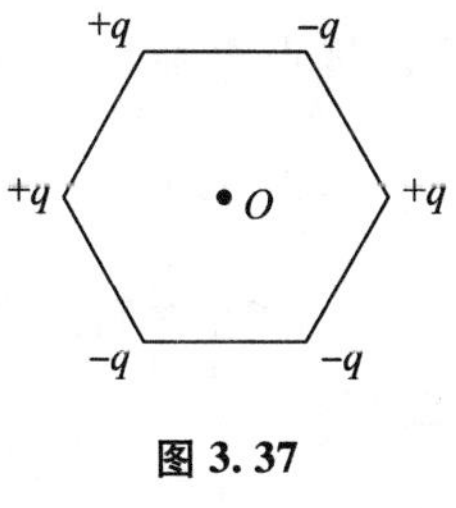

图 3.37

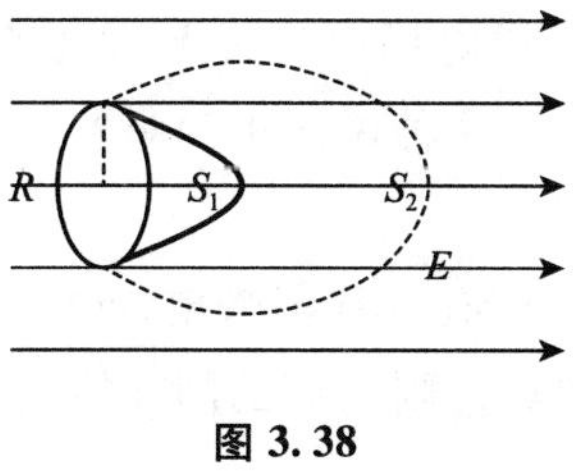

图 3.38

16. 如图 3.38 所示，设均匀电场的电场强度 E 与半径为 R 的圆平面的法线平行，则通过曲面 S_1 的电通量为＿＿＿；通过曲面 S_2 的电通量为＿＿＿.

17. 如图 3.39 所示的球形电容器的电容 $C =$ ________.

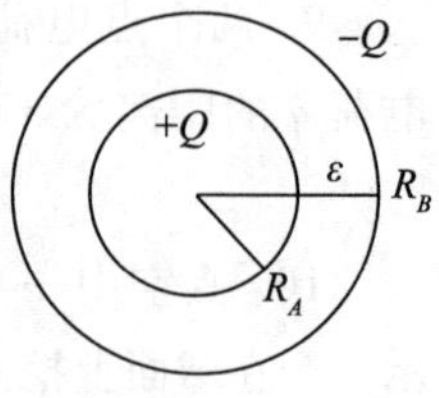

图 3.39

18. 等势面是由电势相等的点组成的曲面. 等势面应满足两个条件:

(1) ______________________________;

(2) ______________________________.

19. 静电场中金属导体的静电平衡条件是 (1) ______________________;
(2) __________________________; (3) __________________________.

20. 两块带有异号电荷的金属板 A 和 B, 相距 5.0mm, 两板面积都是 150cm^2, 电量分别为 $\pm 2.66\times 10^{-8}$C, 则 AB 两板间的电势差 $U_{AB} =$ ________.

(三) 简答题

1. 无限长均匀带电直线的电势零点能取在无穷远吗? 为什么?

2. 一平行板电容器, 两导体板不平行, 今使两板分别带有 $+q$ 和 $-q$ 的电荷, 有人将两板的电场线画成如图 3.40 所示, 你认为这种画法正确吗? 你认为电场线应如何分布?

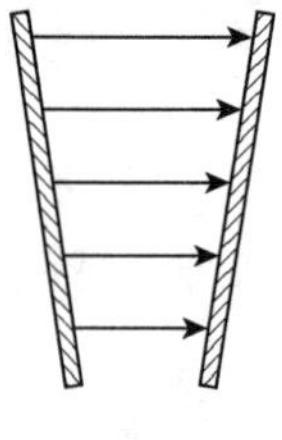

图 3.40

3. 在一个原来不带电的外半径为 R_1, 内半径 R_2 的金属球壳 A 内, 有一半径为 R_3, 带有电荷为 $+Q$ 的带电导体金属球 B, 则比较空腔导体 A 的电势 U_A 和导体 B 的电势 U_B 时, 可得什么结论?

4. 有人说电场中某一点的电场强度方向, 就是将点电荷放在该点所受电场力的方向, 这种说法正确吗? 为什么?

5. 真空中有一均匀带电球体和一均匀带电球面, 如果它们的半径和所带的电量都相等, 则它们的静电能是否相等? 为什么?

6. 如果一高斯面所包围的体积内的电量的代数和 $\sum q = 0$, 则可肯定高斯面上各点的电场强度均为零, 这种说法正确吗? 为什么? 如果上述说法不正确，你的正确结论是什么？

（四）计算题

1. 如图 3.41 所示，一均匀带电球体的半径为 R，带电量为 Q，试用高斯定理求球内、外及球面上的电场强度；然后画出 $E\sim r$ 关系曲线，如图 3.42 所示．

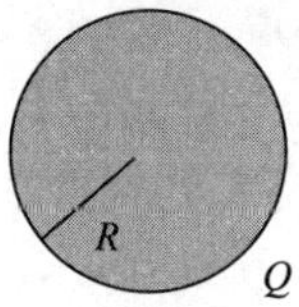

图 3.41

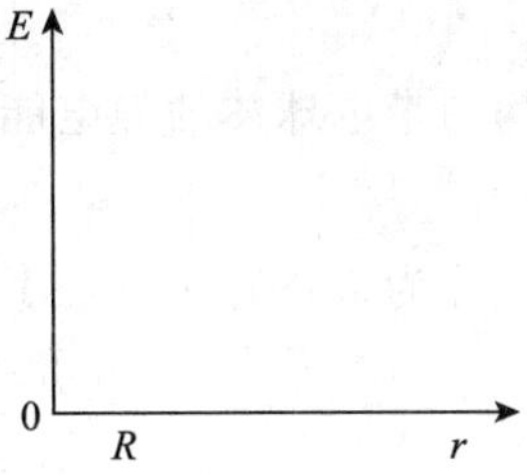

图 3.42

2. 一球体内均匀分布着电荷体密度为 ρ 的正电荷，若保持电荷分布不变，在该球体中挖去半径为 r 的一个小球体，球心为 O'，两球心间距离 $\overline{OO'}=d$，如图 3.43 所示．求：

（1）在球形空腔内，球心 O' 处的电场强度 E_0.

（2）在球体内 P 点处的电场强度 E. 设 O'、O、P 三点在同一直径上，且 $\overline{OP}=d$.

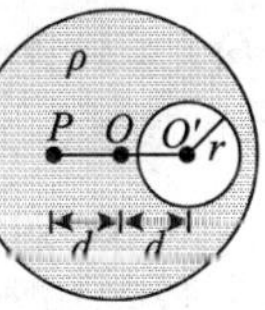

图 3.43

3. 一圆柱形电容器，外柱的直径为 4cm，内柱的直径为 2cm，若其间充满各向同性的均匀电介质，该介质的击穿电场强度大小为 $E_0=200\text{kV/cm}$. 试求：该电容器可能承受的最高电压．

4. 图 3.44 为一个均匀带电的球壳，其电荷体密度为 ρ，球壳内表面半径为 R_1，外表面半径为 R_2. 设无穷远处为电势零点，求空腔内任一点的电势．

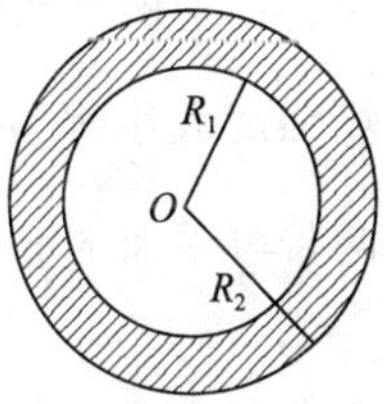

图 3.44

5. 有一外半径为 R_1，内半径 R_2 的金属球壳，在壳内有一半径为 R_3 的金属球，球壳和内球均带电量 q，求球心的电势.

6. 一电量为 q 的点电荷位于导体球壳中心，壳的内外半径分别为 R_1、R_2，求球壳内外和球壳上场强和电势的分布.

7. 计算均匀带电球体的静电能，设球体半径为 R，带电量为 Q.

8. 设在半径为 R 的球体内，其电荷为球对称分布，电荷体密度为

$$\rho = kr \quad (0 \leqslant r \leqslant R)$$
$$\rho = 0 \quad (r > R)$$

k 为一常量. 试分别用高斯定理和电场叠加原理求电场强度 E 与 r 的函数关系.

9. 两个同心球面的半径分别为 R_1 和 R_2，各自带有电荷 Q_1 和 Q_2. 求：各区域电势分布.

10. 两个很长的共轴圆柱面（$R_1 = 3.0 \times 10^{-2}$ m，$R_2 = 0.10$ m），带有等量异号的电荷，两者的电势差为 450V. 求：(1) 圆柱面单位长度上带有多少电荷？(2) $r = 0.05$ m 处的电场强度.

11. 如图 3.45 所示，真空中有三个相互平行的无限大均匀带电平面 A、B、C，电荷面密度分别为 $+\sigma$、$-\sigma$、$+\sigma$，试求空间各区域的电场强度分布.

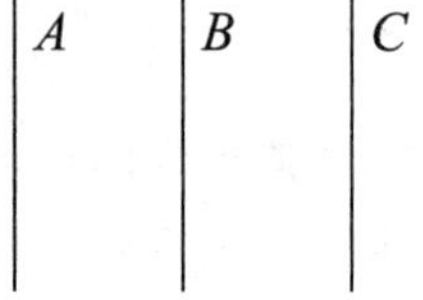

图 3.45

12. A、B 为真空中两个平行的无限大均匀带电平面，已知两平面间电场强度的大小为 E，两平面外侧电场强度大小都为 $\frac{1}{3}E$，方向如图 3.46 所示. 计算 A、B 两带电平面的面电荷密度.

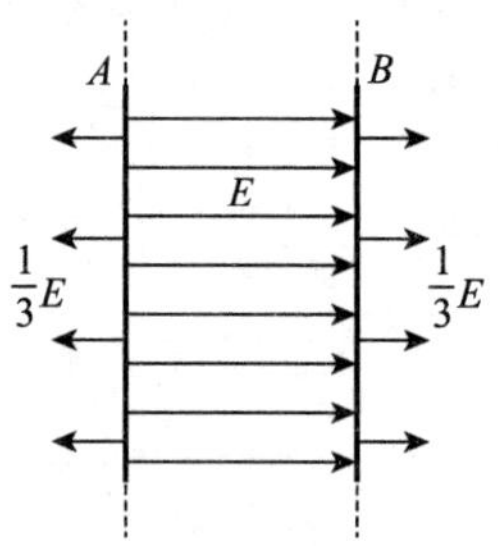

图 3.46

13. 两个同心的带电球面、半径分别为 $R_1=10\text{cm}$，$R_2=40\text{cm}$，其电势分别为 $V_1=40\text{V}$，$V_2=-20\text{V}$. 试求：(1) 电势为零的球面半径；(2) 电势为零的球面上的电场强度.

同步自测练习题参考答案

(一) 选择题

1. C　2. C　3. D　4. D　5. C　6. D　7. C　8. C　9. C
10. D　11. D　12. C　13. C　14. D　15. B　16. D　17. D

(二) 填空题

1. U_0　2. $\frac{q}{6\varepsilon_0}$　3. $\frac{3}{2}C_0$　4. $\frac{Q^2}{2C_0}$　5. 0，$\frac{qQ}{2\pi\varepsilon_0 a^2}$　6. $-\frac{\sigma}{2}$，$\frac{\sigma}{2}$

7. $\dfrac{\frac{Qd}{2\pi R-d}}{4\pi\varepsilon_0 R^2}$，从圆心指向缺口　8. $\frac{3C_0\varepsilon_r}{2\varepsilon_r+1}$　9. $x=l\,(\sqrt{2}-1)$

10. $E=\frac{\sigma\Delta S}{4\pi\varepsilon_0 R^2}$方向指向球心　11. $\frac{q}{6\varepsilon_0}$　12. $q_1=2\times10^{-8}C$　$q_2=4\times10^{-8}C$

13. $E_0=0$　14. $E=0$　$U=\frac{q}{4\pi\varepsilon_0 R_2}$　15. $\frac{q}{2\pi\varepsilon_0 a^2}$　16. πR^2E；πR^2E

17. $C=\frac{4\pi\varepsilon R_A R_B}{R_B-R_A}$

18. (1) 电力线与等势面处处垂直（正交）；(2) 顺着电力线的方向电势不断减小。

19. (1) 导体内部的场强处处为零，$\vec{E}_{内}=0$；(2) 导体为等势体，表面为等势面；(3) 净电荷只分布在表面，内部各处无净电荷存在。

20. $U_{AB}=1000\text{V}$

(三) 简答题

1. 答：不能

对于无限长均匀带电直线，若单位长度所带电荷 λ 为常量，则 P 点电场强度

$$E=\frac{\lambda}{2\pi\varepsilon_0 r}$$

若电势零点取在无穷远，则

$$U=\int_r^{\infty}\frac{\lambda}{2\pi\varepsilon_0 r}\mathrm{d}r=\infty \quad 不成立。$$

2. 答：不正确。应该垂直板面。

3. 答：U_A 和 U_B 都是等势体　$U_A=\frac{Q}{4\pi\varepsilon_0 R_1}$

$$U_B=\frac{Q}{4\pi\varepsilon_0 R_1}+\frac{Q}{4\pi\varepsilon_0}\left(\frac{1}{R_3}-\frac{1}{R_2}\right)$$

4. **答**：不正确。因为电场强度方向由 $\vec{E}=\vec{F}/q$ 定出，其中 q 为试验电荷的电量，q 可正、可负，$\vec{F}$ 为试验电荷所受的电场力。

5. **答**：不相等。球体的静电能大于球面的静电能。

因为 $W_e=\iiint_{V_0}\frac{1}{2}\varepsilon_0 E^2\mathrm{d}V$　球体与球面外的电场分布完全相同，但球面内电场强度为零，而球体内电场强度不为零。

6. **答**：不正确。因为高斯面外的电荷还要产生电场。正确结论是：穿过整个高斯面的电通量为零。

（四）计算题

1. **解**：以半径为 r 的同心球面为高斯面。当 $r>R$ 时，有

$$\oint\vec{E}\cdot\mathrm{d}\vec{s}=E\cdot 4\pi r^2=\frac{Q}{\varepsilon_0}\ ;\ E=\frac{Q}{4\pi\varepsilon_0 r^2}$$

以半径为 r 的同心球面为高斯面。当 $r<R$ 时，

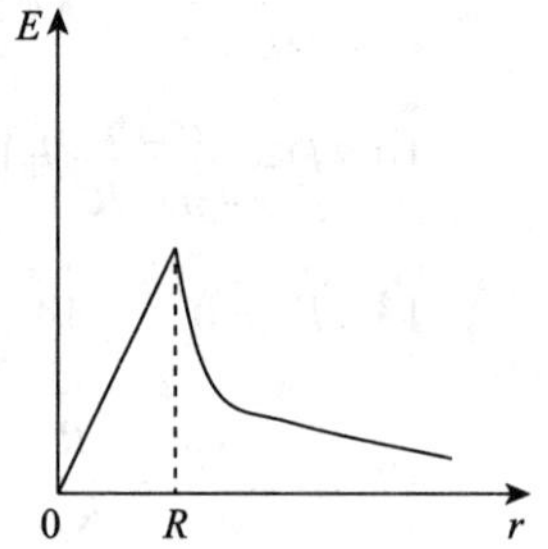

有 $\oint\vec{E}\cdot\mathrm{d}\vec{s}=E\cdot 4\pi r^2=\dfrac{Q\,\frac{4}{3}\pi r^3}{\varepsilon_0\,\frac{4}{3}\pi R^3}=\dfrac{Qr^3}{\varepsilon_0 R^3}$；

$$E=\frac{Qr}{4\pi\varepsilon_0 R^3}$$

在球面上时，$r=R$ 时，有

$$E=\frac{Q}{4\pi\varepsilon_0 R^2}$$

2. **解**：（1）利用补偿法，以 O 为圆心，过 O' 点作一个半径为 d 的高斯面。根据高斯定理 $\oint E\cdot\mathrm{d}S=\dfrac{\sum q}{\varepsilon_0}$

有 $\oint E_0\cdot\mathrm{d}S=\dfrac{\rho\cdot\frac{4}{3}\pi d^3}{\varepsilon_0}$　　$E_0=\dfrac{\rho d}{3\varepsilon_0}$

（2）过 P 点以 O 为圆心，作一个半径为 d 的高斯面。根据高斯定理有

$$\oint E_{P_1}\cdot\mathrm{d}S=\frac{\rho\cdot\frac{4}{3}\pi d^3}{\varepsilon_0}\qquad E_{P_1}=\frac{\rho d}{3\varepsilon_0}$$

过 P 点以 O' 为圆心，作一个半径为 $2d$ 的高斯面。根据高斯定理有

$$\oint E_{P_2}\cdot\mathrm{d}S=\frac{\rho\cdot\frac{4}{3}\pi r^3}{\varepsilon_0}\qquad E_{P_{21}}=\frac{\rho r^3}{12\varepsilon_0 d^2}$$

$$E = E_{P_1} - E_{P_2} = \frac{\rho}{3\varepsilon_0}\left(d - \frac{r^3}{4d^2}\right)$$

3. **解**：根据高斯定理 $\oint E \cdot dS = \frac{\sum q}{\varepsilon}$

有 $\oint E.\ dS = E2\pi rl = \frac{\lambda l}{\varepsilon}$,$E = \frac{\lambda}{2\pi\varepsilon r}$ ，$\lambda = 2\pi\varepsilon rE_0$

$$U = \int_r^R E \cdot dr = \int_r^R \frac{\lambda}{2\pi\varepsilon r}dr = \frac{\lambda}{2\pi\varepsilon}\ln\frac{R}{r} = rE_0\ln\frac{R}{r} = 200\ln 2V$$

4. **解**：根据高斯定理 $\oint E \cdot dS = \frac{\sum q}{\varepsilon_0}$

有 $E_1 = 0 \quad r < R_1$

$$E_2 = \frac{\rho\frac{4}{3}\pi\left(r^3 - R_1^3\right)}{4\pi\varepsilon_0 r^2} = \frac{\rho\left(r^3 - R_1^3\right)}{3\varepsilon_0 r^2} \qquad R_1 < r < R_2$$

$$E_3 = \frac{\rho\frac{4}{3}\pi\left(R_2^3 - R_1^3\right)}{4\pi\varepsilon_0 r^2} = \frac{\rho\left(R_2^3 - R_1^3\right)}{3\varepsilon_0 r^2} \qquad r > R_2$$

$$U = \int_{R_1}^{R_2} E_2 \cdot dr + \int_{R_2}^{\infty} E_3 \cdot dr = \int_{R_1}^{R_2} \frac{\rho(r^3 - R_1^3)}{3\varepsilon_0 r^2}dr + \int_{R_2}^{\infty} \frac{\rho(R_2^3 - R_1^3)}{3\varepsilon_0 r^2}dr = \frac{\rho}{2\varepsilon_0}(R_2^2 - R_1^2)$$

5. **解**：根据高斯定理 $\oint E \cdot dS = \frac{\sum q}{\varepsilon_0}$

$$E_1 = 0 \qquad r < R_3$$

$$E_2 = \frac{q}{4\pi\varepsilon_0 r^2} \qquad R_3 < r < R_2$$

$$E_3 = 0 \qquad R_2 < r < R_1$$

$$E_4 = \frac{2q}{4\pi\varepsilon_0 r^2} \qquad r > R_1$$

$$\begin{aligned} U_0 &= \int_0^{R_3} E_1 \cdot dr + \int_{R_3}^{R_2} E_2 \cdot dr + \int_{R_2}^{R_1} E_3 \cdot dr + \int_{R_1}^{\infty} E_4 \cdot dr \\ &= \int_{R_3}^{R_2} \frac{q}{4\pi\varepsilon_0 r^2}dr + \int_{R_1}^{\infty} \frac{2q}{4\pi\varepsilon_0 r^2}dr \\ &= \frac{q}{4\pi\varepsilon_0}\left(\frac{1}{R_3} - \frac{1}{R_2} + \frac{2}{R_1}\right) \end{aligned}$$

6. **解**：根据高斯定理 $\oint E \cdot dS = \frac{\sum q}{\varepsilon_0}$

$$E_1 = \frac{q}{4\pi\varepsilon_0 r^2} \qquad 0 < r < R_1$$

$$E_2 = 0 \qquad R_1 < r < R_2$$

$$E_3=\frac{q}{4\pi\varepsilon_0 r^2}\qquad r>R_2$$

$$0<r\leqslant R_1\quad U=\int_r^{R_1}\frac{q}{4\pi\varepsilon_0 r^2}\mathrm{d}r+\int_{R_2}^{\infty}\frac{q}{4\pi\varepsilon_0 r^2}\mathrm{d}r$$

$$=\frac{q}{4\pi\varepsilon_0}\left(\frac{1}{r}-\frac{1}{R_1}+\frac{1}{R_2}\right)$$

$$R_1<r\leqslant R_2\quad U=\int_{R_2}^{\infty}\frac{q}{4\pi\varepsilon_0 r^2}\mathrm{d}r=\frac{q}{4\pi\varepsilon_0 R_2}$$

$$r\geqslant R_2\qquad U=\int_r^{\infty}\frac{q}{4\pi\varepsilon_0 r^2}\mathrm{d}r=\frac{q}{4\pi\varepsilon_0 r}$$

7. **解**：根据高斯定理 $\oint E\cdot\mathrm{d}S=\frac{\sum q}{\varepsilon_0}$

$$E_1=\frac{Qr}{4\pi\varepsilon_0 R^3}\qquad r<R$$

$$E_2=\frac{Q}{4\pi\varepsilon_0 r^2}\qquad r>R$$

$$W=\iiint\frac{\varepsilon_0}{2}E^2\mathrm{d}V=\frac{\varepsilon_0}{2}\int_0^R\left(\frac{Qr}{4\pi\varepsilon_0 R^3}\right)^2 4\pi r^2\mathrm{d}r+\frac{\varepsilon_0}{2}\int_R^{\infty}\left(\frac{Q}{4\pi\varepsilon_0 r^2}\right)^2 4\pi r^2\mathrm{d}r$$

$$=\frac{3Q^2}{20\pi\varepsilon_0 R}$$

8. **解**：由高斯定理 $\oint E\cdot\mathrm{d}S=\frac{1}{\varepsilon_0}\int\rho dV$

得球体内（$0\leqslant r\leqslant R$）　$E(r)4\pi r^2=\frac{1}{\varepsilon_0}\int_0^r kr4\pi r^2\mathrm{d}r=\frac{\pi k}{\varepsilon_0}r^4$

$$E(r)=\frac{kr^2}{4\varepsilon_0}e_r$$

球体外（$r>R$）

$$E(r)4\pi r^2=\frac{1}{\varepsilon_0}\int_0^R kr4\pi r^2\mathrm{d}r=\frac{\pi k}{\varepsilon_0}R^4\qquad E(r)=\frac{kR^4}{4\varepsilon_0 r^2}e_r$$

9. **解**：由高斯定理 $\oint E\cdot\mathrm{d}S=\frac{\sum q}{\varepsilon_0}$

可求得电场分布

$$E_1=0\qquad (r<R_1)$$

$$E_2=\frac{Q_1}{4\pi\varepsilon_0 r^2}e_r\qquad (R_1<r<R_2)$$

$$E_3=\frac{Q_1+Q_2}{4\pi\varepsilon_0 r^2}e_r\qquad (r>R_2)$$

由电势 $V=\int_r^{\infty}E\cdot\mathrm{d}l$ 可求得各区域的电势分布.

当 $r\leqslant R_1$ 时，有

$$V_1=\int_r^{R_1}E_1\cdot dl+\int_{R_1}^{R_2}E_2\cdot dl+\int_{R_2}^{\infty}E_3\cdot dl$$

$$=0+\frac{Q_1}{4\pi\varepsilon_0}\left[\frac{1}{R_1}-\frac{1}{R_2}\right]+\frac{Q_1+Q_2}{4\pi\varepsilon_0R_2}$$

$$=\frac{Q_1}{4\pi\varepsilon_0R_1}+\frac{Q_2}{4\pi\varepsilon_0R_2}$$

当 $R_1\leqslant r\leqslant R_2$ 时，有

$$V_2=\int_r^{R_2}E_2\cdot dl+\int_{R_2}^{\infty}E_3\cdot dl$$

$$=\frac{Q_1}{4\pi\varepsilon_0}\left[\frac{1}{r}-\frac{1}{R_2}\right]+\frac{Q_1+Q_2}{4\pi\varepsilon_0R_2}$$

$$=\frac{Q_1}{4\pi\varepsilon_0r}+\frac{Q_2}{4\pi\varepsilon_0R_2}.$$

当 $r\geqslant R_2$ 时，有 $V_3=\int_r^{\infty}E_3\cdot dl=\dfrac{Q_1+Q_2}{4\pi\varepsilon_0r}$

10. **解**：(1) 根据高斯定理 $\oint E\cdot dS=\dfrac{\sum q}{\varepsilon_0}$

可得两圆柱面之间的电场强度为 $E\cdot 2\pi rL=\sum q/\varepsilon_0$

$$E=\frac{\lambda}{2\pi\varepsilon_0r}$$

根据电势差的定义有

$$U_{12}=\int_{R_1}^{R_2}E_2\cdot dl=\frac{\lambda}{2\pi\varepsilon_0}\ln\frac{R_2}{R_1}$$

解得 $$\lambda=2\pi\varepsilon_0U_{12}/\ln\frac{R_2}{R_1}=2.1\times10^{-8}\mathrm{C\cdot m^{-1}}$$

(2) 解得两圆柱面之间 $r=0.05m$ 处的电场强度

$$E=\frac{\lambda}{2\pi\varepsilon_0r}=7475\mathrm{V\cdot m^{-1}}$$

11. **解**：三带电平面各自在空间产生的场强大小均为：

$$E_0=\sigma/(2\varepsilon_0)$$

方向均为与平面垂直

由叠加原理，得 A、B 两面间电场强度为

$E=\sigma/(2\varepsilon_0)$ 方向向右

B、C 两面间电场强度为

$E=\sigma/(2\varepsilon_0)$ 方向向左

A 面左侧

$E=\sigma/(2\varepsilon_0)$ 方向向左

C 面右侧

$E=\sigma/(2\varepsilon_0)$ 方向向右

12. **解**：设 A、B 两带电平面的面电荷密度分别为 σ_A，σ_B 由高斯定理知，A 平面的带电在 A 平面左右两侧形成的电场强度为（规定方向水平向右为正向）

$$E_L^A = -\frac{\sigma_A}{2\varepsilon_0},\ E_R^A = \frac{\sigma_A}{2\varepsilon_0}$$

类似，B 平面的带电在 B 平面左右两侧形成的电场强度为（规定方向水平向右为正向）

$$E_L^B = -\frac{\sigma_B}{2\varepsilon_0},\ E_R^B = \frac{\sigma_B}{2\varepsilon_0}$$

则 A、B 两平面间的合电场强度为 $E = E_R^A + E_L^B = \frac{\sigma_A}{2\varepsilon_0} + \left(-\frac{\sigma_B}{2\varepsilon_0}\right) = \frac{\sigma_A - \sigma_B}{2\varepsilon_0}$

A 平面左侧的合电场强度为 $E_L = E_L^A + E_L^B = \left(-\frac{\sigma_A}{2\varepsilon_0}\right) + \left(-\frac{\sigma_B}{2\varepsilon_0}\right) = -\frac{\sigma_A + \sigma_B}{2\varepsilon_0} = -\frac{1}{3}E$

B 平面右侧的合电场强度为 $E_R = E_R^A + E_R^B = \frac{\sigma_A}{2\varepsilon_0} + \frac{\sigma_B}{2\varepsilon_0} = \frac{\sigma_A + \sigma_B}{2\varepsilon_0} = \frac{1}{3}E$

由上述三个方程可以求得 A、B 两带电平面的面电荷密度分别为 $\sigma_A = \frac{4}{3}\varepsilon_0 E$，$\sigma_B = -\frac{2}{3}\varepsilon_0 E$

13. **解**：设电势为零的球面半径为 R_0（$R_1 < R_0 < R_2$），设半径为 R_1 的球面上带有 Q 的电荷，则在 $R_1 < r < R_2$ 区域中的电场强度大小为

$$E(r) = \frac{1}{4\pi\varepsilon_0}\frac{Q}{r^2}$$

由电场强度与电势的关系，可得半径为 R_1 球面的电势为

$$V_1 = \int_{R_1}^{R_0} E(r)\,\mathrm{d}r = \int_{R_1}^{R_0} \frac{1}{4\pi\varepsilon_0}\frac{Q}{r^2}\mathrm{d}r = \frac{Q}{4\pi\varepsilon_0}\left(\frac{1}{R_1} - \frac{1}{R_0}\right) = 40\mathrm{V}$$

半径为 R_2 球面的电势为

$$V_2 = \int_{R_2}^{R_0} E(r)\,\mathrm{d}r = \int_{R_2}^{R_0} \frac{1}{4\pi\varepsilon_0}\frac{Q}{r^2}\mathrm{d}r = \frac{Q}{4\pi\varepsilon_0}\left(\frac{1}{R_2} - \frac{1}{R_0}\right) = -20\mathrm{V}$$

则 $\frac{V_1}{V_2} = \frac{1/R_1 - 1/R_0}{1/R_2 - 1/R_0}$，由此可得 $R_0 = 20\mathrm{cm}$

同时，还可以求得 $\frac{Q}{4\pi\varepsilon_0} = 8\mathrm{V\cdot m}$

则电势为零的球面上的电场强度 $E(R_0) = \frac{Q}{4\pi\varepsilon_0}\frac{1}{R_0^2} = 200\mathrm{V\cdot m^{-1}}$

第四章

稳恒磁场和变化的电磁场

基本要求

1. 理解磁感应强度的概念，理解毕奥—萨伐尔定律，并且能利用该定律计算一些简单问题中的磁感应强度

2. 理解稳恒磁场的高斯定理和安培环路定理，理解磁通量的含义并且会计算磁通量，理解用安培定律计算磁感强度的条件和方法

3. 理解安培定律和洛仑兹力的公式，能计算简单几何形状载流导线或线圈在磁场中受的力和力矩，能分析点电荷在均匀磁场中的受力和运动

4. 了解电动势的概念；掌握法拉第电磁感应定律；理解动生电动势与感生电动势

5. 了解自感系数和互感系数；了解磁能密度及磁场能量

6. 理解位移电流，麦克斯韦方程组

重点与难点

1. 磁感应强度的概念，毕奥—萨伐尔定律及应用

2. 安培环路定理及应用

3. 运动电荷、载流导线在磁场中受力及载流线圈在磁场中受磁力矩

4. 法拉第电磁感应定律的应用；动生电动势与感生电动势的计算

5. 自感系数和互感系数

6. 位移电流，麦克斯韦方程组，电磁波

内容提要

1. 磁感应强度 $\vec{B}$

（1）线圈的磁矩：$\vec{P}_m = IS\,\vec{n}$

最大磁力矩

（2）磁感应强度大小：$B = \dfrac{M_{\max}}{P_m}$

（3）磁感应强度方向：力矩为零时磁矩的方向.

2. 毕奥—萨伐尔（Biot－Savart）定律

（1）B——S 定律　$\vec{B} = \int d\vec{B} = \dfrac{\mu_0}{4\pi}\int_L \dfrac{I d\vec{l} \times \vec{r}}{r^3}$

（2）B——S 定律应用

①载流圆线圈轴线上的磁场

$$B_P = \frac{\mu_0 I R^2}{2(R^2 + x^2)^{\frac{3}{2}}}\begin{cases}\text{线圈有 } N \text{ 匝 } B_P = N\dfrac{\mu_0 I R^2}{2(R^2+x^2)^{\frac{3}{2}}} \\ \text{载流圆环圆心 } B = \dfrac{\mu_0 I}{2R} \\ \text{载流圆弧圆心 } B = \dfrac{\mu_0 I}{2R}\cdot\dfrac{\theta}{2\pi} = \dfrac{\mu_0 I\theta}{4\pi R}\end{cases}$$

（如图 4.1 所示）

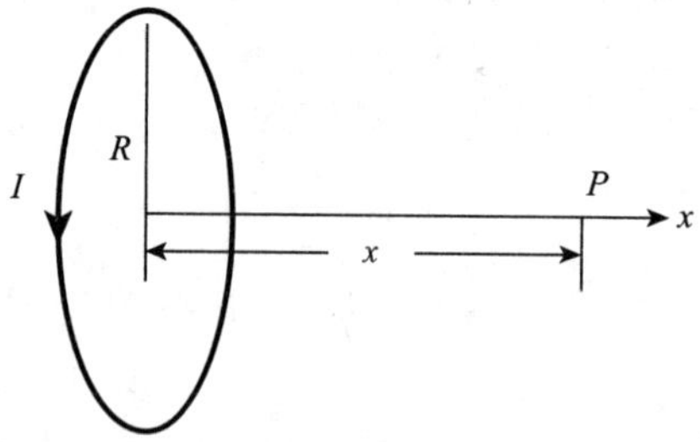

图 4.1

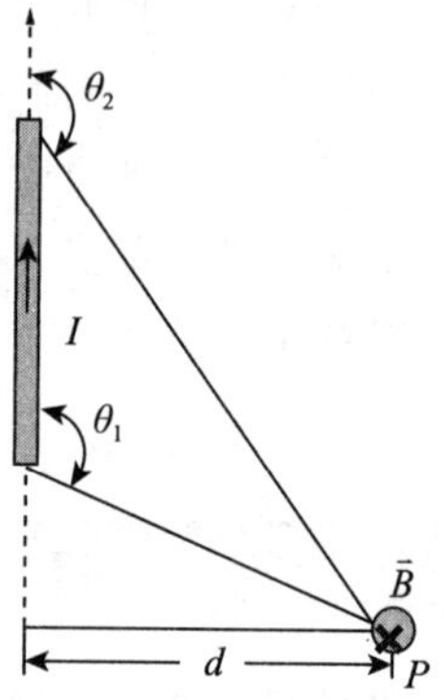

图 4.2

②载流长直导线的磁场

$$B = \frac{\mu_0 I}{4\pi a}(\cos\theta_1 - \cos\theta_2)\begin{cases}\text{无限长直线电流 } B = \dfrac{\mu_0 I}{2\pi a} \\ \text{半无限长直线电流 } B = \dfrac{\mu_0 I}{4\pi a} \\ \text{导线延长线上一点 } B = 0\end{cases}$$

（如图 4.2 所示）

③长直载流螺线管的磁场 $B\begin{cases}\mu_0 nI & 内\\ 0 & 外\end{cases}$

(3) 运动电荷产生的磁场 $\vec{B}=\dfrac{\mu_0}{4\pi}\dfrac{q\vec{v}\times\vec{r}}{r^3}$

3. 磁场的高斯定理

(1) 磁感应线(磁力线)

(2) 磁感应线的性质

①与电流套连 ②闭合曲线 ③互不相交 ④方向与电流呈右手螺旋关系

(3) 磁通量的计算:$\begin{cases}\Phi_m=\vec{B}\cdot\vec{s} & 匀强磁场\\ \Phi_m=\int_s\vec{B}\cdot d\vec{s} & 非匀强磁场\end{cases}$

(4) 磁场的 Gauss 定理:穿过任意闭合曲面 S 的总磁通必然为零,这就是磁场的 Gauss 定理. 说明磁场是无源场.

4. 安培环路定理

(1) 安培环路定理

在真空中的稳恒电流磁场中,磁感应强度 $\vec{B}$ 沿任意闭合曲线 L 的线积分,等于穿过这个闭合曲线的所有电流强度的代数和的 μ_0 倍,其数学表达式为:

$$\oint_L\vec{B}\cdot d\vec{l}=\mu_0\sum I$$

(2) 说明:

①环流虽然仅与闭合回路所围电流有关,但磁场却是空间所有电流共同产生磁场的叠加;

②安培环路定理仅仅适用于恒定电流产生的恒定磁场;

③电流 I 正负的规定:当闭合回路 L 的绕行方向与电流方向构成右手螺旋时电流 I 为正,反之 I 为负.

(3) 物理意义:安培环路定理说明稳恒电流磁场为有旋、非保守场.

(4) 安培环路定理的应用

(强调用安培环路定理求磁感应强度要求电流要具有空间对称性)

①载流长直圆柱体导线内外的磁场 $\begin{cases}r>R & B=\dfrac{\mu_0 I}{2\pi r}\\ 0<r<R & B=\dfrac{\mu_0 Ir}{2\pi R^2}\end{cases}$

②载流长直圆柱面导线内外的磁场 $\begin{cases}0<r<R & B=0\\ r>R & B=\dfrac{\mu_0 I}{2\pi r}\end{cases}$

③载流长直螺线管内的磁场 $B=\mu_0 nI$,其中 n 为单位长度的匝数.

④载流螺绕环内的磁场　$B = \dfrac{\mu_0 NI}{2\pi R}$

5. 磁场对电流作用

（1）安培定律：　$\vec{F} = \int_L I\mathrm{d}\vec{l} \times \vec{B}$

几种特殊情况：

①任意形状导线在任意磁场中受力：

$\vec{F} = \int \mathrm{d}\vec{F} = \int_L I\mathrm{d}\vec{l} \times \vec{B}$

②若磁场是匀强磁场：

$\vec{F} = \int \mathrm{d}\vec{F} = \int_L I\mathrm{d}\vec{l} \times \vec{B} = I(\int_L \mathrm{d}\vec{l}) \times \vec{B} = I\vec{L} \times \vec{B}$

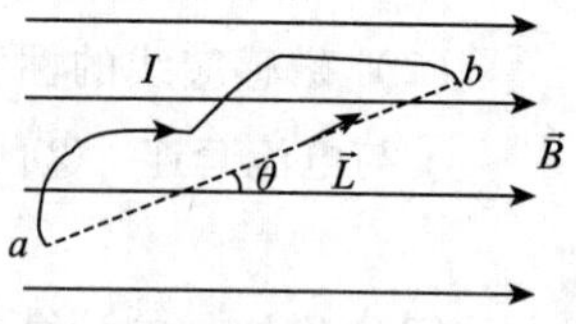

图 4.3

③闭合电流在匀强磁场中受力：

$\vec{F} = I(\oint_L \mathrm{d}\vec{l}) \times \vec{B} = 0$

（2）无限长载流直导线的单位长度所受力大小为$\dfrac{\mathrm{d}f}{\mathrm{d}l} = \dfrac{\mu_0 I_1 I_2}{2\pi a}$，同向电流互相吸引，异向电流互相排斥 .

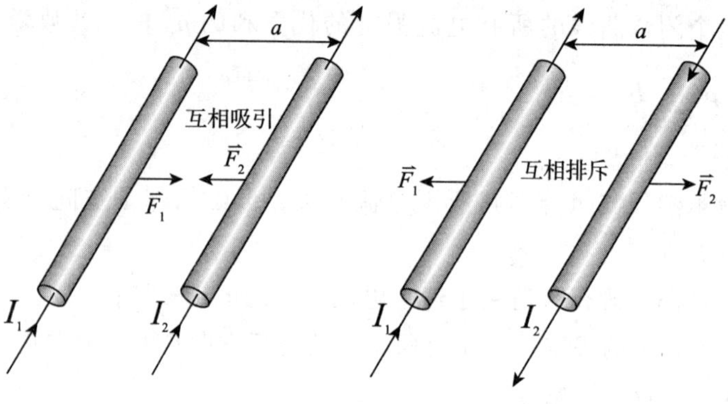

图 4.4

（3）磁场对载流线圈的作用：$\vec{M} = \vec{P}_m \times \vec{B}$　其中磁矩　$\vec{P}_m = NIS\vec{n}$

（4）磁场对电流的功：$A = I\Delta\Phi$

6. 运动电荷在磁场中受力

洛伦兹（Lorentz）力：$\vec{F} = q\vec{v} \times \vec{B}$

讨论：

（1）如果 $\vec{v}_0$ 与 $\vec{B}$ 相互平行：粒子作匀速直线运动

（2）如果 $\vec{v}_0$ 与 $\vec{B}$ 垂直：粒子作匀速圆周运动 $\begin{cases} \text{圆周运动半径} \quad R = \dfrac{mv}{qB} \\ \text{圆周运动周期} \quad T = 2\pi \dfrac{m}{qB} \end{cases}$

(3) 如果 $\vec{v}_0$ 与 $\vec{B}$ 斜交成 θ 角：

$$\text{粒子做螺旋运动}\begin{cases}\text{螺旋线半径} & R=\dfrac{mv\sin\theta}{qB}\\ \text{螺旋线周期} & T=2\pi\dfrac{m}{qB}\\ \text{螺旋线螺距} & T=2\pi\dfrac{mv\cos\theta}{qB}\end{cases}$$

7. 电磁感应现象及条件

(1) 电磁感应现象：通过闭合回路中磁通量发生变化而产生感应电流的现象.

(2) 产生感应电流的条件：①闭合回路　②磁通量发生变化.

8. 法拉第电磁感应定律

(1) 表达式：$\varepsilon=-\dfrac{\mathrm{d}\Phi}{\mathrm{d}t}$

若线圈有 N 匝，则　$\varepsilon=-N\dfrac{\mathrm{d}\Phi}{\mathrm{d}t}$

(2) 感应电动势有两种：$\begin{cases}\text{动生电动势（由于运动而产生的电动势）}\\ \text{感生电动势（由于磁场的变化而产生的电动势）}\end{cases}$

9. 动生电动势

(1) 非静电力：洛伦兹力

(2) 非静电场强：　$\vec{E}_k=\vec{v}\times\vec{B}$

(3) 定义式：　$\varepsilon=\int_{-}^{+}(\vec{v}\times\vec{D})\ \mathrm{d}\vec{l}$

10. 感生电动势

(1) 非静电力：感生电场力（由变化的磁场产生的）

(2) 定义式：$\varepsilon=-\dfrac{\mathrm{d}\Phi}{\mathrm{d}t}=-\dfrac{\mathrm{d}}{\mathrm{d}t}\iint_s\vec{B}\cdot\mathrm{d}\vec{S}$

若为闭合回路：$\oint_L\vec{E}_k\cdot\mathrm{d}\vec{l}=-\dfrac{\mathrm{d}}{\mathrm{d}t}\iint_s\vec{B}\cdot\mathrm{d}\vec{S}$

(3) 静电场与感生电场的区别

联系：二者都对电荷有作用力.

区别：

①静电场是由静止的电荷产生的，感生电场是由变化的磁场产生的；

②静电场的电场线不闭合，所以为有源场；感生电场的电场线为无头无尾的闭合曲线，为无源场；

③静电场是保守场，感生电场为非保守场.

11. 自感与互感

（1）自感应（Self - inductance）现象

①自感电动势： $\varepsilon = -L\frac{\mathrm{d}I}{\mathrm{d}t}$

②自感系数：

定义（1）： $L = \frac{\Psi}{I}$

定义（2）： $L = -\frac{\varepsilon}{\frac{\mathrm{d}I}{\mathrm{d}t}}$

（2）互感应（Mutual - inductance）现象

①互感电动势： $\varepsilon = -M_{21}\frac{\mathrm{d}I_1}{\mathrm{d}t} = -M_{12}\frac{\mathrm{d}I_2}{\mathrm{d}t}$

②互感系数： $M_{12} = M_{21} = M = \frac{\Psi_{12}}{I_2} = \frac{\Psi_{21}}{I_1}$

12. 磁场的能量

（1）磁场的能量密度： $\omega_m = \frac{1}{2}\frac{B^2}{\mu}$

（2）磁场的能量： $W_m = \int \mathrm{d}W_m = \int_v \omega_m \mathrm{d}V$

（3）线圈中的能量： $W_m = \frac{1}{2}LI^2$

13. 电磁场理论

（1）位移电流（I_d）： $I_d = \frac{\mathrm{d}\Phi_D}{\mathrm{d}t} = \iint_s \frac{\partial\vec{D}}{\partial t}\cdot \mathrm{d}\vec{S}$

（2）位移电流（I_d）与传导电流（I_c）的区别与联系：

联系：二者都可以激发磁场，都具有磁效应，都遵循安培环路定理.

区别：

①位移电流（I_d）是由变化的电场产生的，传导电流（I_c）是由电荷的定向运动产生的；

②位移电流（I_d）可以存在于真空中，导体中或者介质中，但是传导电流（I_c）只能存在于导体中；

③传导电流（I_c）通过导体时产生的热效应遵循焦耳定律，位移电流（I_d）通过导体时不产生热量，通过介质时有热量，但不同于焦耳热.

（3）Maxwell 方程组

①电场 Gauss 定理 $\oint_s \vec{D}\cdot \mathrm{d}\vec{S} = q$ 电场为有源场

②磁场 Gauss 定理 $\oint_s \vec{B}\cdot \mathrm{d}\vec{S} = 0$ 磁场为无源场

③电场环路定理 $\oint_L \vec{E} \cdot \mathrm{d}\vec{l} = -\int_s \frac{\partial \vec{B}}{\partial t} \cdot \mathrm{d}\vec{S}$ 变化的磁场产生电场

④磁场的环路定理 $\oint_L \vec{H} \cdot \mathrm{d}\vec{l} = I_s = I_c + I_d = I_c + \int_s \frac{\partial \vec{D}}{\partial t} \cdot \mathrm{d}\vec{s}$ 变化的电场产生磁场

14. 电磁波

(1) 电磁波：最初由麦克斯韦于1865年在理论上预言，1888年赫兹进行了实验证实.

(2) 电磁波的性质

①电磁波为横波；

②电磁波的传播速度为 $v = 1/\sqrt{\varepsilon\mu}$，电磁波在真空中传播的速度等于光速；

③电磁波通过不同介质时，会发生折射、反射、绕射、散射及吸收等.

(3) 电磁波的能量

①辐射能：电磁波所携带的电磁能量；

②能流密度或辐射强度：单位时间内通过垂直于传播方向的单位面积的辐射能，$\vec{S} = \vec{E} \times \vec{H}$ 辐射强度矢量 S 也称为坡印廷（J. H. Poynting）矢量；

③电磁波的动量：$\vec{g} = \frac{1}{c^2}\vec{E} \times \vec{H} = \frac{1}{c^2}\vec{S}$.

解题指导

[**例题1**] 为什么不能把运动电荷所受的磁力方向定义为磁感应强度 $\vec{B}$ 的方向?

答：因为磁场作用于运动电荷的磁力方向不仅与磁感应强度 B 的方向有关，而且与电荷速度方向有关，即磁力方向并不是唯一由磁场决定的，所以不能把磁力方向定义为 B 的方向.

[**例题2**] 由毕奥—萨伐尔定律可导出“无限长”直线电流的磁场公式为 $B = \mu_0 I/2\pi r$，当场点无限接近导线（$r\to 0$）时，$\vec{B}\to\infty$，这一结果是没有物理意义的，应如何解释?

答：公式 $B = \mu_0 I/2\pi r$ 只对线电流适用. 所谓“线电流”是指电流横截面的线度比从该截面到场中考察点的距离小得多的情况. 当 $r\to 0$ 时，线电流的概念已不复存在，上述公式不再适用. 如果不是线电流，可将电流划分成许多线电流，用场强叠加原理来求 $r\to 0$ 的点的磁感应强度 $\vec{B}$. 只要电流密度 J 到处有限，这样求得的 $\vec{B}$ 仍为一有限值，不会成为无限大.

[**例题3**] 载流导线在磁场中移动和载流线圈在磁场中转动时，磁力是否一定做功?

答：不一定. 这要看载流导线移动时，是否切割了磁感应线. 载流线圈转动时，线圈所围面积的磁通量是否变化来确定．例如，载流导线顺着磁感应线移动，载流线圈在均匀磁场中绕自身轴线旋转一周时，磁力都不做功．

［例题 4］ 如果一个电子在通过空间某一区域时不发生偏转，能否肯定这个区域中没有磁场？如果它发生偏转能否肯定那个区域中存在着磁场？

答： 如果一个电子在通过空间某一区域时不发生偏转，不能肯定这个区域中没有磁场，也可能存在互相垂直的电场和磁场，电子受的电场力与磁场力抵消所致．如果它发生偏转也不能肯定那个区域存在着磁场，因为仅有电场也可以使电子偏转．

［例题 5］ 长为 $2R$ 的一段导线，通有电流 I，求其中垂面上距轴线为 R 处的一点 p 的磁感应强度 $\vec{B}$ 时，根据毕奥—萨伐尔定律可求得 p 点的磁感应强度大小为 $B=\frac{\mu_0 I}{4\pi R}(\cos\theta_1-\cos\theta_2)=\frac{\sqrt{2}\mu_0 I}{4\pi R}$，方向垂直于 op. 若沿图 4.5 中圆形环路 c 做 $\vec{B}$ 的线积分，则根据安培环路定理 $\oint \vec{B}\cdot \mathrm{d}\vec{l}=\mu_0 I$，可求得 $B=\frac{\mu_0 I}{2\pi R}$，二者是否矛盾？为什么？

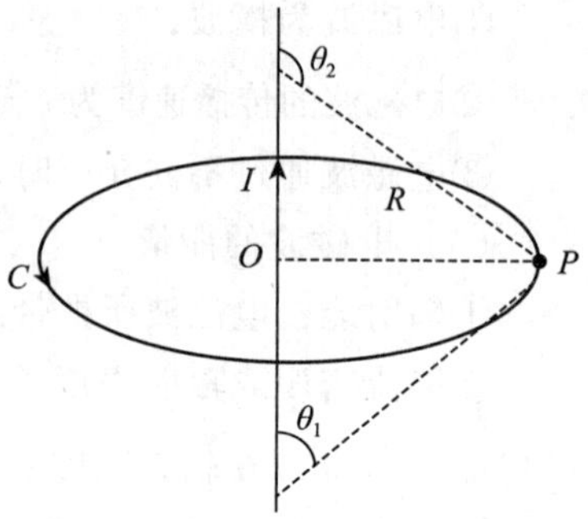

图 4.5

答： 安培环路定理仅适用于稳恒电流，而稳恒电流必定是闭合的．若导线中电流是稳恒的，则上面计算的磁场只是闭合电流磁场的一部分，而安培环路定理中所表达的 $\vec{B}$ 是闭合电路磁场的全部，故二者并不矛盾.

［例题 6］ 在安培环路定理 $\oint \vec{B}\cdot \mathrm{d}\vec{l}=\mu_0 I$ 中，$\vec{B}$ 是否与回路 L 外电流有关？若 $\oint \vec{B}\cdot \mathrm{d}\vec{l}=0$，是否回路 L 上各处 $\vec{B}=0$？是否回路 L 内无电流穿过？

答： $\vec{B}$ 是由空间所有电流共同产生的，与回路内外电流均有关．若 $\oint \vec{B}\cdot \mathrm{d}\vec{l}=0$，不一定回路上各处 $\vec{B}=0$. 若 $\oint \vec{B}\cdot \mathrm{d}\vec{l}=0$，不一定回路内无电流穿过，还可能是回路内有电流穿过，但是电流的代数和为 0.

［例题 7］ 在电磁感应定律 $\varepsilon=-\mathrm{d}\phi/\mathrm{d}t$ 中，负号的意义是什么？

答： 负号的意义表示感应电动势的方向与 $\mathrm{d}\phi/\mathrm{d}t$ 相反．

［例题 8］ 电动势与电势差有何不同？

答： 电动势的定义为 $\varepsilon=\int_{-}^{+}\vec{E}_k\cdot \mathrm{d}\vec{l}$ 或 $\varepsilon=\int_l \vec{E}_k\cdot \mathrm{d}\vec{l}$，式中 $\vec{E}_k=\vec{F}_{非静电}/q_0$ 称为非静电

场场强．电势差与电场强度的关系为 $U_{ab}=U_a-U_b=\int_a^b\vec{E}\cdot\mathrm{d}\vec{l}$. 电动势体现了电源中非静电场力的做功能力；电势差表现静电场力的做功能力．二者的单位相同，都是从做功的角度来度量力做功的能力．但非静电力做功仅限于电源的内部使其他形式的能量转变成电能，而电场力做功是将电能转换成其他形式的能量.

[例题 9] 当把条形磁铁沿铜质圆环的轴线插入铜环中时，铜环中有感应电流和感应电场吗？如用塑料圆环替代铜质圆环，环中仍有感应电流和感应电场吗？

答： 铜环中有感应电流和感应电场；塑料圆环中有感应电场，没有感应电流.

[例题 10] 一根无限长平行直导线载有电流 I，一矩形线圈位于导线平面内沿垂直于载流导线方向以恒定速率运动（如图 4.6 所示），则（　　）

(A) 线圈中无感应电流

(B) 线圈中感应电流为顺时针方向

(C) 线圈中感应电流为逆时针方向

(D) 线圈中感应电流方向无法确定

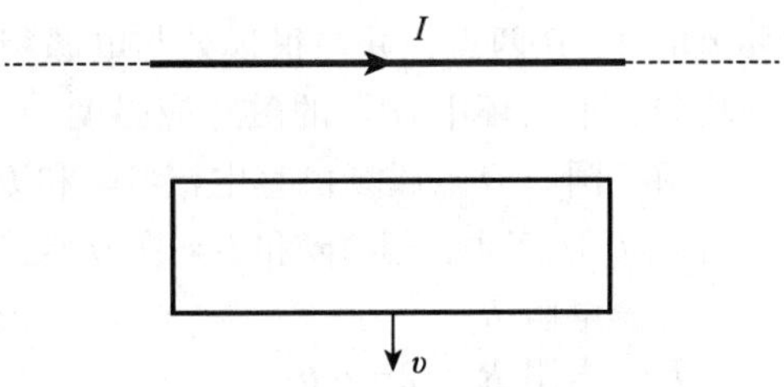

图 4.6

解　由右手定则可以判断，在矩形线圈附近磁场垂直纸面朝里，磁场是非均匀场，距离长直载流导线越远，磁场越弱．因而当矩形线圈朝下运动时，在线圈中产生感应电流，感应电流方向由法拉第电磁感应定律可以判定．因而正确答案为（B）.

[例题 11] 位移电流与传导电流有什么不同?

答： 位移电流是由变化电场产生的，传导电流是由电荷定向运动形成的；位移电流可以存在于真空中，导体中或者介质中，但是传导电流只能存在于导体中；传导电流通过导体时产生的热效应遵循焦耳定律，位移电流通过导体时不产生热量，通过介质时有热量，但不同于焦耳热.

[例题 12] 磁场变化的空间里，如果没有导体，那么，在这个空间是否存在电场，是否存在感应电动势?

答： 存在电场；存在感应电动势.

[例题 13] 如图 4.7 所示，AB、CD 为长直导线，$\widehat{BC}$ 为圆心在 O 点的一段圆弧形导线，其半径为 R. 若通以电流 I，求 O 点的磁感应强度.

解　O 点的磁感应强度由 AB、$\widehat{BC}$、CD 三部分电流产生，应用磁场叠加原理：

AB 在 O 点产生的磁感应强度为 $B_1=0$

$\widehat{BC}$在 O 点产生的磁感应强度大小为 $B_2=\dfrac{\mu_0 I}{4\pi R}\theta=\dfrac{\mu_0 I}{4\pi R}\times\dfrac{\pi}{3}=\dfrac{\mu_0 I}{12R}$，方向垂直纸面向里.

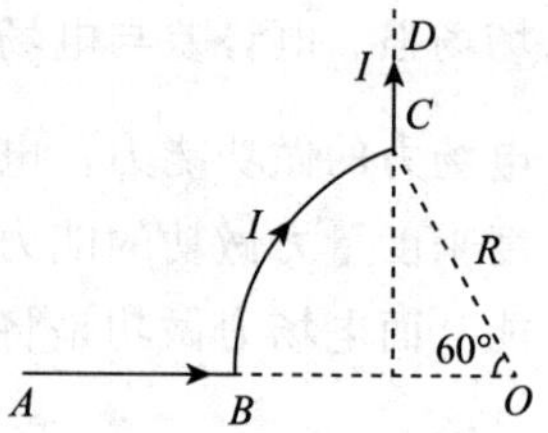

图 4.7

CD 在 O 点产生的磁感应强度大小为 $B_3=\dfrac{\mu_0 I}{4\pi r_0}(\cos\theta_1-\cos\theta_2)$

$=\dfrac{\mu_0 I}{4\pi R\cos 60°}(\cos 150°-\cos 180°)=\dfrac{\mu_0 I}{2\pi R}\left(1-\dfrac{\sqrt{3}}{2}\right)$，方向垂直纸面向里.

故 $B_o=B_1+B_2+B_3=\dfrac{\mu_0 I}{2\pi R}\left(1-\dfrac{\sqrt{3}}{2}+\dfrac{\pi}{6}\right)$，方向垂直纸面向里.

[例题 14] 如图 4.8 所示，两根导线沿半径方向引向铁环上的 A、B 两点，并在很远处与电源相连. 已知圆环的粗细均匀，求铁环中心 O 的磁感应强度.

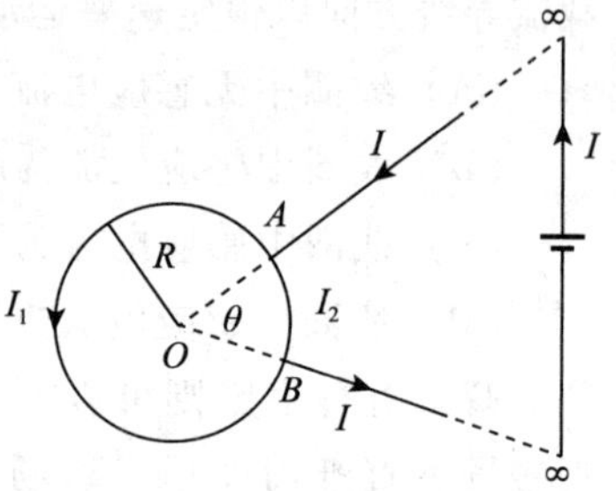

图 4.8

解 圆心 O 点磁场由直电流 $A\infty$ 和 $B\infty$ 及两段圆弧上电流 I_1 与 I_2 所产生，但 $A\infty$ 和 $B\infty$ 在 O 点产生的磁场为零. 且

$$\frac{I_1}{I_2}=\frac{\text{电阻 }R_2}{\text{电阻 }R_1}=\frac{\theta}{2\pi-\theta}$$

I_1 产生的磁感应强度大小为 $B_1=\dfrac{\mu_0 I_1}{4\pi R}(2\pi-\theta)$，方向垂直纸面向外.

I_2 产生的磁感应强度大小为 $B_2=\dfrac{\mu_0 I_2}{4\pi R}\theta$，方向垂直纸面向里.

因为$\dfrac{I_1}{I_2}=\dfrac{\text{电阻 }R_2}{\text{电阻 }R_1}=\dfrac{\theta}{2\pi-\theta}$，所以，$\dfrac{B_1}{B_2}=\dfrac{I_1(2\pi-\theta)}{I_2\theta}=1$

环中心 O 的磁感应强度为 $\vec{B}_o=\vec{B}_1+\vec{B}_2=0$

[例题 15] 1/4 圆弧导线 ab，半径为 $r=0.01\text{m}$，电流为 $I=0.02\text{A}$，均匀磁场 $B=0.03\text{T}$，方向垂直 ab 向上，如图 4.9 所示，求圆弧 ab 受的安培力的大小和方向.

解 **方法一**：如图 4.10 所示，取电流元 Idl，受到的安培力为 $d\vec{f}=Id\vec{l}\times\vec{B}$

其大小为：$df=IdlB\sin\left(\dfrac{\pi}{2}+\theta\right)=Blr\cos\theta d\theta$

所以圆弧受到的力为：

$$f=\int_{ab}df=\int_{-\frac{\pi}{4}}^{\frac{\pi}{4}}Blr\cos\theta d\theta=BIr\sin\theta\Big|_{-\frac{\pi}{2}}^{\frac{\pi}{2}}$$

$$=2IBr\sin\left(\frac{\pi}{4}\right)=\sqrt{2}Blr=8.49\times10^{-6}\text{N}$$

不同位置的电流元受到相同的力的方向均垂直纸面向外.

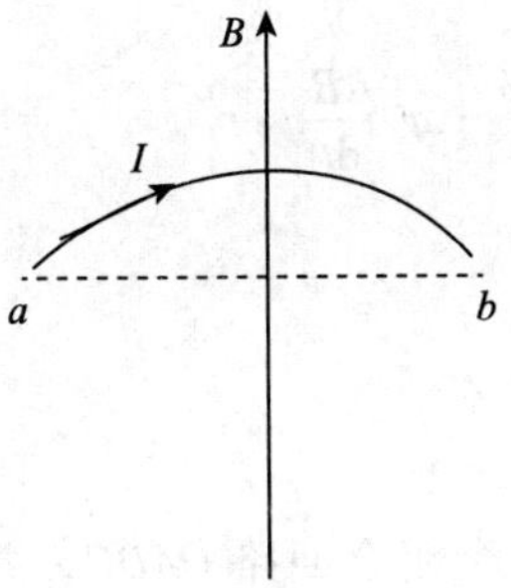

图 4.9

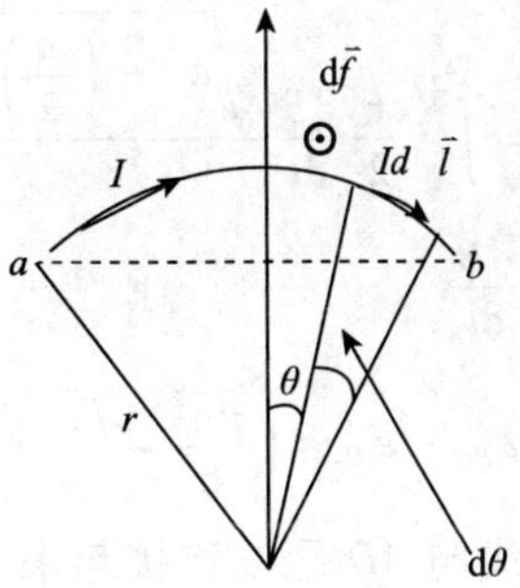

图 4.10

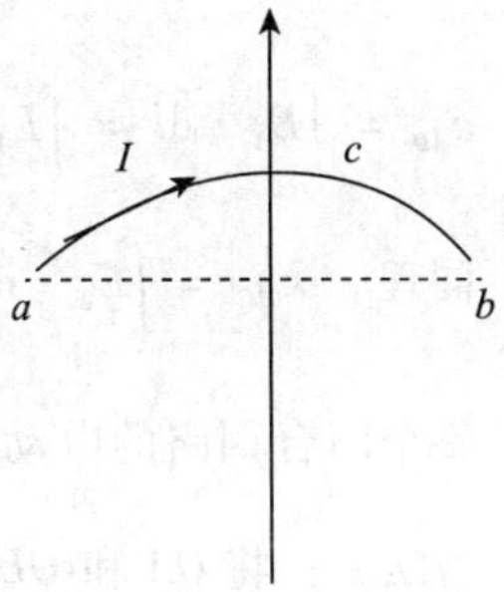

图 4.11

解　方法二： 将直线 ab 连接起来与圆弧形导线 acb 构成一个闭合的回路，而闭合回路在匀强磁场中受合磁力为零，所以圆弧导线 acb 受到的磁力等于直线 ab 所受到的磁力，而直线 ab 所受到的磁力大小为 $F_{ab}=BI\,\overline{ab}=\sqrt{2}BIr=8.49\times10^{-6}\mathrm{N}$，方向垂直纸面向外.

所以 $F_{acb}=F_{ab}=BI\,\overline{ab}=\sqrt{2}BIr=8.49\times10^{-6}\mathrm{N}$，方向垂直纸面向外.

[例题 16] 如图 4.12 所示，在磁感强度为 $\vec{B}$ 的均匀磁场中，作一半径为 R 的半球面 S，S 边线所在平面的法线方向单位矢量 $\vec{e}_n$ 与磁感应强度 $\vec{B}$ 的夹角为α，求通过该半球面的磁通量.

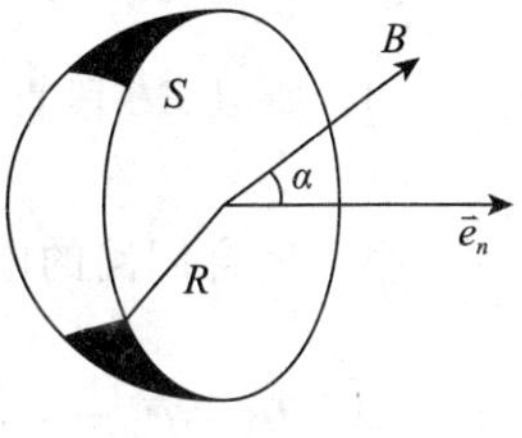

图 4.12

解 应用磁场的高斯定理 $0=\oint_s \vec{B}\cdot d\vec{s}=\int_s \vec{B}\cdot d\vec{s}+\int_{s(R)}\vec{B}\cdot d\vec{s}$

$$\int_s \vec{B}\cdot d\vec{s}=-\int_{s(R)}\vec{B}\cdot d\vec{s}=-\vec{B}\cdot\vec{S}=-BS\cos\alpha=-\pi r^2 B\cos\alpha$$

[例题 17] 如图 4.13 所示，半径为 a 的长直螺线管中，有 $\frac{dB}{dt}>0$ 的磁场，一直导线弯成等腰梯形的闭合回路 $ABCDA$，总电阻为 R，上底为 a，下底为 $2a$，求：(1) AD 段、BC 段和闭合回路中的感应电动势；(2) B、C 两点间的电势差 U_B-U_C.

分析： 系统具有轴对称性，可以直接利用感生电场的环路定理来求感生电场的分布，然后利用感生电场的路径积分公式 $\varepsilon=\int \vec{E}_k\cdot d\vec{l}$ 来计算感生电动势（见方法一）；或者补闭合回路，利用 $\varepsilon=\int_s -\frac{\partial\vec{B}}{\partial t}\cdot d\vec{s}$ 来计算感生电动势（见方法二）.

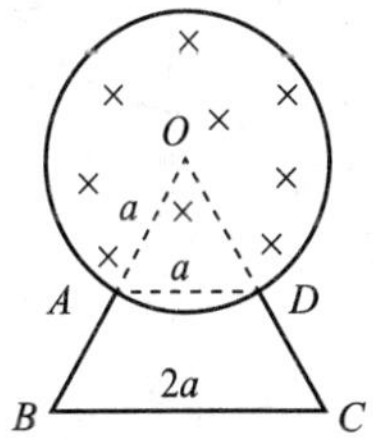

图 4.13

解　(1) 方法一：$\oint E\cdot dl=-\frac{d\Phi}{dt}$

$$E_1=-\frac{r}{2}\cdot\frac{dB}{dt}\qquad r<a$$

$$E_2=-\frac{a^2}{2r}\cdot\frac{dB}{dt}\qquad r>a$$

$$\varepsilon_{AD}=\int E_1\cdot \mathrm{d}l=\int E_1\cos\theta \mathrm{d}l=\int_{-\frac{a}{2}}^{\frac{a}{2}}\frac{r}{2}\frac{\mathrm{d}B}{\mathrm{d}t}\frac{\sqrt{a^2-\left(\frac{a}{2}\right)^2}}{r}\mathrm{d}l=\frac{\sqrt{3}}{4}\cdot a^2\frac{\mathrm{d}B}{\mathrm{d}t}$$

同理　$\varepsilon_{BC}=\int E_2\cdot \mathrm{d}l=\frac{\pi a^2}{6}\frac{\mathrm{d}B}{\mathrm{d}t}$

整个闭合回路的电动势　$\varepsilon=\varepsilon_{BC}-\varepsilon_{AD}=\left(\frac{\pi a^2}{6}-\frac{\sqrt{3}a^2}{4}\right)\frac{\mathrm{d}B}{\mathrm{d}t}$

方法二：将 OA 和 OD 两段直线与 AD 导线连接起来，构成一个闭合回路 $OADO$，并取 $OADO$ 为回路的正方向，则整个回路的感生电动势为 $\varepsilon_{OADO}=-\frac{\mathrm{d}\phi_m}{\mathrm{d}t}=-\frac{\mathrm{d}(\vec{B}\cdot\vec{S})}{\mathrm{d}t}=\frac{\mathrm{d}B}{\mathrm{d}t}\cdot S=\frac{\mathrm{d}B}{\mathrm{d}t}\cdot S_{\Delta OAD}=\frac{\sqrt{3}}{4}\cdot a^2\frac{\mathrm{d}B}{\mathrm{d}t}$，由于 OA 和 OD 两段直线上的感生电场均与它们垂直，故在这两段上的感生电动势为 0，即 $\varepsilon_{OA}=\varepsilon_{DO}=0$，所以 AD 段直导线的感生电动势 $\varepsilon_{AD}=\varepsilon_{OA}+\varepsilon_{AD}+\varepsilon_{DO}=\varepsilon_{OADO}=\frac{\sqrt{3}}{4}\cdot a^2\frac{\mathrm{d}B}{\mathrm{d}t}$.

同理，将 OB 和 OC 两段直线与 BC 导线连接起来，构成一个闭合回路 $OBCO$，$\varepsilon_{OB}=\varepsilon_{CO}=0$，所以 BC 段直导线的感生电动势 $\varepsilon_{BC}=\varepsilon_{OB}+\varepsilon_{BC}+\varepsilon_{CO}=\varepsilon_{OBCO}=\frac{\mathrm{d}B}{\mathrm{d}t}S_{S\text{扇形}OAD}=\frac{\pi}{6}a^2\frac{\mathrm{d}B}{\mathrm{d}t}$.

整个闭合回路的电动势　$\varepsilon=\varepsilon_{BC}-\varepsilon_{AD}=\left(\frac{\pi a^2}{6}-\frac{\sqrt{3}a^2}{4}\right)\frac{\mathrm{d}B}{\mathrm{d}t}$

（2）$U_B-U_C=-\varepsilon_{BC}=-\frac{\pi a^2}{6}\frac{\mathrm{d}B}{\mathrm{d}t}$

[例题 18] 如图 4.14（a）所示，把一半径为 $R=0.1\mathrm{m}$ 的半圆形导线 OP 置于磁感强度为 $B=0.02\mathrm{T}$ 的均匀磁场中，当导线以速率 $v=2\mathrm{cm/s}$ 水平向右平动时，求圆形导线中感应电动势 ε 的大小，哪一端电势较高？

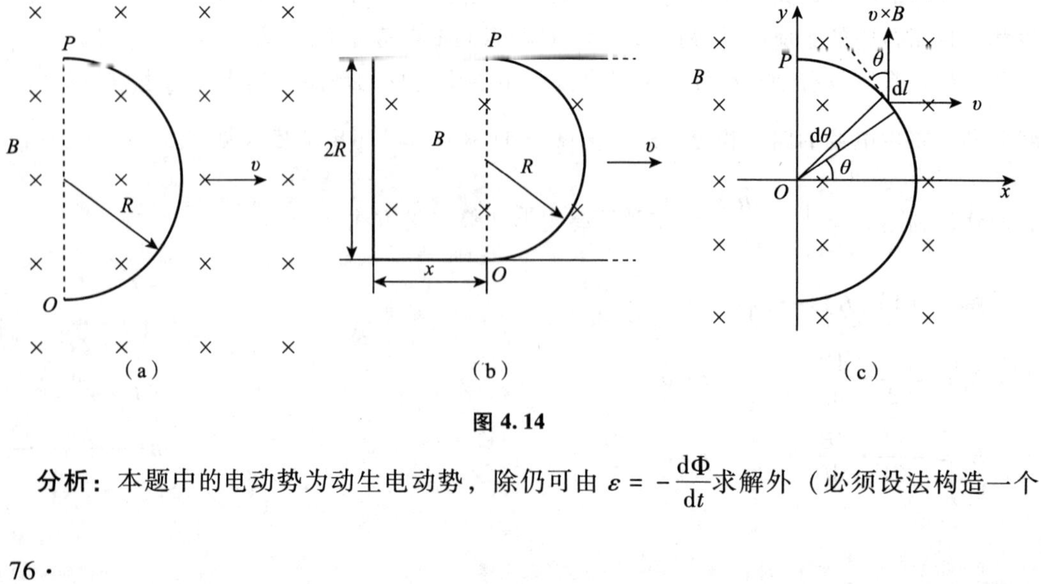

图 4.14

分析：本题中的电动势为动生电动势，除仍可由 $\varepsilon=-\frac{\mathrm{d}\Phi}{\mathrm{d}t}$ 求解外（必须设法构造一个闭合回路)，还可直接用公式 $\varepsilon = \int_l (\vec{v} \times \vec{B}) \cdot \mathrm{d}\vec{l}$ 求解.

在用后一种方法求解时，应注意导体上任一线元 dl 上的动生电动势 $\mathrm{d}\varepsilon = (\vec{v} \times \vec{B}) \cdot \mathrm{d}\vec{l}$. 在一般情况下，上述各量可能是 d$l$ 所在位置的函数. 矢量 $(\vec{v} \times \vec{B})$ 的方向就是导线中电势升高的方向.

解 方法一：如图 4.14 (b) 所示，假想半圆形导线 OP 在宽为 $2R$ 的静止矩形导轨上滑动，两者之间形成一个闭合回路. 设顺时针方向为回路正向，任一时刻端点 O 或端点 P 距导轨左侧距离为 x，则

$$\Phi = \left(2Rx + \frac{1}{2}\pi R^2\right)B$$

即

$$\varepsilon = -\frac{\mathrm{d}\Phi}{\mathrm{d}t} = -2RB\frac{\mathrm{d}x}{\mathrm{d}t} = -2RvB = -8 \times 10^{-5}\mathrm{V}$$

由于静止的矩形导轨上的电动势为零，则 $\varepsilon = -2RvB$. 式中负号表示电动势的方向为逆时针，对 OP 段来说端点 P 的电势较高.

解 方法二：建立如图 4.14 (c) 所示的坐标系，在导体上任意处取线元 dl，则

$$\mathrm{d}\varepsilon = (\vec{v} \times \vec{B}) \cdot \mathrm{d}\vec{l} = vB\sin 90°\cos\theta \mathrm{d}l = vB\cos\theta R\mathrm{d}\theta$$

$$\varepsilon = \int \mathrm{d}\varepsilon = vBR\int_{-\pi/2}^{\pi/2} \cos\theta \mathrm{d}\theta = 2RvB = 8 \times 10^{-5}\mathrm{V}$$

由矢量 $(v \times B)$ 的指向可知，端点 P 的电势较高.

解 方法三：连接 OP 使导线构成一个闭合回路. 由于磁场是均匀的，在任意时刻，穿过回路的磁通量 $\Phi = BS =$ 常数. 由法拉第电磁感应定律 $\varepsilon = -\frac{\mathrm{d}\Phi}{\mathrm{d}t}$ 可知，$\varepsilon = 0$

又因 $\varepsilon = \varepsilon_{op} + \varepsilon_{po}$ 即 $\varepsilon_{op} = -\varepsilon_{po} = 2RvB = 8 \times 10^{-5}\mathrm{V}$

由上述结果可知，在均匀磁场中，任意闭合导体回路平动所产生的动生电动势为零；而任意曲线形导体上的动生电动势就等于其两端所连直线形导体上的动生电动势. 上述求解方法是叠加思想的逆运用，即补偿的方法.

[**例题 19**] 如图 4.15 所示，长为 L 的导体棒 OP，处于均匀磁场中，并绕 OO' 轴以角速度 ω 旋转，棒与转轴间夹角恒为 30°，磁感强度 B 与转轴平行. 求 OP 棒在图示位置处的电动势.

分析：如前所述，本题既可以用法拉第电磁感应定律 $E = -\frac{\mathrm{d}\Phi}{\mathrm{d}t}$ 计算（此时必须构造一个包含 OP 导体在内的闭合回路，如直角三角形导体回路 $OPQO$)，也可用 $E = \int_l (\vec{v} \times \vec{B}) \cdot \mathrm{d}\vec{l}$ 来计算. 由于对称性，导体 OP 旋转至任何位置时产生的电动势与图示位置是相同的.

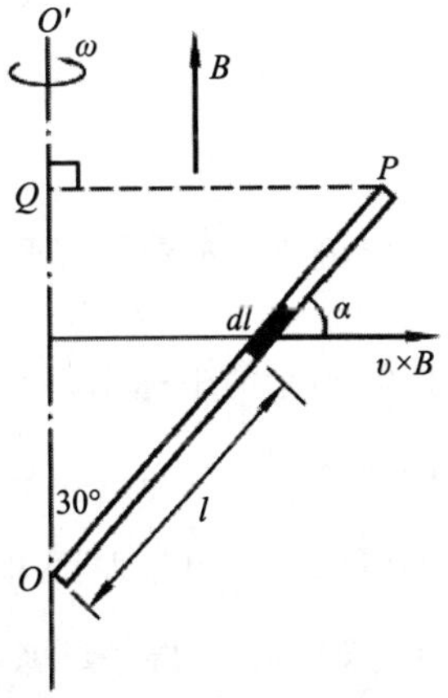

图 4.15

解　方法一： 由上分析，得

$$\varepsilon_{OP}=\int_{OP}(\vec{v}\times\vec{B})\cdot d\vec{l}=\int_l vB\sin 90°\cos\alpha dl=\int_l(l\sin 30°\omega)B\cos(90°-30°)d\vec{l}$$

$$=\omega B\sin^2 30°\int_0^L l d\vec{l}=\frac{1}{2}\omega B(L\sin^2 30°)^2=\frac{1}{8}\omega BL^2$$

由矢量 $\vec{v}\times\vec{B}$ 的方向可知端点 P 的电势较高．

解　方法二： 设想导体 OP 为直角三角形导体回路 $OPQO$ 中的一部分，任一时刻穿过回路的磁通量 Φ 为零，则回路的总电动势

$$\varepsilon=-\frac{d\Phi}{dt}=0=E_{OP}+E_{PQ}+E_{QO}$$

显然，$\varepsilon_{QO}=0=0$，所以

$$\varepsilon_{OP}=-\varepsilon_{PQ}=\varepsilon_{QO}=\frac{1}{2}\omega B\overline{PQ}^2$$

由上可知，导体棒 OP 旋转时，在单位时间内切割的磁感线数与导体棒 QP 等效．后者是垂直切割的情况．

［例题 20］ 如图 4.16（a）所示，金属杆 AB 以匀速 $v=2.0\text{m}\cdot\text{s}^{-1}$ 平行于一长直导线移动，此导线通有电流 $I=20\text{A}$. 求金属杆中的感应电动势，杆的哪一端电势较高？

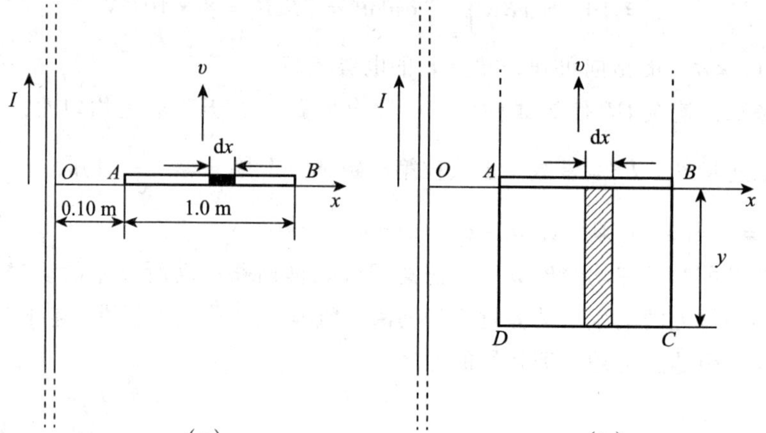

图 4.16

分析： 本题可用两种方法求解．（1）用公式 $\varepsilon=\int_l(\vec{v}\times\vec{B})\cdot d\vec{l}$ 求解，建立图 4.16（a）所示的坐标系，所取线元 $dl=dx$，该处的磁感强度 $B=\dfrac{\mu_0 I}{2\pi x}$.（2）用法拉第电磁感应定律求解，需构造一个包含杆 AB 在内的闭合回路．为此可设想杆 AB 在一个静止的形导轨上滑动，如图 4.16（b）所示．设时刻 t，杆 AB 距导轨下端 CD 的距离为 y，先用公式 $\Phi=\int_S\vec{B}\cdot d\vec{S}$ 求得穿过该回路的磁通量，再代入公式 $\varepsilon=-\dfrac{d\Phi}{dt}$，即可求得回路的电动势，亦

即本题杆中的电动势.

解　方法一：根据分析，杆中的感应电动势为

$$\varepsilon_{AB}=\int_{AB}(\vec{v}\times\vec{B})\cdot\mathrm{d}\vec{l}=\mathrm{d}xl=-\int_{0.1m}^{1.1m}\frac{\mu_0}{2\pi x}v\mathrm{d}x=-\frac{\mu_0 Iv}{2\pi}\ln 11=-1.92\times10^{-5}\mathrm{V}$$

式中负号表示电动势方向由 B 指向 A，故点 A 电势较高.

解　方法二：设顺时针方向为回路 $ABCD$ 的正向，根据分析，在距直导线 x 处，取宽为 $\mathrm{d}x$、长为 y 的面元 dS，则穿过面元的磁通量为

$$\mathrm{d}\Phi=B\cdot\mathrm{d}S=\frac{\mu_0 I}{2\pi x}y\mathrm{d}x$$

穿过回路的磁通量为

$$\Phi=\int_S d\Phi=\int_{0.1m}^{1.1m}\frac{\mu_0 I}{2\pi x}y\mathrm{d}x=-\frac{\mu_0 Iy}{2\pi}\ln 11$$

回路的电动势为

$$\varepsilon=-\frac{\mathrm{d}\Phi}{\mathrm{d}t}=-\frac{\mu_0 I}{2\pi x}\ln 11\frac{\mathrm{d}y}{\mathrm{d}t}=-\frac{\mu_0 Iy}{2\pi}=-1.92\times10^{-5}\mathrm{V}$$

由于静止的形导轨上电动势为零，所以

$$\varepsilon_{AB}=\varepsilon=-1.92\times10^{-5}\mathrm{V}$$

式中负号说明回路电动势方向为逆时针，对 AB 导体来说，电动势方向应由 B 指向 A，故点 A 电势较高.

[例题 21] 如图 4.17 (a) 所示，在“无限长”直载流导线的近旁，放置一个矩形导体线框，该线框在垂直于导线方向上以匀速率 v 向右移动，求在图示位置处，线框中感应电动势的大小和方向.

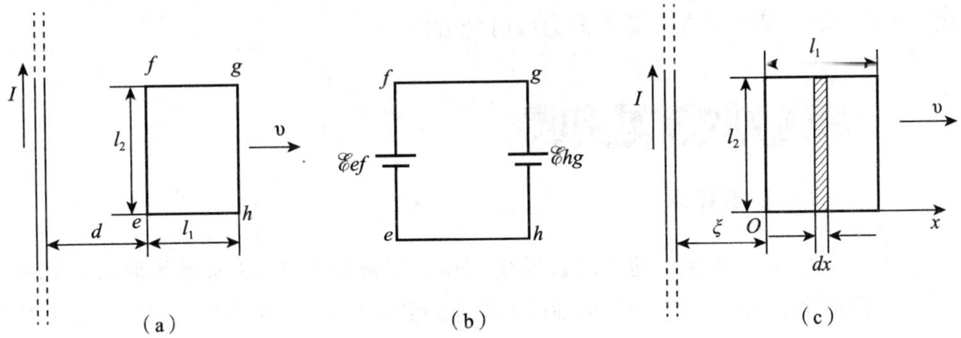

图 4.17

分析：本题亦可用两种方法求解. 其中应注意下列两点：

(1) 当闭合导体线框在磁场中运动时，线框中的总电动势就等于框上各段导体中的动生电动势的代数和. 如图 4.17 (a) 所示，导体 eh 段和 fg 段上的电动势为零 [此两段导体上处处满足 $(\vec{v}\times\vec{B})\cdot\mathrm{d}\vec{l}=0$]，因而线框中的总电动势为

$\varepsilon = \int_{ef}(\vec{v}\times\vec{B})\cdot d\vec{l} + \int_{gh}(\vec{v}\times\vec{B})\cdot d\vec{l} = \int_{ef}(\vec{v}\times\vec{B})\cdot d\vec{l} - \int_{hg}(\vec{v}\times\vec{B})\cdot d\vec{l} = \varepsilon_{ef} - \varepsilon_{hg}$ 其等效电路如图 4.17（b）所示．

（2）用公式 $\varepsilon = -\frac{d\Phi}{dt}$ 求解，式中 Φ 是线框运动至任意位置处时，穿过线框的磁通量．为此设时刻 t 时，线框左边距导线的距离为 ξ，如图 4.17（c）所示，显然 ξ 是时间 t 的函数，且有 $\frac{d\xi}{dt}=v$. 在求得线框在任意位置处的电动势 $E(\xi)$ 后，再令 $\xi = d$，即可得线框在题目所给位置处的电动势．

解　方法一：根据分析，线框中的电动势为

$$\varepsilon = \varepsilon_{ef} - \varepsilon_{hg} = \int_{ef}(\vec{v}\times\vec{B})\cdot d\vec{l} - \int_{hg}(\vec{v}\times\vec{B})\cdot d\vec{l}$$

$$= \frac{\mu_0 I v}{2\pi d}\int_0^{l_2} d\vec{l} - \frac{\mu_0 I v}{2\pi(d+l_1)}\int_0^{l_2} d\vec{l} = \frac{\mu_0 I v I_1 I_2}{2\pi(d+l_1)}$$

由 $\varepsilon_{ef} > \varepsilon_{hg}$ 可知，线框中的电动势方向为 $efghe$.

解　方法二：设顺时针方向为线框回路的正向．根据分析，在任意位置处，穿过线框的磁通量为

$$\Phi = \int_0^{l_1}\frac{\mu_0 I l_2}{2\pi(x+\xi)}dx = \frac{\mu_0 I l_2}{2\pi}\ln\frac{\xi + l_1}{\xi}$$

相应电动势为

$$\varepsilon(\xi) = -\frac{d\Phi}{dt} = \frac{\mu_0 I v l_2 l_1}{2\pi\xi(\xi + l_1)}$$

令 $\xi = d$，得线框在图示位置处的电动势为

$$\varepsilon = \frac{\mu_0 I v l_2 l_1}{2\pi d(d+l_1)}$$

由 $\varepsilon > 0$ 可知，线框中电动势方向为顺时针方向．

同步自测练习题

（一）选择题

1. 通有电流 I 的无限长导线 $abcd$，弯成如图 4.18 所示的形状．其中半圆段的半径为 R，直线段 ba 和 cd 均延伸到无限远，则圆心 O 点处的磁感应强度 B 的大小为（　　）

（A）$\frac{\mu_0 I}{4R} + \frac{\mu_0 I}{4\pi R}$　　（B）$\frac{\mu_0 I}{4R} + \frac{\mu_0 I}{2\pi R}$

（C）$\frac{\mu_0 I}{2R} + \frac{\mu_0 I}{4\pi R}$　　（D）$\frac{\mu_0 I}{\pi R}$

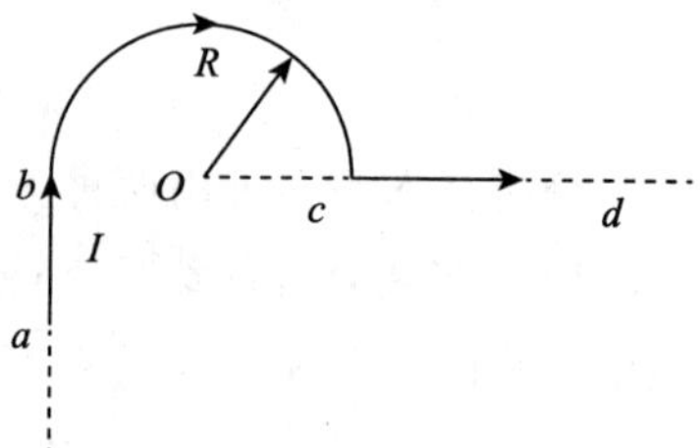

图 4.18

2. 如图 4.19 所示，载流圆形线圈（半径为 a_1）与正方形线圈（边长为 a_2）通有相同的电流 I. 若两个线圈的中心 O_1、O_2 处的磁感应强度大小相等，则半径 a_1 与边长 a_2 的比值为（　）

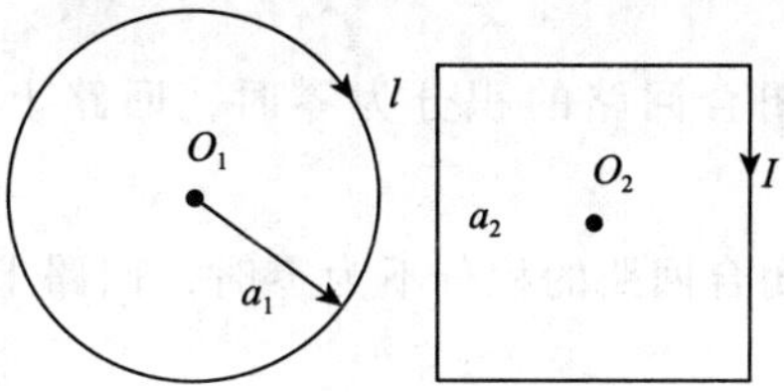

图 4.19

（A）1∶1　　（B）$\sqrt{2}\pi$∶1

（C）$\sqrt{2}\pi$∶4　　（D）$\sqrt{2}\pi$∶8

3. 直径为 50mm 的长直导线中载有均匀分布的电流，如果电流大小为 6.0A，计算距离导线中心 50mm 处磁感应强度的大小（　　）

（A）4.3×10^{-5}T　　（B）1.2×10^{-5}T

（C）2.4×10^{-5}T　　（D）7.6×10^{-5}T

4. 磁场的高斯定理说明了稳恒磁场的某些性质．下列说法正确的是（　　）

（A）磁场力是保守力　　（B）磁场是无源场

（C）磁场是非保守力场　　（D）磁感应线不相交

5. 如图 4.20 所示，在无限长载流直导线附近作一球形闭合曲面 S，当曲面 S 向长直导线靠近时，穿过曲面 S 的磁通量 Φ 和面上各点的磁感应强度 B 将如何变化？（　　）

（A）Φ 增大，B 也增大

（B）Φ 不变，B 也不变

（C）Φ 增大，B 不变

（D）Φ 不变，B 增大

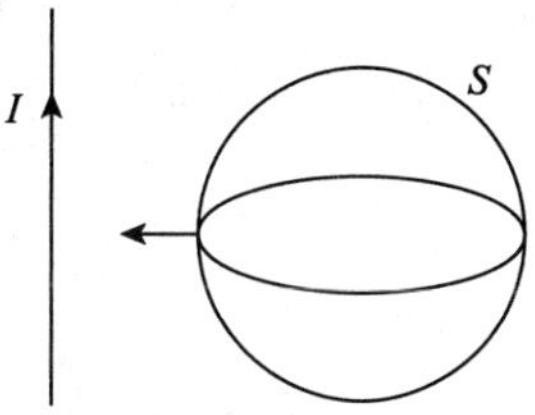

图 4.20

6. 匀强磁场 B 中有一半径为 r，高为 L 的圆柱面，B 方向与圆柱轴线平行，则穿过圆柱面的磁通量为（　　）

（A）$\pi R^2 B$　　（B）0

（C）$2\pi R^2 B$　　（D）$\frac{1}{2}\pi R^2 B$

7. 下列说法正确的是（　　）

（A）闭合回路上各点磁感强度都为零时，回路内一定没有电流穿过

（B）闭合回路上各点磁感强度都为零时，回路内穿过电流的代数和必定为零

（C）磁感强度沿闭合回路的积分为零时，回路上各点的磁感强度必定为零

（D）磁感强度沿闭合回路的积分不为零时，回路上任意一点的磁感强度都不可能为零

8. 取一个闭合积分回路 L，使三根导线穿过它所包围成的面，现改变三根导线之间的相互间隔，但不越出积分回路，则：（　　）

（A）回路内的 $\sum_i I_i$ 不变，L 上各点的 B 不变

（B）回路内的 $\sum_i I_i$ 不变，L 上各点的 B 改变

（C）回路内的 $\sum_i I_i$ 改变，L 上各点的 B 不变

（D）回路内的 $\sum_i I_i$ 改变，L 上各点的 B 改变

9. 在图 4.21（a）和（b）中各有一半径相同的圆形回路 L_1、L_2，圆周内有电流 I_1、I_2，其分布相同，且均在真空中，但在图 4.21（b）中 L_2 回路外有电流 I_3，P_1、P_2 为两圆形回路上的对应点，则（　　）

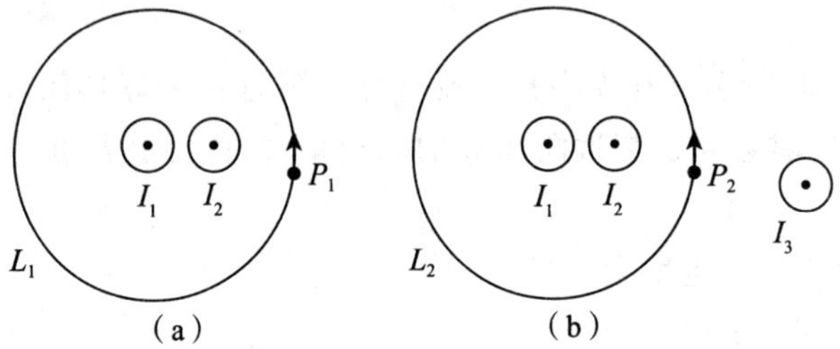

图 4.21

（A）$\oint_{L_1} B \cdot dl = \oint_{L_2} B \cdot dl$，$B_{P_1} = B_{P_2}$

（B）$\oint_{L_1} B \cdot dl \neq \oint_{L_2} B \cdot dl$，$B_{P_1} = B_{P_2}$

（C）$\oint_{L_1} B \cdot dl = \oint_{L_2} B \cdot dl$，$B_{P_1} \neq B_{P_2}$

（D）$\oint_{L_1} B \cdot dl \neq \oint_{L_2} B \cdot dl$，$B_{P_1} \neq B_{P_2}$

10. 两无限长平行直导线 a 和 b 分别载有电流 I_1 和 I_2，电流方向如图 4.22 所示. L 为绕导线 b 所作的安培环路．设 B_c 为环路 L 上 C 点处的磁感应强度的大小，当导线 a 向左平行远离时，则（　　）

（A）B_c 减小，$\oint_L \vec{B}\cdot \mathrm{d}\vec{l}$ 减小

（B）B_c 不变，$\oint_L \vec{B}\cdot \mathrm{d}\vec{l}$ 不变

（C）B_c 减小，$\oint_L \vec{B}\cdot \mathrm{d}\vec{l}$ 不变

（D）B_c 不变，$\oint_L \vec{B}\cdot \mathrm{d}\vec{l}$ 减小

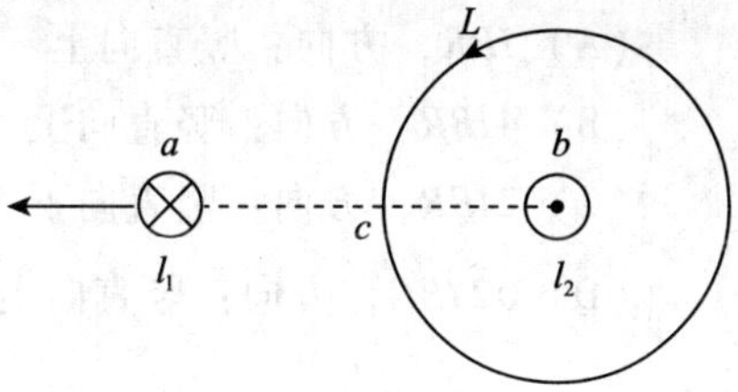

图 4.22

11. 如图 4.23 所示，三根平行共面的无限长直导线 a、b、c 等间距放置，各导线通过的电流分别为 $I_a=1\mathrm{A}$，$I_b=2\mathrm{A}$，$I_c=3\mathrm{A}$，且电流方向都相同，则导线 a 和 b 的单位长度上所受安培力 F_a 和 F_b 的比值为（　　）

（A）$\frac{7}{16}$　　（B）$\frac{5}{8}$

（C）$\frac{7}{8}$　　（D）$\frac{5}{4}$

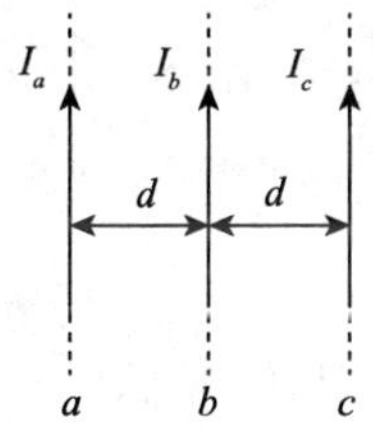

图 4.23

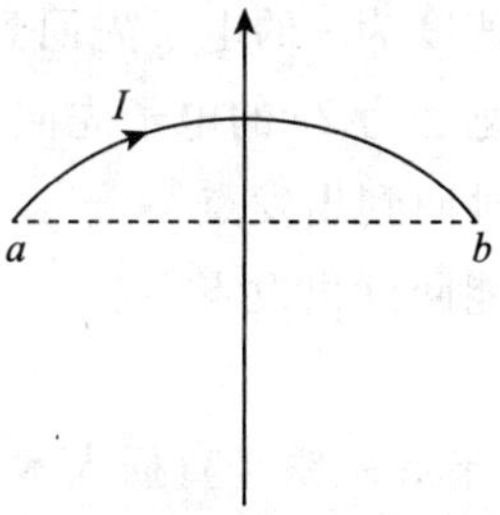

图 4.24

12. 如图 4.24 所示，1/4 圆弧导线 ab，半径为 r，电流为 I，均匀磁场为 B，方向垂直 ab 向上，求圆弧 ab 受的安培力的大小和方向（　　）

（A）$\sqrt{2}BIr$ 垂直纸面向外　　（B）$\sqrt{2}BIr$ 垂直纸面向里

（C）$\frac{\pi}{2}BIr$ 垂直纸面向外　　（D）$\frac{\pi}{2}BIr$ 垂直纸面向里

13. 如图 4.25 所示，共面放置一根无限长的载流导线和一矩形线圈，在磁场力的作用下，线圈将在该平面内如何运动？（　　）

（A）向上　　（B）向下

（C）向左　　（D）向右

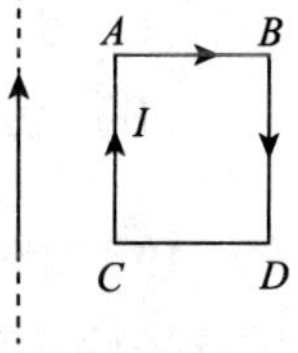

图 4.25

14. 形状如图 4.26 所示的载流导线中通有电流 I，方向从 a 流到 d. 该载流导线放在与磁场垂直的平面内. 若磁场的磁感强度为 $\vec{B}$，则导线所受的安培力 $\vec{F}$ 的大小和方向为（　　）

(A) IBR，方向：竖直向上

(B) $4IBR$，方向：竖直向上

(C) $2IBR$，方向：竖直向下

(D) $\sqrt{2}IBR$，方向：竖直向上

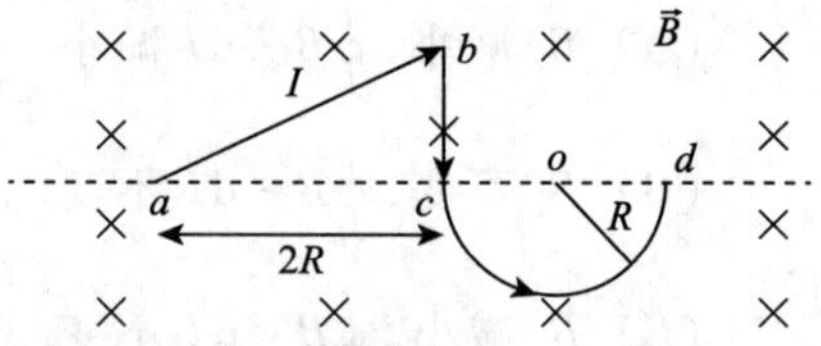

图 4.26

15. 一个带电粒子以速度 v 垂直进入匀强磁场 B 中，其运动轨迹是一半径为 R 的圆. 要使半径变为 $2R$，磁感应强度 B 应变为（　　）

(A) $2B$　　(B) $B/2$

(C) $\sqrt{2}B$　　(D) $\sqrt{2}B/2$

16. 用电子枪同时将两个电子 a、b 射入如图 4.27 所示的均匀磁场 B 中，已知 a、b 电子的初速度分别为 v 和 $2v$，两者的方向如图 4.27 所示，则经垂直磁场偏转后（　　）

(A) 初速度为 v 的电子先回到出发点

(B) 初速度为 $2v$ 的电子先回到出发点

(C) 同时回到出发点

(D) 不能回到出发点

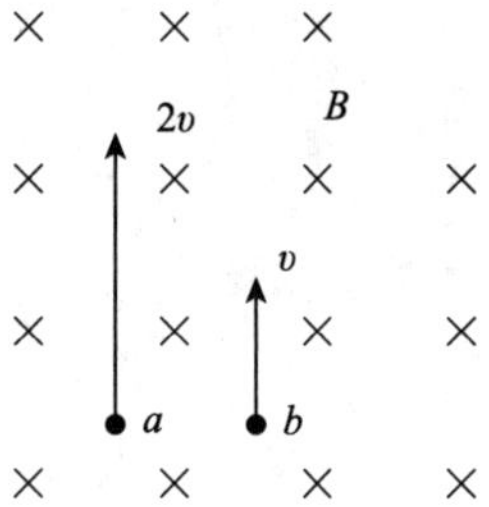

图 4.27

17. 若用条形磁铁竖直插入木质圆环中，则环中（　　）

(A) 产生感应电动势，也产生感应电流

(B) 产生感应电动势，不产生感应电流

(C) 不产生感应电动势，也不产生感应电流

(D) 不产生感应电动势，产生感应电流

18. 如图 4.28 所示，一载流螺线管的旁边有一圆形线圈，欲使线圈产生图示方向的感应电流 i，下列哪种情况可以做到？

(A) 载流螺线管离开线圈

(B) 载流螺线管向线圈靠近

(C) 载流螺线管中电流增大

(D) 载流螺线管中插入铁芯

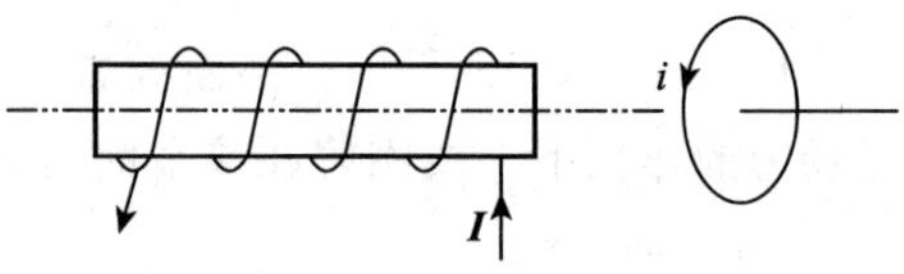

图 4.28

19. 如图 4.29 所示，闭合圆形导线线圈放置在匀强磁场中，线圈平面与磁场平行，其中 ac、bd 分别是平行和垂直于磁场方向的两条直径. 则线圈做

如下运动时，能产生感应电流的是（ ）

（A）使线圈在纸面内向右平动

（B）使线圈以 ac 为轴转动

（C）使线圈在纸面内向上平动

（D）使线圈以 bd 为轴转动

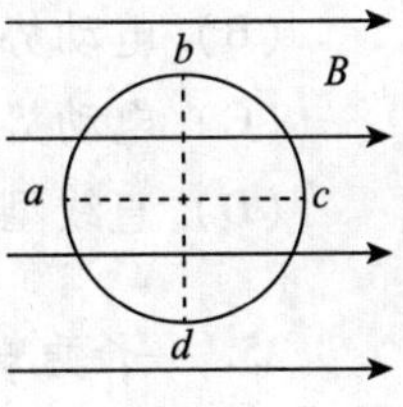

图 4.29

20. 通过垂直于线圈平面的磁通量，其随时间变化的规律为：$\Phi = 5t^2 + 6t + 10$，式中 Φ 的单位为 mWb，试问当 $t = 2.0$s 时，线圈中的感应电动势为（ ）mV

（A）14　（B）26　（C）41　（D）51

21. 如图 4.30 所示，随时间变化的磁场外面有一段导线 AB，设 $dB/dt > 0$，则在 AB 上的感应电动势为：（ ）

（A）0

（B）不为 0，方向从 B 到 A

（C）不能确定

（D）不为 0，方向从 A 到 B

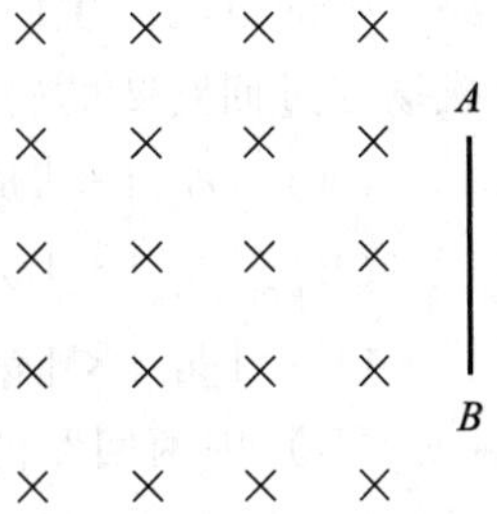

图 4.30

22. 一交变磁场被限制在一半径为 R 的圆柱体中，在柱体内、外分别有两个静止的点电荷 q_A 和 q_B，则（ ）

（A）q_A 和 q_B 都受力　（B）q_A 和 q_B 都不受力

（C）q_A 受力，q_B 不受力　（D）q_A 不受力，q_B 受力

23. 如图 4.31 所示，均匀磁场被局限在无限长圆柱形空间内，且成轴对称分布，图 4.31 为此磁场的截面，磁场按 dB/dt 随时间变化，圆柱体外一点 P 的感生电场 E_i 应（ ）

（A）等于零

（B）不为零，方向向上或向下

（C）不为零，方向向左或向右

（D）不为零，方向向内或向外

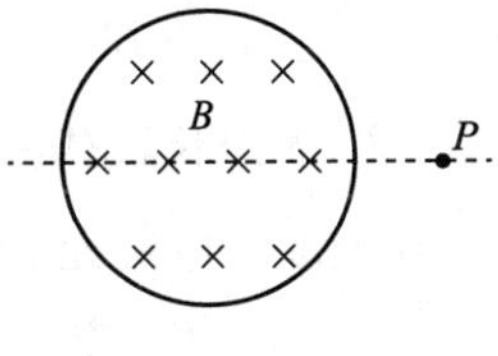

图 4.31

24. 在圆柱形空间内有一磁感强度为 $\vec{B}$ 的均匀磁场，如图 4.32 所示. $\vec{B}$ 的大小以 dB/dt 均匀变化. 在磁场中有 A、B 两点，其间可放直导线 AB 和弯曲的导线 AB，则（ ）

（A）电动势只在直线型 AB 导线中产生

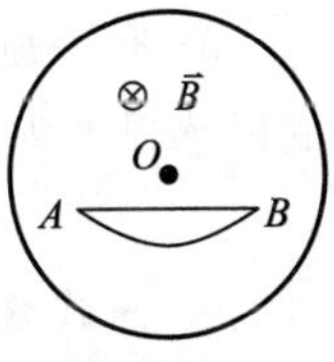

图 4.32

（B）电动势只在弧线型 AB 导线中产生

（C）电动势在直线型 AB 和弧线型 AB 中都产生，且两者大小相等

（D）直线型 AB 导线中的电动势小于弧线型 AB 导线中的电动势

25. 一长直螺线管，半径为2.50cm，每米有900匝线圈．螺线管中的电流以60.0A/s的恒定速率增加．求螺线管中心附近，距离螺线管轴线1.00cm处的感生电场的大小是（　　）

（A）8.33×10^{-4}V/m　　（B）3.39×10^{-4}V/m

（C）2.50×10^{-4}V/m　　（D）1.70×10^{-4}V/m

26. 两任意形状的导体回路1和2，通有相同的稳恒电流，若以 ϕ_{12} 表示回路2中的电流产生的磁场穿过回路1的磁通，ϕ_{21} 表示回路1中的电流产生的磁场穿过回路2的磁通，则（　　）

（A）$|\phi_{12}|=|\phi_{21}|$

（B）$|\phi_{12}|>|\phi_{21}|$

（C）$|\phi_{12}|<|\phi_{21}|$

（D）因两回路的大小、形状未具体给定，所以无法比较 ϕ_{12} 和 ϕ_{21} 的大小

27. 对位移电流，下述四种说法中哪一种说法是正确的（　　）

（A）位移电流的实质是变化的电场

（B）位移电流和传导电流一样是定向运动的电荷

（C）位移电流服从传导电流遵循的所有定律

（D）位移电流的磁效应不服从安培环路定理

（二）填空题

1. 半径为 R 的圆线圈，载有电流 $2I$，则它在其圆心处产生的磁感强度为________，若将半径增加为 $2R$，则磁感强度变为____________.

2. 无限长直载流导线，沿空间直角坐标 oy 轴放置，电流沿 y 正向，在原点 O 处取一电流元 $I\mathrm{d}\vec{l}$，则该电流元在 $(a,0,0)$ 点外的磁感应强度的大小为____________，方向为____________.

3. 有一被折成直角的长导线（如图4.33所示），载有电流20A. 则 A 点的磁感强度为________________，设 $a=0.05$m.

4. 一载有电流 I 的无线长导线绕成如图4.34所示形状，则圆心 O 点的磁感强度是______________.

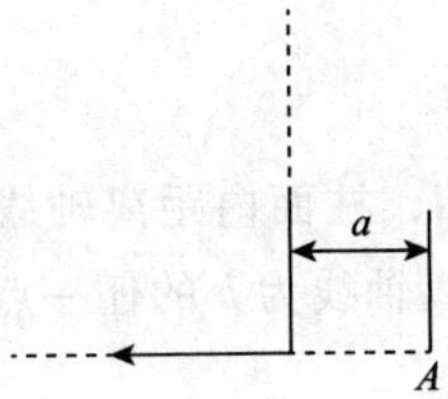

图 4.33

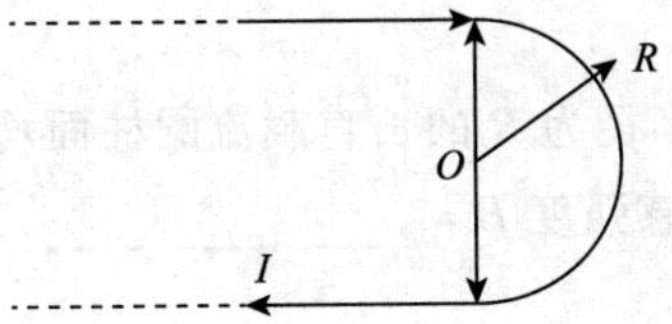

图 4.34

5. 两螺线管半径分别为 R 和 $r(R>r)$，通有相等电流，两者单位长度上的匝数相等，则两管中的磁感强度 B_R 和 B_r 应满足 B_R ________ B_r（填“大丁”“等于”或“小于”）.

6. 一条无限长直导线载有 10A 的电流，在离它 0.5m 远的地方它产生的磁感应强度 B 大小为____________________.

7. 如图 4.35 所示两平行长直导线相距 d，通以相同电流 I，方向相反，则在它们平面内与二者等距离的中点处的磁感强度大小为____________________；方向为____________________.

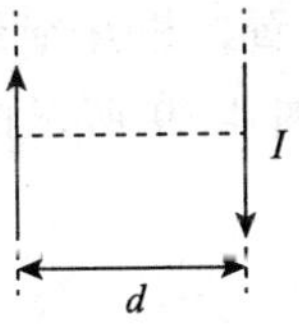

图 4.35

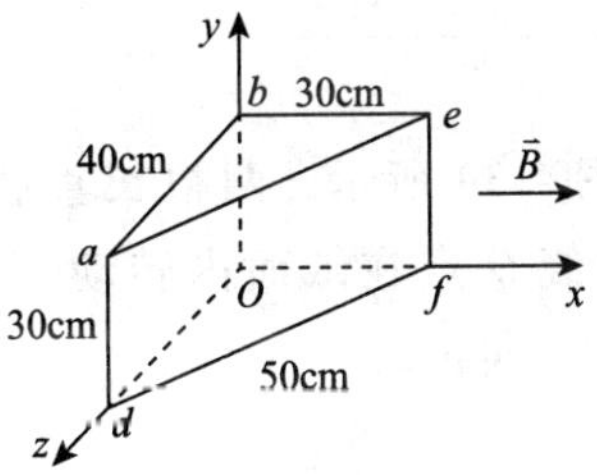

图 4.36

8. 如图 4.36 所示，均匀磁场的磁感应强度为 $B=0.2\mathrm{T}$，方向沿 x 轴正方向，则通过 $abod$ 面的磁通量为________，通过 $befo$ 面的磁通量为________.

9. 穿过磁场中某闭合曲面的磁通量等于________________.

10. 均匀磁场的磁感应强度 B 垂直于半径为 R 的圆面．今以该圆周为边线，作一半球面 S，则通过 S 面的磁通量的大小为________________.

11. 一长直密绕通电螺线管，长为 L，截面积为 S，总匝数为 N，通以电流 I，则穿过螺线管的磁通链为____________.

12. 磁的安培环路定理的数学公式为____________________，其物理意义为____________.

13. 半径为 R 的长直载流圆柱面均匀通电流 I，柱面内距离轴线为 a 的任一点的磁感强度 $B=$______________，柱面外距离轴线为 b 的任一点的磁感强度 $B=$______________.

14. 如图 4.37 所示，两根无限长载流直导线相互平行，通过的电流分别为 I_1 和 I_2. 则 $\oint_{L_1}\vec{B}\cdot d\vec{l}=$________，$\oint_{L_2}\vec{B}\cdot d\vec{l}$________.

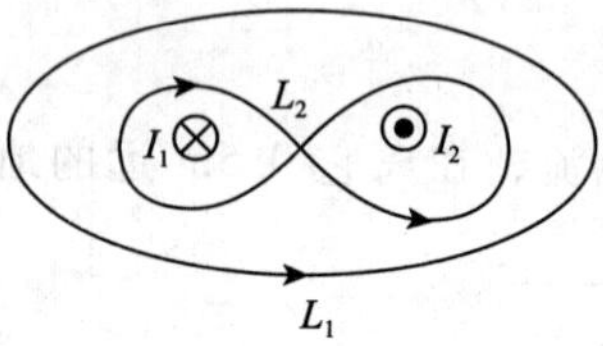

图 4.37

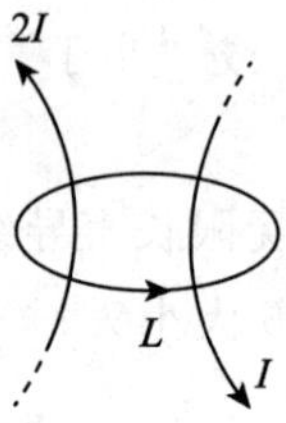

图 4.38

15. 如图 4.38 所示，L 为环绕电流 $2I$ 与 I 的闭合回路，则磁感强度沿 L 的积分为________________.

16. 如图 4.39 所示，两根长直载流导线交叉放置，相互绝缘，AB 固定不动，CD 可绕 O 点在纸面内转动. 当电流方向如图 4.39 所示时，CD 应沿___________方向转动.

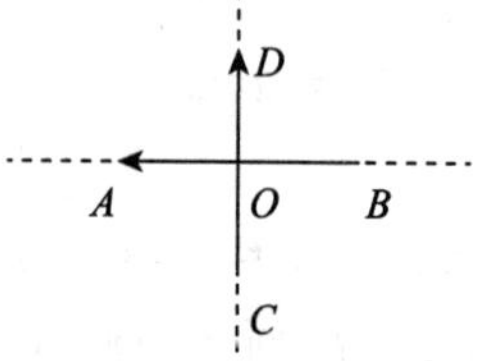

图 4.39

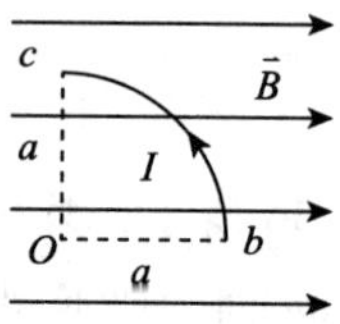

图 4.40

17. 有一半径为 a，流过稳恒电流为 I 的 1/4 圆弧形载流导线 bc，按图 4.40 方式置于均匀外磁场 $\vec{B}$ 中，则该载流导线所受的安培力大小为____________.

18. 一带电粒子垂直进入匀强磁场，则它作__________________运动；一带电粒子与磁感线成任意交角进入匀强磁场，则它作________________运动.

19. 带电粒子以速度 v 在匀强磁场中（磁感强度为 B）作匀速圆周运动，若将粒子速度改为 $2v$，磁感强度变为 $4B$，则粒子的半径变为原来的________，周期变为原来的____________.

20. 一个电量为 q 的带电粒子以速度 v 垂直地进入磁感强度为 B 的均匀磁场中，此带电粒子在磁场中运动的轨道所围的面积内的磁通量为__________.

21. 在匀强磁场中，两平面线圈平行放置，其面积相等，通电流 $I_1 = 2I_2$ 则它们所受最大磁力矩之比 M_1/M_2 等于____________________.

22. 根据法拉第电磁感应定律，回路中产生感应电动势的条件是____________________.

23. 如图 4.41 所示，一段导线 ab 在匀强磁场中绕中心点 O 作垂直于 B 的转动，是否产生电动势________，方向如何________?

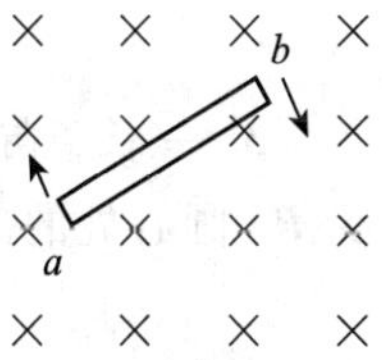

图 4.41

24. 半径为 R 的圆形线圈置于磁场中，磁感应强度随时间的变化关系为 $B = B_0(3t^2 + 2t)$，线圈平面与磁场垂直，则 $t = 1$ 秒时，线圈中的感应电动势大小为____________.

25. 一半径为 4cm 的圆线圈，处于均匀磁场中，线圈平面与磁场垂直，磁感强度 $B = (2t^2 + 8t + 5) \times 10^{-2}$T，则 $t = 3$s 时，线圈中感应电动势的大小为________________

26. 引起动生电动势的非静电力是_______________力.

27. 一段长为 0.2m 的导线在匀强磁场（$B = 0.01$T）中绕其端点作垂直于磁场的转动，角速度为 $1\text{rad} \cdot \text{s}^{-1}$，导线中的感应电动势大小等于________.

28. 如图 4.42 所示，边长分别为 a 和 b 的矩形线圈的电阻为 R，其部分置于垂直纸面向里的均匀磁场 B 中. 若导线以速度 v 向右运动，回路中的感应电动势为____________，方向为____________.

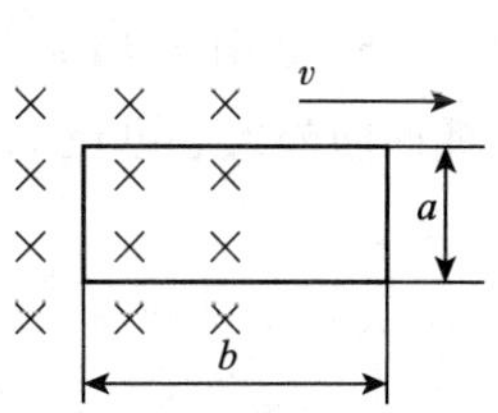

图 4.42

29. 感生电场是由____________产生的，它的电场线是______________.

30. 为了产生 1.0A 的瞬时位移电流，加在 2.0μF 的电容器上的电压变化率 $\mathrm{d}U/\mathrm{d}t =$____________伏/秒.

（三）简算题

1. 一条无限长直导线，在离它 1cm 远的地方它产生的磁感应强度是 10^{-4} T，它所载的电流为多少？

2. 有一被折成 *abcde* 的长导线（如图 4.43 所示），载有电流 *I*. *A* 点的磁感强度是多少？

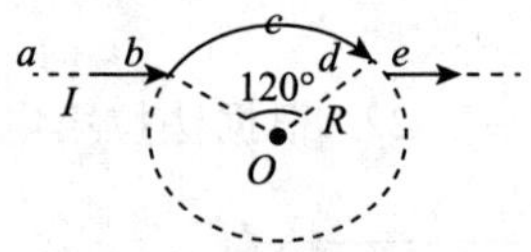

图 4.43

3. 一长直导线通电流 *I*，被弯成如图 4.44 所示形状，已知半圆弧的半径为 *R*. 圆心处的磁感强度等于多少？

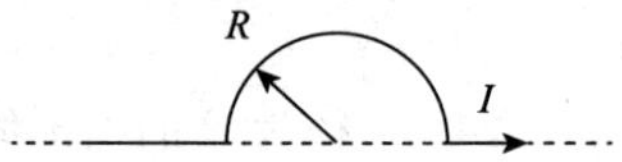

图 4.44

4. 四条互相平行的长直载流导线的电流强度均为 *I*，如图 4.45 放置．正方形的边长为 $2l$，求正方形中心 *O* 的磁感应强度．

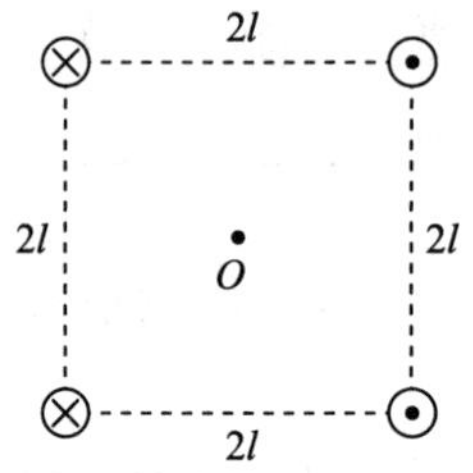

图 4.45

5. 如图 4.46 所示，宽度是 $2a$ 的无限长金属薄片的截面，均匀通有垂直纸面向外的总电流 *I*，试求距薄片右端为 *b* 的 *P* 点的磁感应强度．

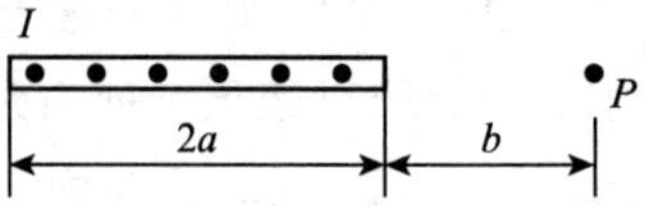

图 4.46

6. 一半径为 *R* 的长直载流圆柱体，电流 *I* 均匀流过其截面，求圆柱体外距离轴线为 *r* 处的磁感强度．

7. 如图 4.47 所示，半径为 R 的半圆形导线中有电流 I，放在匀强磁场 B 中，求导线所受安培力.

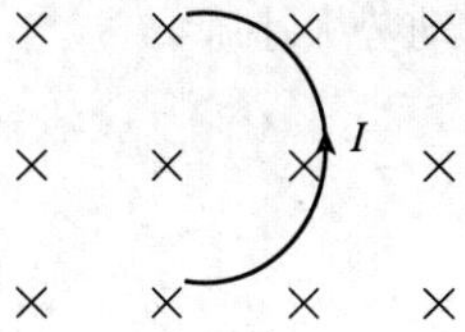

图 4.47

8. 无限长直线电流 I_1 与直线电流 I_2 共面，几何位置如图 4.48 所示. 试求直线电流 I_2 受到电流 I_1 磁场的作用力.

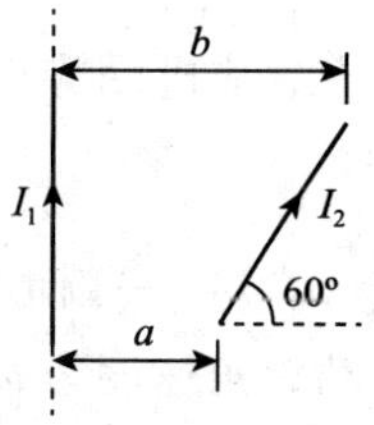

图 4.48

9. 如图 4.49 所示，长直电流 I 旁平行放置另一直电流 ab，长为 1m，电流为 I，二者间距为 d. 求 ab 受磁力.

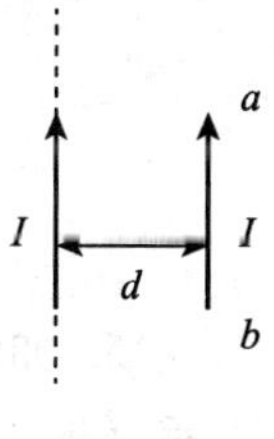

图 4.49

10. 一半圆形线圈通有电流 $I=10\mathrm{A}$，半径 $R=0.1\mathrm{m}$，放在匀强磁场 $B=0.5\mathrm{T}$ 中，磁场方向与线圈平面平行时，线圈所受磁力矩是多少？

11. 如图 4.50 所示，半径为 a 的平面圆线圈置于均匀磁场 B 中，线圈平面与 B 方向垂直，磁场大小按 $B=B_0e^{-\alpha t}$ 关系变化，求线圈中的感应电动势大小.

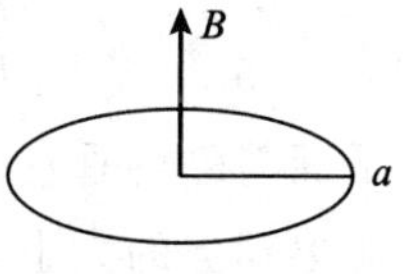

图 4.50

12. 如图 4.51 所示，一闭合圆线圈共 N 匝，半径为 R，处于均匀磁场中，线圈法线与磁场夹角 60°，磁感强度 $B = A\cos\omega t$. 求任意时刻线圈中的感应电动势大小.

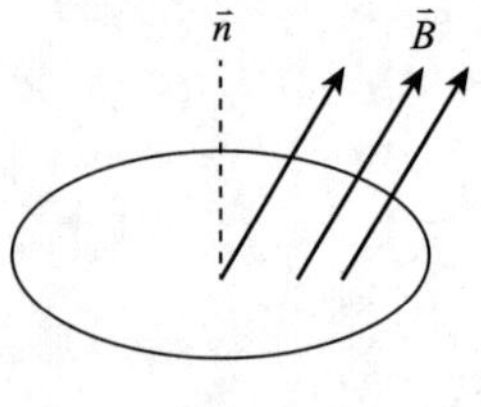

图 4.51

13. 半径 $r = 0.1\text{cm}$ 的圆线圈，均匀变化的磁场垂直于线圈，若使线圈中有感应电动势 0.1V，磁感强度随时间的变化率 $\frac{\mathrm{d}B}{\mathrm{d}t}$ 为多少？

14. 一圆形铜线圈半径为 R，置于匀强磁场 B 中，线圈绕图 4.52 的轴转动，角速度为 ω，设 $t = 0$ 时线圈处于磁场平面内，求任意时刻感应电动势的大小.

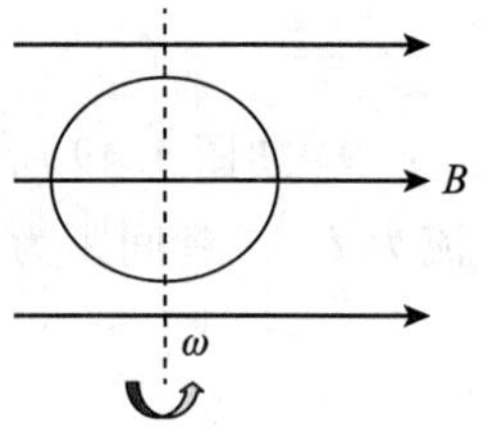

图 4.52

15. 如图 4.53 所示，匀强磁场 B 中有一长为 a 的导体棒，若使它绕端点在垂直于磁场的平面内旋转，角速度为 ω，求棒中动生电动势.

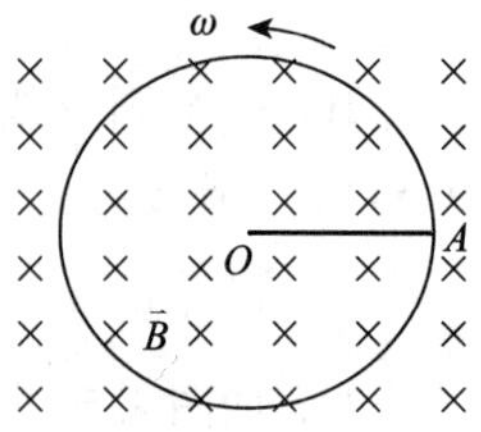

图 4.53

16. 一半径为 10cm 的圆形回路放在磁感强度为 0.8T 的匀强磁场中，回路平面与磁场垂直，当回路半径以恒定速率 $\mathrm{d}r/\mathrm{d}t = 80\text{cm/s}$ 收缩时，回路中的感应电动势的大小是多少？

17. 如图 4.54 所示，一半径为 R 的半圆形导线置于磁感强度为 B 的均匀磁场中，当导线以速率 v 水平向右平动时，导线中感应电动势的大小为多少？

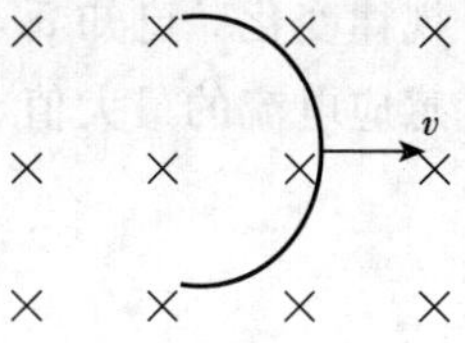

图 4.54

18. 如图 4.55 所示，均匀磁场与导体回路法线 n 的夹角为 $\theta=\pi/3$，磁感应强度 B 随时间线性增加，$B=Kt(K>0)$，ab 边长为 l，且以速度 v 向右滑动，求任意时刻感应电动势的大小（设 $t=0$，$x=0$）.

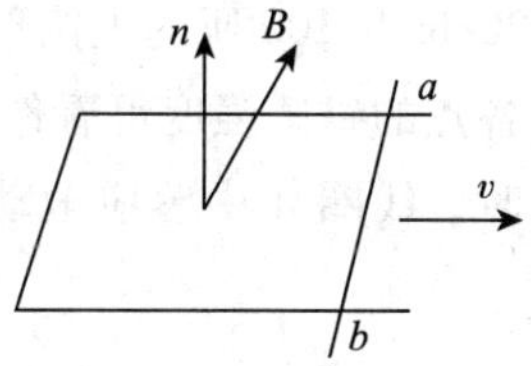

图 4.55

19. 如图 4.56 所示，金属杆 AOC 以恒定速率 v 在匀强磁场 B 中垂直于磁场方向运动，已知 $AO=AC=L$，求杆中的感应电动势 .

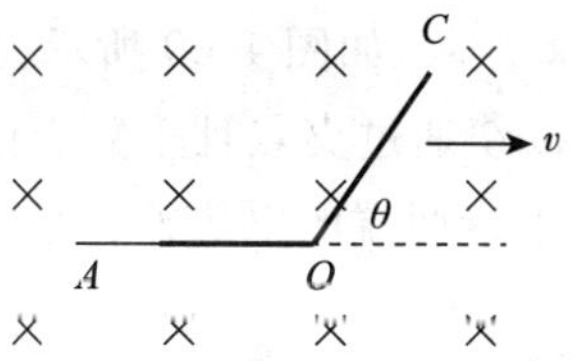

图 4.56

20. 平行板电容器的电容 $C=1\times10^{-5}$F，两板的电压变化率 $\mathrm{d}U/\mathrm{d}t=1.5\times10^{5}$V/s，平行板电容器的位移电流为多少？

（四）计算题

1. 一长直导线中通有交变电流 $I=I_0\sin(\omega t)$，（I_0 和 ω 都是常量）在长直导线旁平行放置 N 匝矩形线圈，线圈和长直导线在同一平面内 . 已知线圈长为 l，宽为 b（如图 4.57 所示）. 求任一时刻线圈中的感应电动势的大小 .

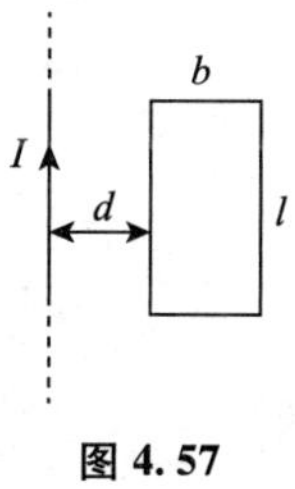

图 4.57

2. 电阻为 R 的闭合线圈折成半径分别为 a 和 $2a$ 的两个圆，如图 4.58 所示，将其置于与两圆平面垂直的匀强磁场内，磁感应强度按 $B=B_0\sin(\omega t)$ 的规律变化．已知 $a=10\text{cm}$，$B_0=2\times10^{-2}\text{T}$，$\omega=50\text{rad/s}$，$R=10\Omega$，求线圈中感应电流的最大值．

图 4.58

3. 如图 4.59 所示，一面积为 4.0cm^2 共 50 匝的小圆形线圈 A，放在半径为 20cm 共 100 匝的大圆形线圈 B 的正中央，此两线圈同心且同平面．设线圈 A 内各点的磁感强度可看作是相同的．求：当线圈 B 中电流的变化率为 $-50\text{A}\cdot\text{s}^{-1}$ 时，线圈 A 中感应电动势的大小．

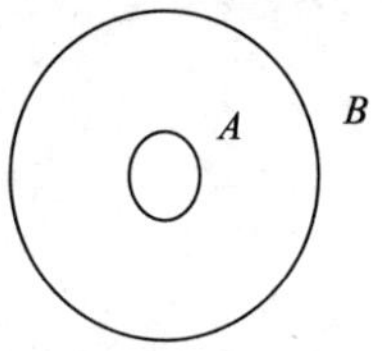

图 4.59

4. 如图 4.60 所示，长为 L 的铜棒，以距左端点 $L/3$ 处为支点，以角速率 ω 绕通过支点且垂直于铜棒的轴转动．设磁感强度为 B 的匀强磁场与轴平行，求棒两端的电势差，哪端电势高？

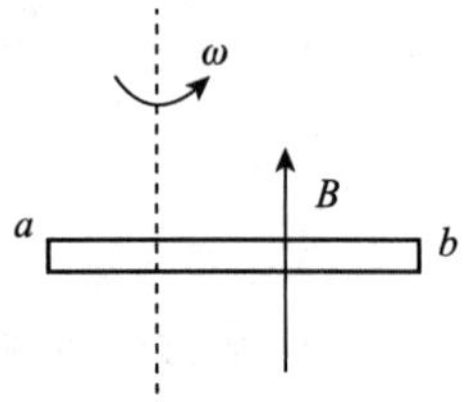

图 4.60

5. 长为 L 的导体棒 OP，处于均匀磁场中，并绕 OO' 轴以角速度 ω 旋转，棒与转轴间夹角恒为 θ，磁感强度 B 与转轴平行．求 OP 棒在图 4.61 位置处的电动势．

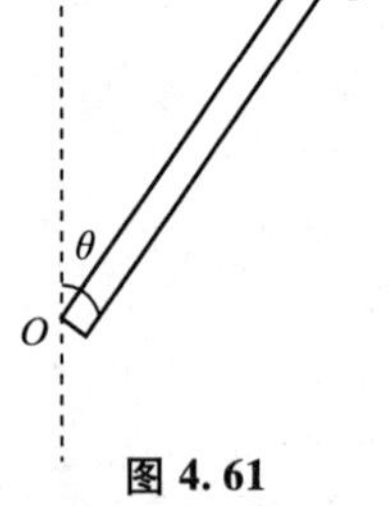

图 4.61

6. 一导线弯成如图 4.62 所示形状，放在均匀磁场 $\vec{B}$ 中，$\vec{B}$ 的方向垂直图面向里．$\angle bcd=60°$，$bc=cd=a$. 使导线绕轴 OO'旋转，转速为每分钟 n 转，计算感应电动势大小．

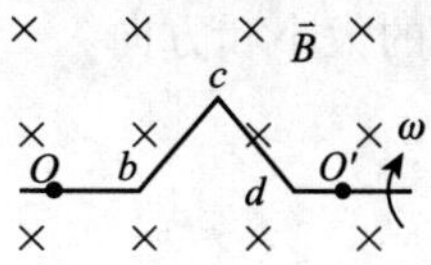

图 4.62

7. 如图 4.63 所示，长直导线中通有电流 $I=5.0\text{A}$，在与其相距 $d=0.5\text{cm}$ 处放有一矩形线圈，共 1000 匝，设线圈长 $l=4.0\text{cm}$，宽 $a=2.0\text{cm}$. 不计线圈自感，若线圈以速度 $v=3.0\text{cm/s}$ 沿垂直于长导线的方向向右运动，线圈中的感应电动势有多大？

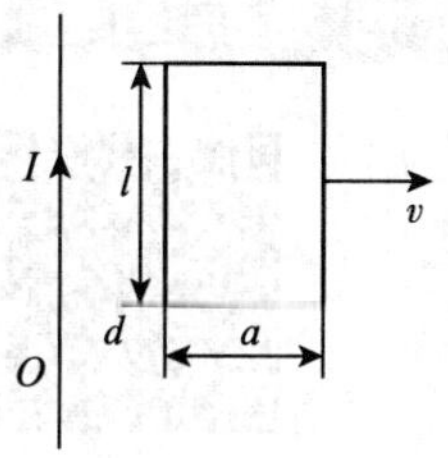

图 4.63

8. 如图 4.64 所示，金属杆 AB 以匀速 $v=2.0\text{m/s}$ 平行于一长直导线移动，此导线通有电流 $I=40\text{A}$. A、B 端距电流分别为 0.1m、1.1m，求金属杆中的感应电动势，杆的哪一端电势较高？

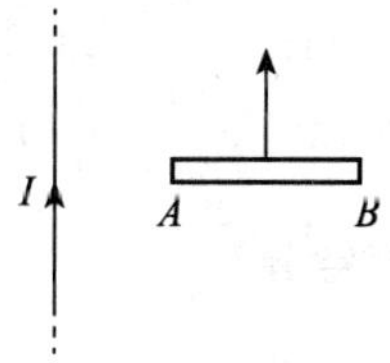

图 4.64

9. 如图 4.65 所示，长度为 $2b$ 的金属杆位于两无限长直导线所在平面的正中间，并以速度 v 平行于两直导线运动．两直导线通以大小相等、方向相反的电流 I，两导线相距 $2a$. 求：金属杆的感应电动势大小、方向．

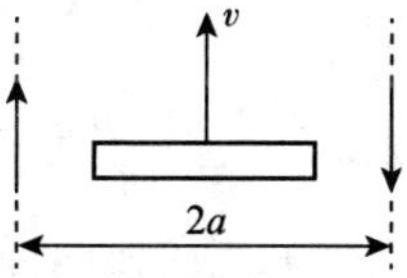

图 4.65

10. 如图 4.66 所示，载有电流 I 的长直导线附近，放一导体半圆环 MeN 与长直导线共面，且端点 MN 的连线与长直导线垂直．半圆环的半径为 b，圆心 O 与导线相距 a. 设半圆环以速度 v 平行导线平移，求半圆环内感应电动势的大小和方向．

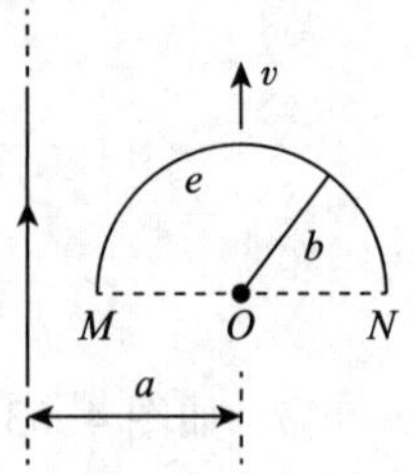

图 4.66

同步自测练习题参考答案

同步自测练习选择题视频讲解

同步自测练习填空题视频讲解

（一）选择题

1. A　2. D　3. C　4. B　5. D　6. B　7. B　8. B　9. C
10. C　11. C　12. A　13. C　14. B　15. B　16. C　17. B　18. A
19. D　20. B　21. D　22. A　23. B　24. D　25. B　26. A　27. A

（二）填空题

1. $\dfrac{\mu_0 I}{R}$，$\dfrac{\mu_0 I}{2R}$　2. $\dfrac{\mu_0 I\mathrm{d}l}{4\pi a^2}$，$z$ 轴反方向　3. 4×10^{-5}T　4. $B=\dfrac{\mu_0 I}{4R}\left(\dfrac{2}{\pi}+1\right)$

5. 等于　6. 4×10^{-6}T　7. $\dfrac{2\mu_0 I}{\pi d}$，垂直纸面向里；　8. 0.024Wb，0　9. 0

10. $B\pi R^2$　11. $\dfrac{\mu_0 SN^2 I}{L}$　12. $\oint_L \vec{B}\cdot\mathrm{d}\vec{l}=\mu_0\sum_i I_i$，磁场是有旋（涡旋）场

13. 0，$\dfrac{\mu_0 I}{2\pi b}$　14. $\mu_0(I_2-I_1)$，$\mu_0(I_2+I_1)$　15. $\mu_0 I$　16. 逆时针

17. aIB　18. 匀速圆周，螺旋线　19. $\dfrac{1}{2}$，$\dfrac{1}{4}$　20. $\pi m^2v^2/q^2B$　21. 2:1

22. 穿过回路的磁通量变化　23. 否；无　24. $8\pi R^2 B_0$　25. 1×10^{-3}V

26. 洛伦兹力　　27. 2×10^{-4}V　　28. Bva；顺时针　　29. 变化的磁场，闭合曲线

30. 5.0×10^{5}伏/秒

（三）简算题

1. **解**：$B=\dfrac{\mu_0 I}{2\pi r}$　　$I=\dfrac{2\pi Br}{\mu_0}=5A$

2. **解**：$B_{a-b}=\dfrac{\mu_0 I}{4\pi\ (R/2)}(\cos0°-\cos30°)=\dfrac{\mu_0 I}{4\pi R}(2-\sqrt{3})$　　方向垂直纸面向里

$B_{d-e}=\dfrac{\mu_0 I}{4\pi\ (R/2)}(\cos150°-\cos180°)=\dfrac{\mu_0 I}{4\pi R}(2-\sqrt{3})$　　方向垂直纸面向里

$B_{bcd}=\dfrac{\mu_0 I}{2R}\times\dfrac{1}{3}=\dfrac{\mu_0 I}{6R}$　　方向垂直纸面向里

$B_O=\dfrac{\mu_0 I}{2\pi R}(2-\sqrt{3})+\dfrac{\mu_0 I}{6R}$　　方向垂直纸面向里

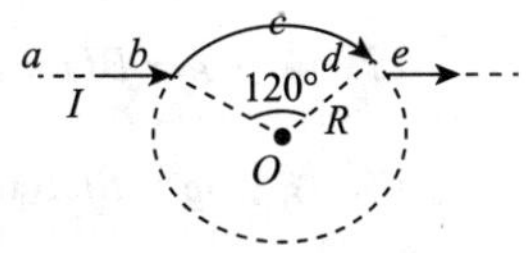

第 2 题图

3. **解**：直电流的磁场为 $B=0$　　圆心处 $B=\dfrac{\mu_0 I}{4R}$

4. **解**：长直电流的磁场：$B=\dfrac{\mu_0 I}{2\pi r}$

$B_1=B_2=B_3=B_4=\dfrac{\mu_0 I}{2\pi\ (2l\cos45°)}=\dfrac{\mu_0 I}{2\sqrt{2}\pi l}$

叠加后：$B_o=\sqrt{2}\times2B_1=2\sqrt{2}\times B_1=2\sqrt{2}\times\dfrac{\mu_0 I}{2\sqrt{2}\pi l}=\dfrac{\mu_0 I}{\pi l}$

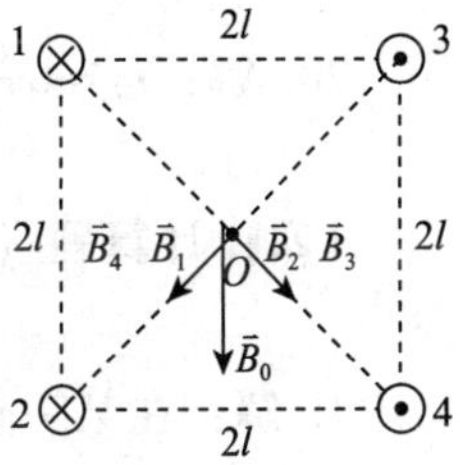

第 4 题图

5. **解**：在 x 处取电流元 $\mathrm{d}I$，$\mathrm{d}I=\dfrac{I}{2a}\mathrm{d}x$

整个金属片在 P 点产生的磁场 $B=\int\mathrm{d}B=\int_0^{2a}\dfrac{\mu_0 I}{2\pi a(2a+b-x)}\mathrm{d}x=\dfrac{\mu_0 I}{4\pi a}\ln\dfrac{2a+b}{b}$

6. **解**：由安培环路定理 $\oint_L\vec{B}\cdot\mathrm{d}\vec{l}=\mu_0\sum_i I_i$ 可知　$\oint_L\vec{B}\cdot\mathrm{d}\vec{l}=2\pi rB=\mu_0 I$　得：$B=\dfrac{\mu_0 I}{2\pi r}$

7. **解**：等效长度：$l=2R$　$F=BIl=2BIR$

8. **解**：安培力公式　$\vec{F}=\int I\mathrm{d}\vec{l}\times\vec{B}$

$$F=\int_a^b\frac{\mu_0 I_1 I_2}{2\pi x}\cdot\frac{\mathrm{d}x}{\cos60°}=\frac{\mu_0 I_1 I_2}{\pi}\ln\frac{b}{a}$$

9. **解**：直电流磁场：$B=\dfrac{\mu_0 I}{2\pi d}$　　ab 受力 $F=BIL=\dfrac{\mu_0 I^2}{2\pi d}$

10. **解**：$M=BIS=BI\pi R^2/2=7.9\times10^{-2}\mathrm{N\cdot m}$

11. **解**：穿过线圈的磁通量 $\phi=BS=B\pi a^2$

回路中感应电动势：$\varepsilon=\dfrac{\mathrm{d}\phi}{\mathrm{d}t}=-\pi a^2\dfrac{\mathrm{d}B}{\mathrm{d}t}=\pi a^2 B_0\alpha e^{-\alpha t}$

12. **解**：穿过一匝线圈的磁通量 $\phi = B\pi R^2 \cos 60^0$

线圈的感应电动势大小：$\varepsilon = N\frac{\mathrm{d}\phi}{\mathrm{d}t} = \frac{1}{2}N\pi R^2 A\omega\,|\sin\omega t|$

13. **解**：$\varepsilon = \frac{\mathrm{d}\phi}{\mathrm{d}t} = \pi r^2\frac{\mathrm{d}B}{\mathrm{d}t}$　　$\frac{\mathrm{d}B}{\mathrm{d}t} = \frac{\varepsilon}{\pi r^2} = 3.18\times 10^4$（$T/s$）

14. **解**：$\phi = B\pi R^2\cos(\omega t + \frac{\pi}{2})$　　$\varepsilon = \frac{\mathrm{d}\phi}{\mathrm{d}t} = \omega\pi R^2 B\cos\omega t$

15. **解**：$\varepsilon = \int(\vec{v}\times\vec{B})\cdot \mathrm{d}\vec{l}$　　$B = \frac{1}{2}B\omega a^2$

16. **解**：$\phi = B\pi r^2$　　$\varepsilon = \frac{\mathrm{d}\phi}{\mathrm{d}t} = 2\pi Br\frac{\mathrm{d}r}{\mathrm{d}t} = 0.4V$

17. **解**：$\varepsilon = BLv = 2BRv$

18. **解**：$\phi = Blvt\cos\frac{\pi}{3} = \frac{1}{2}klvt^2$　　$\varepsilon = \frac{\mathrm{d}\phi}{\mathrm{d}t} = klvt$

19. **解**：动生电动势 $\varepsilon = \int(\vec{v}\times\vec{B})\cdot\mathrm{d}\vec{l}$

$$\varepsilon = \varepsilon_{AO} + \varepsilon_{OC} = vBL\sin\theta$$

20. **解**：$I_d = C\frac{dU}{\mathrm{d}t} = 1.5\mathrm{A}$

（四）计算题（每题 10 分）

1. **解**：在某一瞬时距直导线 x 处的磁感应强度为 $B = \frac{\mu_0 I}{2\pi x}$

x 处线圈的 dx 宽度内的磁通量为 $\mathrm{d}\Phi = \vec{B}\cdot\mathrm{d}\vec{S} = \frac{\mu_0 I}{2\pi x}l\mathrm{d}x$

通过一匝线圈的磁通量为 $\Phi = \int\mathrm{d}\Phi = \int_d^{d+b}\frac{\mu_0 I}{2\pi x}l\mathrm{d}x = \frac{\mu_0 lI_0\sin\omega t}{2\pi}\ln\frac{d+b}{d}$

N 匝线圈中产生的电动势大小为 $\varepsilon = \left|\frac{\mathrm{d}(N\Phi)}{\mathrm{d}t}\right| = \frac{N\mu lI_0\omega}{2\pi}\ln\left(\frac{d+b}{d}\right)|\cos\omega t|$

2. **解**：磁通量 $\phi = \vec{B}\cdot\vec{S} = B\pi R^2$

感应电动势 $\varepsilon = \frac{\mathrm{d}\phi}{\mathrm{d}t} = [\pi(2a)^2 - \pi a^2]\frac{\mathrm{d}B}{\mathrm{d}t} = 3\pi a^2 B_0\omega\cos\omega t$

感应电流 $I = \frac{\varepsilon}{R} = \frac{3\pi a^2 B_0\omega\cos\omega t}{R}$

极大值 $I_{\max} = \frac{3\pi a^2 B_0\omega}{R} = 9.42\times 10^{-3}\mathrm{A}$

3. **解**：设线圈 B 有电流 I 通过，它在圆心处产生的磁感强度为 $B_0 = N_B\frac{\mu_0 I}{2R}$

穿过小线圈 A 的磁链近似为　$\psi_A = N_A B_0 S_A = N_A N_B\frac{\mu_0 I}{2R}S_A$

感应电动势为 $\varepsilon_A = -\frac{d\psi}{dt} = N_A N_B \frac{\mu_0 S_A}{2R}\frac{dI}{dt} = 3.14 \times 10^{-4}V$

4. **解**：由 $\varepsilon = \int(\vec{v} \times \vec{B}) \cdot d\vec{l}$

得：$\varepsilon_{ab} = \int_a^b \omega Bldl = \frac{2}{9}\omega Bl^2$，$\varepsilon_{oa} = \frac{1}{18}\omega Bl^2$

$\varepsilon_{ab} = \varepsilon_{ao} + \varepsilon_{ob} = -\frac{1}{18}B\omega l^2 + \frac{2}{9}B\omega l^2 = \frac{1}{6}B\omega l^2$，$U_{ab} = -\varepsilon_{ab} = -\frac{1}{6}B\omega l^2$

b 点电势高

5. **解**：取线元 dl，$d\varepsilon = (\vec{v} \times \vec{B}) \cdot d\vec{l}$.

杆中感应电动势 $\varepsilon = \int_o^P (\vec{v} \times \vec{B}) \cdot d\vec{l} = \int_o^P vBdI\cos(\frac{\pi}{2} - \theta)$

因 $v = r\omega\sin\theta$

所以 $\varepsilon = \int_0^L r\omega B\sin\theta dr = \frac{L^2}{2}B\omega\sin^2\theta$

6. **解**：$\phi = \vec{B} \cdot \vec{S} = B\frac{\sqrt{3}}{4}a^2\cos\omega t \qquad \omega = \frac{n\pi}{30}$

则 $\phi = \frac{\sqrt{3}}{4}Ba^2\cos\frac{n\pi t}{30} \qquad \varepsilon = -\frac{d\varphi}{dt} = \frac{\sqrt{3}}{120}Ba^2 n\pi\sin\frac{n\pi t}{30}$

7. **解**：长直电流的磁场 $B = \frac{\mu_0 I_1}{2\pi x}$

由 $\varepsilon = \int(\vec{v} \times \vec{B}) \cdot d\vec{l}$ 得 $\varepsilon_{ab} = NB_2 lv \qquad \varepsilon_{dc} = NB_1 lv \qquad \varepsilon = \varepsilon_{dc} - \varepsilon_{ab}$

$= NB_1 lv - NB_2 lv = \frac{\mu_0 IN}{2\pi}\left(\frac{1}{d} - \frac{1}{d+a}\right) lv = \frac{\mu_0 IalvN}{2\pi d(d+a)}$

$= 1.92 \times 10^{-4}V$

8. **解**：在 AB 上取线元 dl：$d\varepsilon = (\vec{v} \times \vec{B}) \cdot d\vec{l}$

长直电流的磁场 $B = \frac{\mu_0 I}{2\pi x}$

电动势 $\varepsilon = -\int_A^B vBdl - \int_{0.1}^{1.1} v\frac{\mu_0 I}{2\pi x}dx = -3.84 \times 10^{-5}V$

方向：由 B 向 A，A 点电势高.

9. **解**：设金属杆左端为 A，右端为 B，距左边直导线为 r 处取 dr，则：

$B = \frac{\mu_0 I}{2\pi r} + \frac{\mu_0 I}{2\pi(2a-r)} \qquad \varepsilon_{AB} = \int_A^B (v \times B) \cdot d\vec{l}$

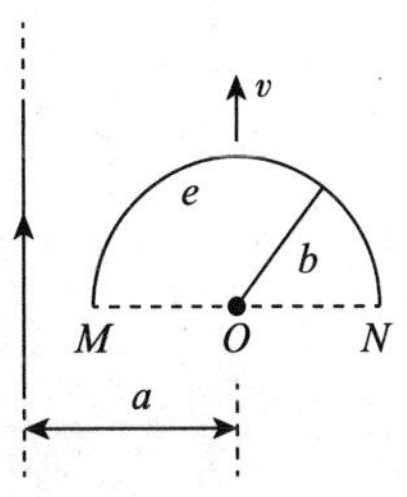

$\varepsilon_{AB} = \int_{a-b}^{a+b} -\frac{\mu_0 Iv}{2\pi}\left(\frac{1}{r} + \frac{1}{2a-r}\right)dr = \frac{-\mu_0 Iv}{\pi}\ln\frac{a+b}{a-b}$

感应电动势方向从 $B \to A$，即图中从右向左.

10. **解**：作辅助线 MN，则在 $MeNM$ 回路中，沿 v 方向运动时 $\mathrm{d}\Phi_m=0$

所以 $\varepsilon_{MeNM}=0$　即 $\varepsilon_{MeN}=\varepsilon_{MN}$

$$\varepsilon_{MN}=\int_M^N(\vec{v}\times\vec{B})\cdot\mathrm{d}\vec{l}$$

$$\varepsilon_{MN}=\int_{a-b}^{a+b}vB\cos\pi dl=\frac{\mu_0 Iv}{2\pi}\ln\frac{a-b}{a+b}<0$$

所以 ε_{MeN} 沿 NeM 方向，大小为 $\frac{\mu_0 Iv}{2\pi}\ln\frac{a+b}{a-b}$

第五章

机械振动和机械波

基本要求

1. 掌握简谐振动的描述方法
2. 掌握简谐振动的合成方法
3. 掌握波动方程的建立方法，由振动方程写出波动方程以及由波动方程求位于某位置处质点的振动方程
4. 理解波的能量，惠更斯原理，掌握波的相干条件及相长、相消干涉的条件
5. 理解驻波形成的原因
6. 了解多普勒效应

重点与难点

1. 简谐振动方程中的振幅、周期、频率和位相
2. 旋转矢量法
3. 简谐振动的能量
4. 简谐振动的合成
5. 波动方程的建立，波长、周期（频率）、波速的物理意义
6. 波的干涉

内容提要

1. 机械振动

物体在一定的位置附近作往复的运动，称为机械振动．

2. 简谐振动

物体在作机械振动时，若决定其位置的坐标 x 按余弦（或正弦）函数规律随时间变化，这样的振动，称为简谐振动，简称谐振动. 能够作简谐振动的物体称为谐振子. 简谐振动方程为 $x(t)=A\cos(\omega t+\varphi)$. 简谐振动的速度 $v=\frac{\mathrm{d}x}{\mathrm{d}t}=-A\omega\sin(\omega t+\varphi)$，简谐振动的加速度 $a=\frac{\mathrm{d}^2x}{\mathrm{d}t^2}=-A\omega^2\cos(\omega t+\varphi)=-\omega^2x$

其中，A、ω、φ 为描述谐振动的特征量.

• 振幅 A——最大位移的绝对值（A 恒为正）

• 周期和频率（反映振动的快慢）

周期 T——振动一次所需时间 $T=\frac{2\pi}{\omega}$

频率 γ——单位时间的振动次数 $\gamma=\frac{1}{T}=\frac{\omega}{2\pi}$（$Hz$）

圆频率 ω——2π 秒内的振动次数 $\omega=\frac{2\pi}{T}$（1/s 或 rad/s）

• 位相

（$\omega t+\varphi$）是 t 时刻的位相，反映 t 时刻的振动状态. 初相 φ 是 $t=0$ 时刻的位相，反映 $t=0$ 时刻的振动状态.

（1）弹簧振子

一个质量可以忽略不计的弹簧一端固定，另一端连接一个质量为 m 的物体，组成一个弹簧振子. 弹簧振子的振动方程为 $x=A\cos(\omega t+\varphi)$，其中，圆频率 $\omega=\sqrt{\frac{k}{m}}$，$k$ 为弹簧形变能力的常数，称为劲度系数或倔强系数，如图 5.1 所示.

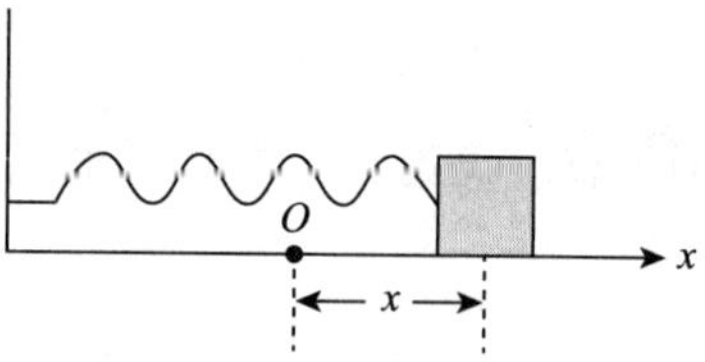

图 5.1

图 5.1 为弹簧振子沿 x 轴方向振动，O 点为平衡位置，即弹簧不受力的位置，x 为弹簧伸长量（或压缩量），最大可以等于 A（或 $-A$）.

（2）单摆

一个质量为 m 的小球，系于不可伸长、质量可以忽略不计的细绳下端，这样的系统叫单摆. 设绳的长度为 l，摆角为 θ，在 θ 很小时，单摆的简谐振动的振动方程为 $\theta=\theta_0\cos(\omega t+\varphi)$，圆频率 $\omega=\sqrt{\frac{g}{l}}$，如图 5.2 所示.

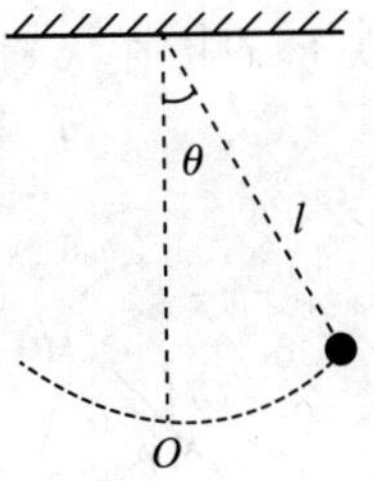

图 5.2

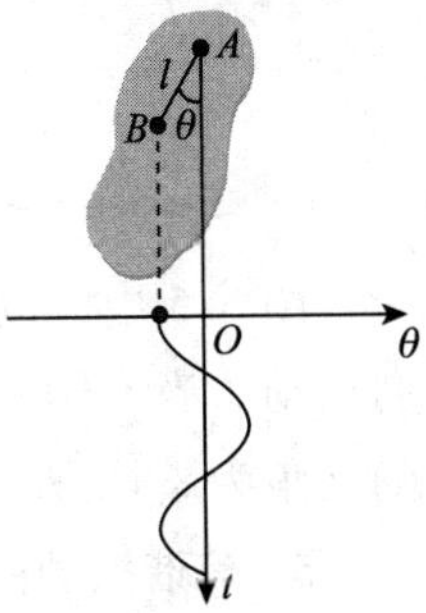

图 5.3

（3）复摆

一个可以绕固定点 A 转动的刚体称为复摆，也叫物理摆．假设该刚体的质量为 m，重心在 B 点，重心 B 点到固定点 A 的距离为 l，刚体对通过 A 点的转轴的转动惯量为 J，摆角为 θ. 在 θ 很小时，复摆的简谐振动的振动方程为：$\theta=\theta_0\cos(\omega t+\varphi)$，圆频率 $\omega=\sqrt{\dfrac{mgl}{J}}$，如图 5.3 所示.

3. 简谐振动的速度和加速度

振动速度是表示物体位移变化的快慢程度：

$$v=\frac{dx}{\mathrm{d}t}=-A\omega\sin(\omega t+\varphi)=\omega A\cos\left(\omega t+\varphi+\frac{\pi}{2}\right)$$

振动加速度是表示物体速度变化的快慢程度：

$$a=\frac{\mathrm{d}v}{\mathrm{d}t}=\frac{d^2x}{\mathrm{d}t^2}=-A\omega^2\cos(\omega t+\varphi)=\omega^2A\cos(\omega t+\varphi+\pi)$$

如图 5.4 所示，实线为振动位移跟时间的关系曲线，点划线为速度与时间的关系曲线，虚线为加速度与时间的关系曲线．加速度的相位比速度的相位超前$\dfrac{\pi}{2}$，比位移的相位超前 π.

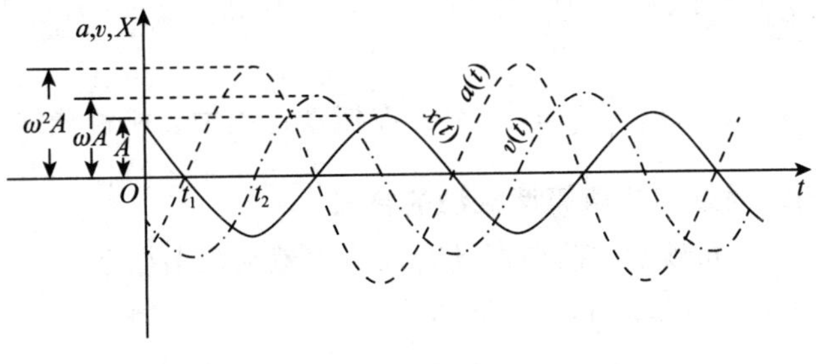

图 5.4　简谐振动的位移（$x-t$）、速度（$v-t$）、加速度（$a-t$）曲线

4. 简谐振动的旋转矢量表示法

取一长为 A 的矢量 $\vec{OM}$，设矢量 $\vec{OM}$ 以匀角速度 ω 在纸面内绕 O 点沿逆时针方向旋转，如图 5.5 所示，旋转轨迹为一个以 O 点为圆心，以 A 为半径的圆. $t=0$ 时，$\vec{OM}$ 与 X 轴正向的夹角为 φ，在时刻 t，矢量 $\vec{OM}$ 旋转了 ωt 的角度，与

X 轴正向的夹角为（$\omega t+\varphi$），矢量 $\vec{OM}$ 在 X 轴上的投影为 $x=A\cos(\omega t+\varphi)$，正是简谐振动的振动方程.

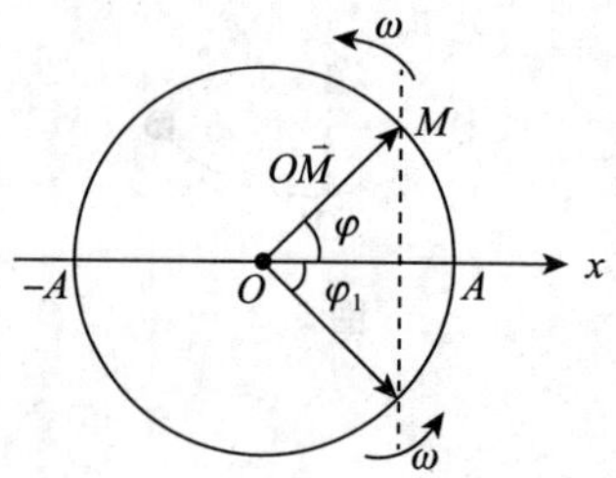

图 5.5

图 5.5 中，以 X 轴为界，上半圆向 X 轴负方向振动，下半圆向 X 轴正方向振动．当 $t=0$ 时，投影为 $x=A\cos(\omega t+\varphi)$ 的点有两个，分别与 X 轴正向的夹角为 φ 或 φ_1，相位取舍由振动的方向判断．

5. 简谐振动的初始条件

在 $t=0$ 时，物体的运动状态称为初始条件．它决定了振动的振幅和初相位.

由 $\begin{cases} x_0=x_{t=0}=A\cos\varphi \\ v_0=v_{t=0}=-A\omega\sin\varphi \end{cases}$ 可求得 $\begin{cases} A=\sqrt{x_0^2+\dfrac{v_0^2}{\omega^2}} \\ tg\varphi=-\dfrac{v_0}{\omega x_0} \end{cases}$

6. 简谐振动的能量

做简谐振动的系统，除了具有动能外，还有势能，以弹簧振子为例，

动能为 $E_k=\dfrac{1}{2}mv^2$

势能为 $E_p=\dfrac{1}{2}kx^2$

总机械能为 $E=E_k+E_p=\dfrac{1}{2}kA^2$，在振动过程中，机械能守恒.

7. 同方向、同频率的两简谐振动的合成

两个同方向、同频率的简谐振动合成后仍然为简谐振动.

设 $x_1=A_1\cos(\omega t+\varphi_1)$；$x_2=A_2\cos(\omega t+\varphi_2)$

则 $x=x_1+x_2=A\cos(\omega t+\varphi)$

其中 $A=\sqrt{A_1^2+A_2^2+2A_1A_2\cos(\varphi_2-\varphi_1)}$；$tg\varphi=\dfrac{A_1\sin\varphi_1+A_2\sin\varphi_2}{A_1\cos\varphi_1+A_2\cos\varphi_2}$

特殊情况：

（1）当 $\varphi_2-\varphi_1=\pm 2k\pi$ 时，合振动得到振幅最大，$A=A_1+A_2$

（2）当 $\varphi_2-\varphi_1=\pm(2k+1)\pi$ 时，合振动得到振幅最小，$A=|A_1-A_2|$

8. 机械波的产生和传播

(1) 波的分类

机械波：机械振动在弹性媒质中的传播称为机械波.

电磁波：电磁振动在真空或媒质中的传播称为电磁波.

(2) 产生机械波的两个条件

产生机械波必须有波源（振动物体）和弹性媒质，两者缺一不可.

(3) 波线与波面

为了描述形象起见，自波源沿各传播方向画一些带箭头的线，叫作波线.

媒质中由位相相同的点组成的面叫作波面．最前方的波面叫作波振面（波前).

(4) 机械波的分类

横波：质点的振动方向与波的传播方向相互垂直的波叫作横波.

纵波：质点的振动方向与波的传播方向相互平行的波叫作纵波.

(5) 横波的描述

横波的波形图如图 5.6 所示

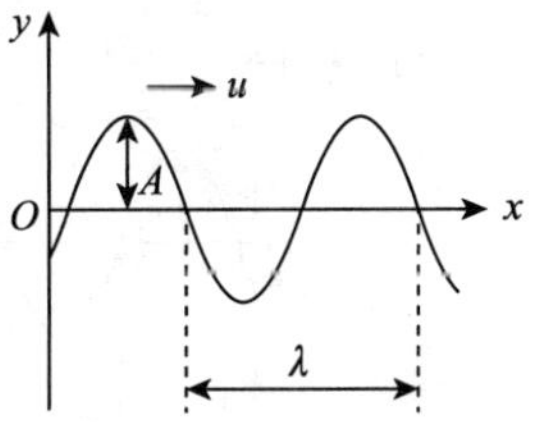

图 5.6

波速 u：表示振动状态在空间的传播速度.

波长 λ：同一波线上位相差为 2π 的两相邻质点之间的距离，即一个完整波形的长度.

振幅 A：质点离开平衡位置的最大距离.

周期 T：一个完整波形通过波线上某一点所用的时间.

频率 γ：单位时间内通过波线上某一点的完整波形的数目.

9. 平面简谐波

波源和波线上的各质点都作简谐振动的波称为平面简谐波．设有一平面简谐波，以波速 u 沿 X 轴正方向传播，波线（X 轴）上的各质点都沿 Y 轴做简谐振动．平面简谐波的波动方程或波函数为

$$y = A\cos\left[\omega\left(t - \frac{x}{u}\right) + \varphi\right]$$

如果简谐波是沿 X 轴负方向传播，则波动方程为

$$y = A\cos\left[\omega\left(t + \frac{x}{u}\right) + \varphi\right]$$

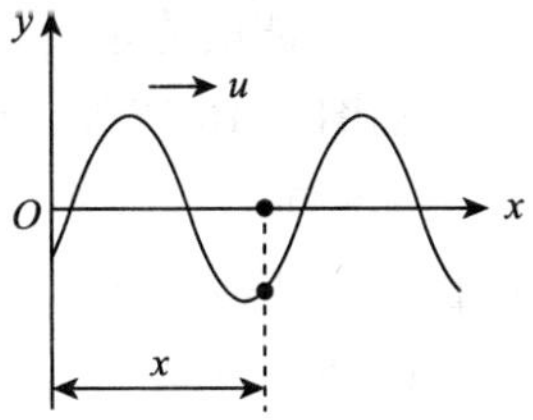

图 5.7

质点的振动速度为：$v = \frac{\partial y}{\partial t} = -A\omega\sin\left[\omega\left(t \mp \frac{x}{u}\right) + \varphi\right]$

质点的振动加速度为：$a = \frac{\partial^2 y}{\partial t^2} = -A\omega^2\cos\left[\omega\left(t \mp \frac{x}{u}\right) + \varphi\right]$

(1) 由波动方程求位于某位置 x_0 处质点的振动方程

将 $x = x_0$ 代入波动方程，即 $y = A\cos\left[\omega\left(t - \frac{x}{u}\right) + \varphi\right]$ 变为 $y = A\cos\left[\omega\left(t - \frac{x_0}{u}\right) + \varphi\right]$

(2) 由振动方程写出波动方程

将 $y=A\cos(\omega t+\varphi)$ 写为 $y=A\cos\left[\omega\left(t\mp\dfrac{x}{u}\right)+\varphi\right]$，其中波动方程中的 $\mp$ 取决于波的传播方向.

(3) 由已知 t 时刻的波形图（$y-x$ 曲线）建立波动方程，如图 5.8 所示.

- 写出波动方程 $y=A\cos\left[\omega\left(t-\dfrac{x}{u}\right)+\varphi\right]$
- $y-x$ 曲线中包含 A、u、λ、$y(x=0)$，可以计算出 ω、φ.

(4) 由已知波源的振动曲线（$x-t$ 曲线）建立波动方程（已知波传播速度 u），如图 5.9 所示.

- 写出波动方程 $y=A\cos\left[\omega\left(t-\dfrac{x}{u}\right)+\varphi\right]$
- $x-t$ 曲线中包含 A、T、$x(t=0)$，可以计算出 ω、φ.

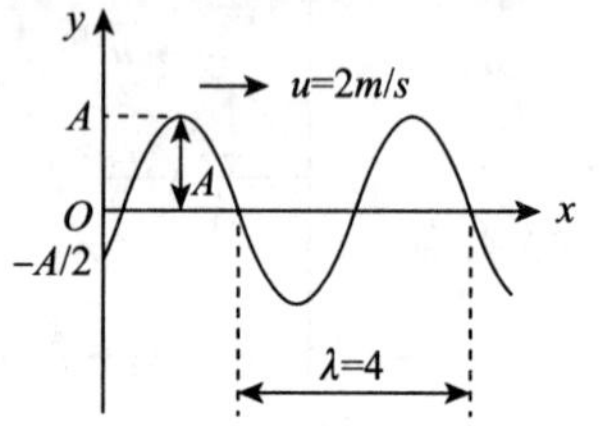

图 5.8

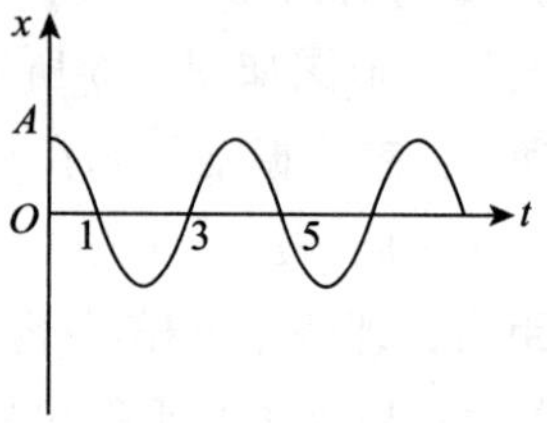

图 5.9

(5) 波源不在坐标原点时的波动方程

假设波源所在位置坐标为 x_0，那么只需重新标度 x 轴上每一点的坐标，即

$y=A\cos\left[\omega\left(t\mp\dfrac{x}{u}\right)+\varphi\right]$ 变为 $y=A\cos\left[\omega\left(t\mp\dfrac{x-x_0}{u}\right)+\varphi\right]$

10. 波的能量

(1) 波的能量

如图 5.10 所示，设有一（平面）简谐波，在密度为 ρ 的弹性媒质中以波速 u 沿 X 轴正方向传播，在坐标为 x 处取一体积元 $\mathrm{d}V$，其质量 $\mathrm{d}m=\rho\mathrm{d}V$，则该体积元的

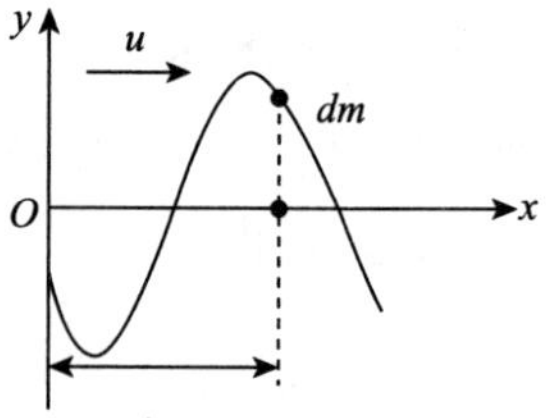

图 5.10

动能为 $\mathrm{d}E_k=\dfrac{1}{2}\mathrm{d}mv^2=\dfrac{1}{2}\mathrm{d}m\omega^2A^2\sin^2\omega\left[\left(t-\dfrac{x}{u}\right)+\varphi_0\right]$

势能为 $\mathrm{d}E_p=\dfrac{1}{2}\mathrm{d}m\omega^2A^2\sin^2\omega\left[\left(t-\dfrac{x}{u}\right)+\varphi_0\right]$

总的波动能量为 $\mathrm{d}E=\mathrm{d}E_k+\mathrm{d}E_p=\mathrm{d}m\omega^2A^2\sin^2\omega\left[\left(t-\dfrac{x}{u}\right)+\varphi_0\right]$

$$=\rho\mathrm{d}V\omega^2A^2\sin^2\omega\left[\left(t-\dfrac{x}{u}\right)+\varphi_0\right]$$

上式表明，任意体积元的总的波动能量是随时间作周期性变化，该体积元和相邻体积元之间有能量交换．能量不断地从媒质中的一部分传递到另一部分，所以波动过程也就是能量传播的过程．在波动过程中，同一体积元内的总能量不守恒，动能和势能同步变化而且始终相等．

（2）波的能量密度

单位体积媒质中所具有的总的波动能量，称为能量密度.

$$w=\frac{\mathrm{d}E}{\mathrm{d}V}=\rho\omega^2A^2\sin^2\omega\left[\left(t-\frac{x}{u}\right)+\varphi_0\right]$$

（3）平均能量密度

能量密度 w 在一个周期内的平均值称为平均能量密度. $\overline{w}=\frac{1}{2}\rho\omega^2A^2$

（4）波的能流密度

单位时间内，通过垂直于传播方向的单位面积的平均能量，叫作波的能流密度．能流密度是矢量，方向与波速方向相同.

$$I=\overline{w}u=\frac{1}{2}\rho\omega^2A^2u$$

11. 波的干涉

（1）惠更斯原理

媒质中波振面上的各点都可以看作子波波源，任一时刻这些子波的包迹就是新的波振面.

（2）波的叠加原理

几列波可以保持各自的特点通过同一媒质，好像没有其他波一样；在它们重叠的区域内，每一点的振动都是各个波单独在该点产生的振动的矢量和.

（3）波的干涉现象

由频率相同、振动方向相同、位相相同或位相差恒定（以上为波的相干）的两个波源所发出的波，在空间相遇，出现某些点振动始终加强，某些点振动始终减弱或完全抵消的现象称为波的干涉现象．能产生干涉现象的波叫作相干波，相应的波源叫作相干波源.

（4）相干加强和减弱的条件

如图 5.11 所示，设有两个相干波源 S_1 和 S_2，振动方程分别为

$$y_{o1}=A_1\cos(\omega t+\varphi_1)$$

$$y_{o2}=A_2\cos(\omega t+\varphi_2)$$

在距离波源分别为 r_1 和 r_2 的 P 点，两波的振动分别为

$$y_1=A_1\cos\left(\omega t+\varphi_1-\omega\frac{r_1}{u}\right)=A_1\cos(\omega t+\varphi_1')$$

$$y_2=A_2\cos\left(\omega t+\varphi_2-\omega\frac{r_2}{u}\right)=A_2\cos(\omega t+\varphi_2')$$

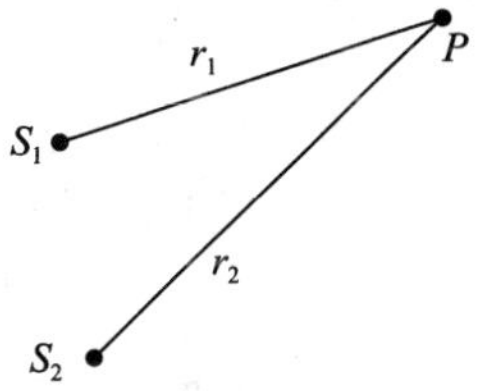

图 5.11

则 P 点的合振动方程为 $y = y_1 + y_2 = A\cos(\omega t + \varphi)$

其中 $A = \sqrt{A_1^2 + A_2^2 + 2A_1A_2\cos\Delta\varphi}$；$tg\varphi = \dfrac{A_1\sin\varphi_1' + A_2\sin\varphi_2'}{A_1\cos\varphi_1' + A_2\cos\varphi_2'}$

当 $\Delta\varphi = (\varphi_2 - \varphi_1) - \omega\dfrac{r_2 - r_1}{u} = (\varphi_2 - \varphi_1) - 2\pi\dfrac{r_2 - r_1}{\lambda} = \pm 2k\pi$ 时，合振动振幅最大，$A = A_1 + A_2$.

当 $\Delta\varphi = (\varphi_2 - \varphi_1) - \omega\dfrac{r_2 - r_1}{u} = (\varphi_2 - \varphi_1) - 2\pi\dfrac{r_2 - r_1}{\lambda} = \pm(2k+1)\pi$ 时，合振动振幅最小，$A = |A_1 - A_2|$.

12. 驻波

（1）驻波方程

$y = 2A\cos2\pi\dfrac{x}{\lambda}\cos\omega t = A(x)\cos\omega t$

（2）驻波的位相的分布特点

波节两侧点的振动相位相反；

波节之间的点其振动相位相同.

13. 多普勒效应

由于观察者（或波源、或两者）相对于媒质运动，而使观察者接收到的频率 ν 发生变化的现象叫作多普勒效应.

下面分两种情况介绍多普勒效应，设波源发出的波的频率为 v_0，媒质中波的传播速度 u，观察者接收到的频率 v.

（1）设波源 S 静止，观察者 O 相对于媒质以速度 V_0 运动，向着波源运动 V_0 为正；远离波源运动 V_0 为负.

$$v = \left(1 + \frac{V_0}{u}\right)v_0$$

（2）设观察者 O 静止，波源 S 相对于媒质以速度 u_s 运动，向着观察者运动 u_s 为正；远离观察者运动 u_s 为负.

$$v = \frac{u}{u - u_s}v_0$$

解题指导

[例题1] 图 5.12（a）为串联弹簧，图 5.12（b）可等效为并联弹簧. 则小球与串联弹簧（a）构成的弹簧振子的振动周期为 $T_1 =$ __________；小球与并联弹簧（b）构成的弹簧振子的振动周期为 $T_2 =$ __________.

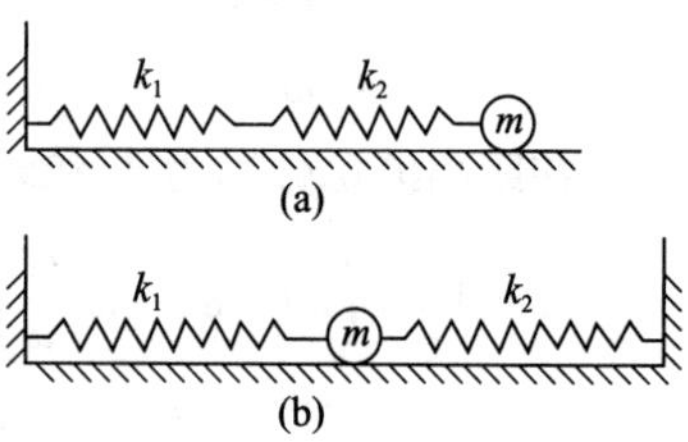

图 5.12

解 两根弹簧串联相当于两个电阻并联，而两根弹簧并联相当于两个电阻串联.

$$\frac{1}{k_{串}}=\frac{1}{k_1}+\frac{1}{k_2};\ k_{并}=k_1+k_2$$

$$\omega=\sqrt{\frac{k}{m}}$$

$$T_1=\frac{2\pi}{\omega}=2\pi\sqrt{\frac{m}{k_{串}}}=2\pi\sqrt{\frac{m(k_1+k_2)}{k_1k_2}},\ T_2=2\pi\sqrt{\frac{m}{k_1+k_2}}$$

[**例题 2**] 一质点做简谐振动，振动方程为 $x=6\cos(100\pi t+0.7\pi)$ cm，某一时刻它在 $x=3\sqrt{2}$ cm 处，且向 x 轴的负方向运动，试求它重新回到该位置所需的最短时间为多少？

解　如图 5.13 所示，设 t_1 时刻它在 $x=3\sqrt{2}$ cm 处，且向 x 轴的负方向运动，t_2 时刻它重新回到该处，且向 x 轴的正方向运动.

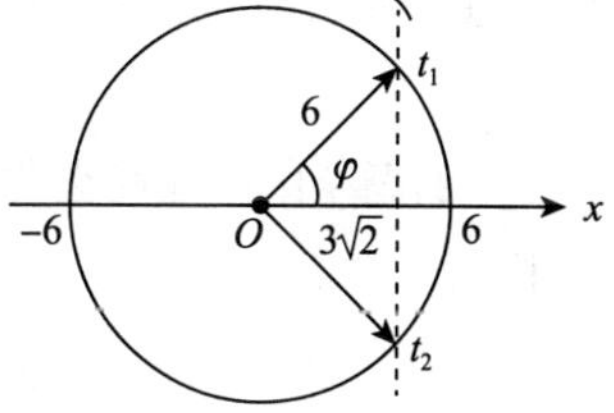

图 5.13

由题可知：$t=t_1$ 时 $x=3\sqrt{2}$ cm 且，$v_0<0$，所以，此时的位相 $\varphi=100\pi t_1+0.7\pi=\pi/6$，

当 $t=t_2$ 时 $x=3\sqrt{2}$ cm 且，$v_0>0$，所以，此时的位相 $\varphi_2=100\pi t_2+0.7\pi=11\pi/6$，

它重新回到该位置转过的最小角度为 $\varphi_2-\varphi=100\pi(t_2-t_1)=11\pi/6-\pi/6=5\pi/3$

它重新回到该位置所需的最短时间为

$$(t_2-t_1)=\frac{1}{60}\text{s}$$

[**例题 3**] 如图 5.14 所示，一平面波在介质中以速度 $u=10\text{m}\cdot\text{s}^{-1}$ 沿直线传播，在 A 点的振动方程为 $y_A=4\cos\left(2\pi t+\frac{\pi}{2}\right)$.（1）以 A 为坐标原点，写出波动方程并求出 C 点的振动方程；（2）以 B 为坐标原点，写出波动方程并求出 C 点的振动方程.

解　已知 $u=10\text{m/s}$，$\omega=2\pi$，$T=\frac{2\pi}{\omega}=1\text{s}$，$\lambda=uT=10\text{m}$

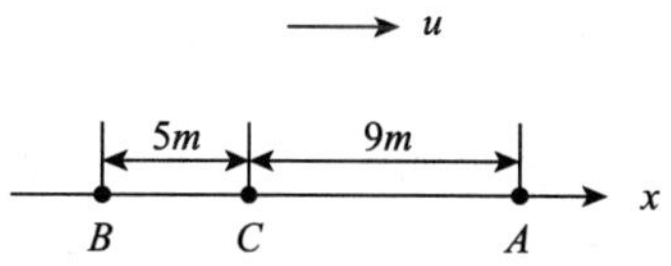

图 5.14

（1）以 A 为坐标原点，

因为　A 点的振动方程为 $y_A=4\cos\left(2\pi t+\frac{\pi}{2}\right)$，

所以　位于 x 处的质点的振动方程即波动方程

$$y=4\cos\left[2\pi\left(t-\frac{x}{10}\right)+\frac{\pi}{2}\right] \tag{1}$$

$x_c=-9\text{m}$，C 点振动方程是

$$y_C=4\cos\left[2\pi\left(t-\frac{-9}{10}\right)+\frac{\pi}{2}\right]=4\cos\left[2\pi t+\frac{23\pi}{10}\right] \tag{2}$$

（2）以 B 为原点，因为　$x_B=-14m$，所以　B 点振动方程

$$y_B = 4\cos\left[2\pi\left(t - \frac{x_B}{10}\right) + \frac{\pi}{2}\right] = 4\cos\left[2\pi\left(t - \frac{-14}{10}\right) + \frac{\pi}{2}\right] = 4\cos\left[2\pi t + \frac{33\pi}{10}\right]$$

此时波动方程为

$$y = 4\cos\left[2\pi\left(t - \frac{x}{10}\right) + \frac{33\pi}{10}\right] \tag{3}$$

其中 x 是波线上任一点以 B 为原点的坐标.

因为 $x_c = 5m$ 所以 C 点振动方程

$$y_C = 4\cos\left[2\pi\left(t - \frac{5}{10}\right) + \frac{33\pi}{10}\right] = 4\cos\left[2\pi t + \frac{23\pi}{10}\right] \tag{4}$$

比较（1）式和（3）式可见，波动方程的表达式与坐标原点的选择有关，（2）式和（4）式表明各质点的振动方程（即各质点的振动情况）与坐标原点的选择无关.

[例题4] 已知简谐振动的波形图如图5.15所示，求 $x=0$，$x=2$，$x=4$ 以及 P 点处的位相.

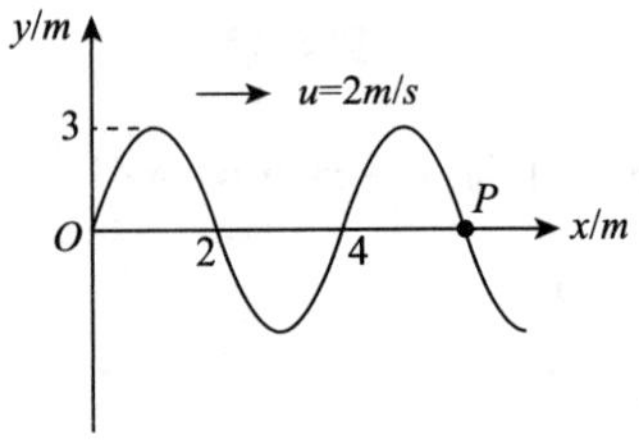

图5.15

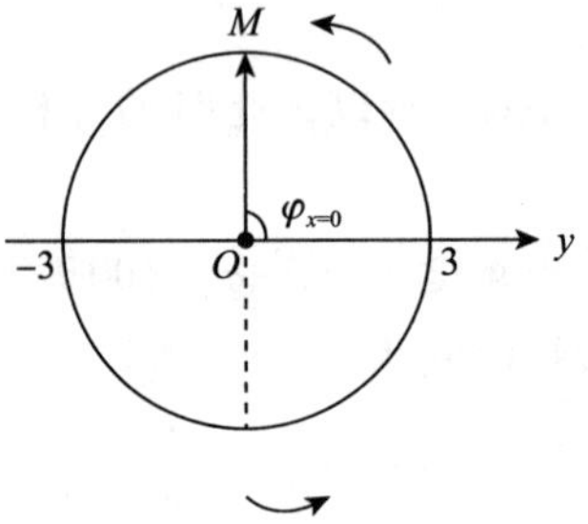

图5.16

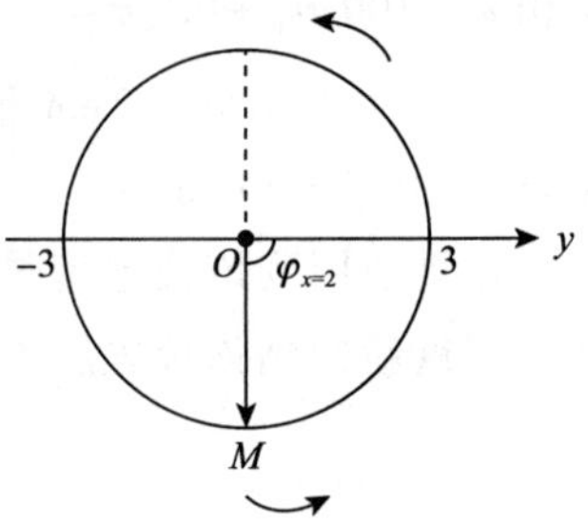

图5.17

解 使用旋转矢量法，如图5.16所示，找到 $x=0$ 时，振动轴 y 的位置，如图5.16虚线所示 $y=0$. 接下来判断振动速度的方向，从波形图中，沿着波速传播的方向观察，判断 $x=0$ 点的振动方向是负 y 轴方向，可以得到旋转矢量图中 $\overrightarrow{OM}$ 与 y 轴正轴的夹角，即位相 $\varphi = \frac{\pi}{2}$.

同理如图5.17所示，找到 $x=2$ 时，振动轴 y 的位置，如图5.17虚线所示 $y=0$. 接下来判断振动速度的方向，从波形图中，沿着波速传播的方向观察，判断 $x=2$ 点的振动方向是正 y 轴方向，可以得到旋转矢量图中 $\overrightarrow{OM}$ 与 y 轴正轴的夹角，即位相 $\varphi = -\frac{\pi}{2}$.

$x=4$ 重复了 $x=0$ 的振动，所以位相相等 $\varphi = \frac{\pi}{2}$，P 点重复了 $x=2$ 的振动，所以位相 $\varphi = -\frac{\pi}{2}$.

比较 $x=0$ 和 $x=2$ 的相位可见，在平衡位置，相位为 $\varphi = \pm\frac{\pi}{2}$，正负号取决于振动点的振动方向.

同步自测练习题

(一) 选择题

1. 当质点以频率 v 作简谐振动时，它的势能的变化频率为（　　）

(A) $\frac{v}{2}$　　(B) v　　(C) $2v$　　(D) $4v$

2. 一质点沿 x 轴作简谐振动，振幅为 6cm，周期为 4s. 当 $t=0$ 时，位移为 6cm，且向 x 轴负方向运动. 则振动表达式为（　　）

(A) $x=0.06\cos\frac{\pi}{2}t$　　(B) $x=0.06\cos\left(\frac{\pi}{2}t+\pi\right)$

(C) $x=0.06\cos\left(\frac{\pi}{2}t-\frac{\pi}{2}\right)$　　(D) $x=0.06\cos\left(\frac{\pi}{2}t+\frac{\pi}{2}\right)$

3. 有一弹簧振子，总能量为 E，如果简谐振动的振幅增加为原来的 2 倍，重物的质量增加为原来的 4 倍，则它的总能量变为（　　）

(A) $2E$　　(B) $4E$　　(C) $E/2$　　(D) $E/4$

4. 机械波的表达式为 $y=0.05\cos(6\pi t+0.06\pi x)$(m)，则（　　）

(A) 波长为 100m　　(B) 波速为 $10\text{m}\cdot\text{s}^{-1}$

(C) 周期为 1/3s　　(D) 波沿 x 轴正方向传播

5. 两分振动方程分别为 $x_1=3\cos(50\pi t+\pi/4)$ cm 和 $x_2=4\cos(50\pi t+3\pi/4)$ cm，则它们的合振动的振幅为（　　）

(A) 1cm　　(B) 3cm　　(C) 5cm　　(D) 7cm

6. 一平面简谐波，波速为 $u=5\text{cm/s}$，设 $t=3\text{s}$ 时刻的波形如图 5.18 所示，则 $x=0$ 处的质点的振动方程为（　　）

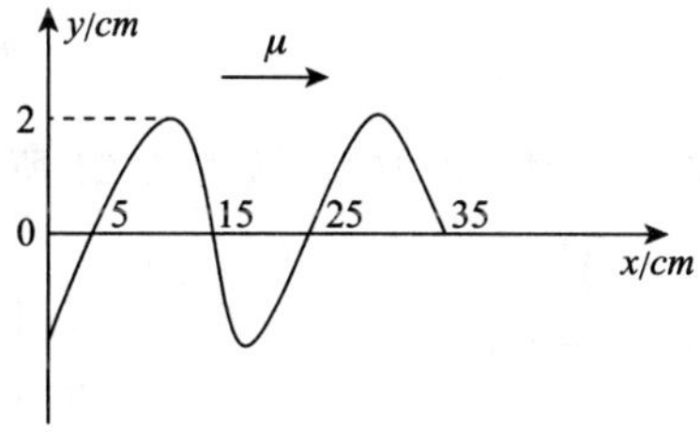

图 5.18

(A) $y=2\times10^{-2}\cos(\pi t/2-\pi/2)$　　(B) $y=2\times10^{-2}\cos(\pi t+\pi)$

(C) $y=2\times10^{-2}\cos(\pi t/2+\pi/2)$　　(D) $y=2\times10^{-2}\cos(\pi t-3\pi/2)$

7. 一平面简谐波，沿 X 轴负方向传播. $x=0$ 处的质点的振动曲线如图 5.19 所示，若波函数用余弦函数表示，则该波的初位相为（　　）

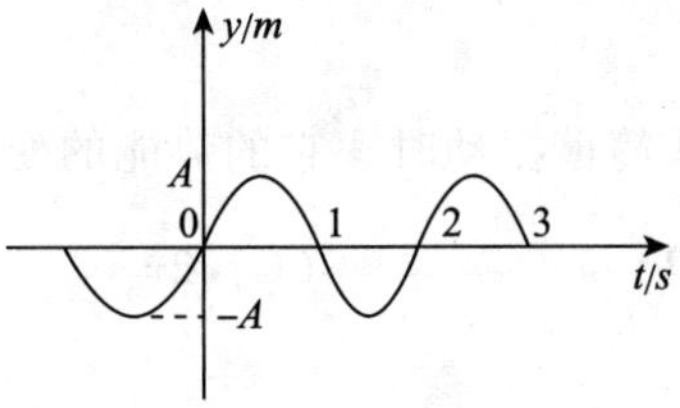

图 5.19

（A）0　（B）π　（C）$\pi/2$　（D）$-\pi/2$

8. 有一单摆，摆长 $l=1.0\text{m}$，小球质量 $m=100\text{g}$. 设小球的运动可看作简谐振动，则该振动的周期为（　　）

（A）$\dfrac{\pi}{2}$　（B）$\dfrac{2\pi}{3}$　（C）$\dfrac{2\pi}{\sqrt{10}}$　（D）$\dfrac{2\pi}{\sqrt{5}}$

9. 一弹簧振子在光滑的水平面上做简谐振动时，弹性力在半个周期内所做的功为（　　）

（A）kA^2　（B）$kA^2/2$　（C）$kA^2/4$　（D）0

10. 两个同方向的简谐振动曲线（如图 5.20 所示）则合振动的振动方程为（　　）

（A）$x=(A_2-A_1)\cos\left(\dfrac{2\pi}{T}t+\dfrac{\pi}{2}\right)$

（B）$x=(A_2-A_1)\cos\left(\dfrac{2\pi}{T}t-\dfrac{\pi}{2}\right)$

（C）$x=(A_2+A_1)\cos\left(\dfrac{2\pi}{T}t+\dfrac{\pi}{2}\right)$

（D）$x=(A_2+A_1)\cos\left(\dfrac{2\pi}{T}t-\dfrac{\pi}{2}\right)$

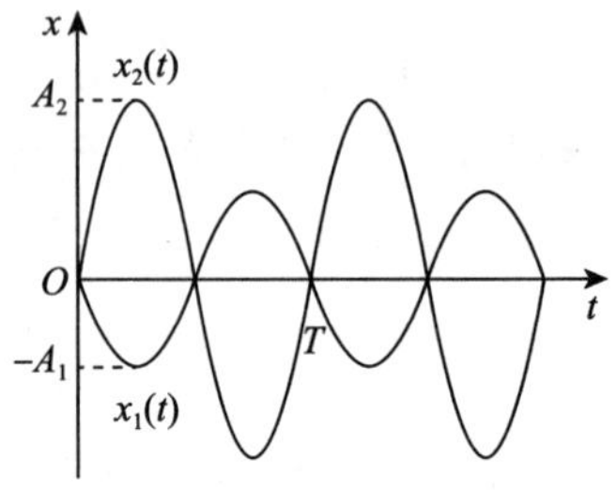

图 5.20

11. 一平面简谐波在 $t=0$ 时刻的波形图如图 5.21 所示，波速为 $\mu=200\text{m/s}$，则图中 $p(100\text{m})$ 点的振动速度表达式为（　　）

（A）$v=-0.2\pi\cos(2\pi t-\pi)$

（B）$v=-0.2\pi\cos(\pi t-\pi)$

（C）$v=0.2\pi\cos(2\pi t-\pi/2)$

（D）$v=0.2\pi\cos(\pi t-3\pi/2)$

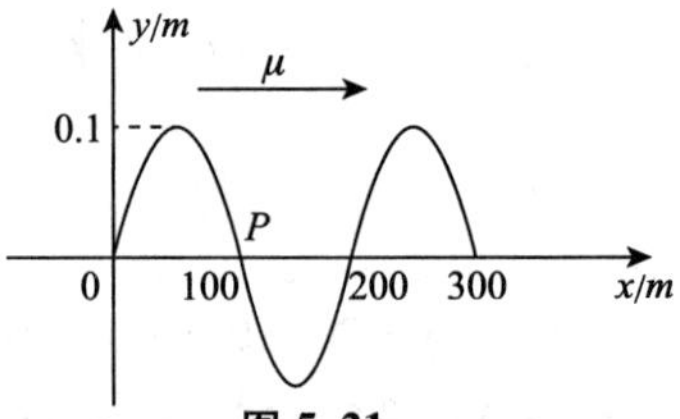

图 5.21

12. 一物体做简谐振动，振动方程为 $x = A\cos(\omega t + \pi/4)$，当时间 $t = T/4$（T 为周期）时，物体的加速度为（　）

（A）$-A\omega^2 \times \sqrt{2}/2$　　（B）$A\omega^2 \times \sqrt{2}/2$

（C）$-A\omega^2 \times \sqrt{3}/2$　　（D）$A\omega^2 \times \sqrt{3}/2$

13. 一弹簧振子，沿 x 轴做振幅为 A 的简谐振动，在平衡位置 $x = 0$ 处，弹簧振子的势能为零，系统的机械能为 50J，问振子处于 $x = A/2$ 处时；其势能的瞬时值为（　　）

（A）12.5J　　（B）25J

（C）35.5J　　（D）50J

14. 两个同周期简谐运动曲线如图 5.22（a）所示，图 5.22（b）是其相应的旋转矢量图，则 x_1 的相位比 x_2 的相位（　　）

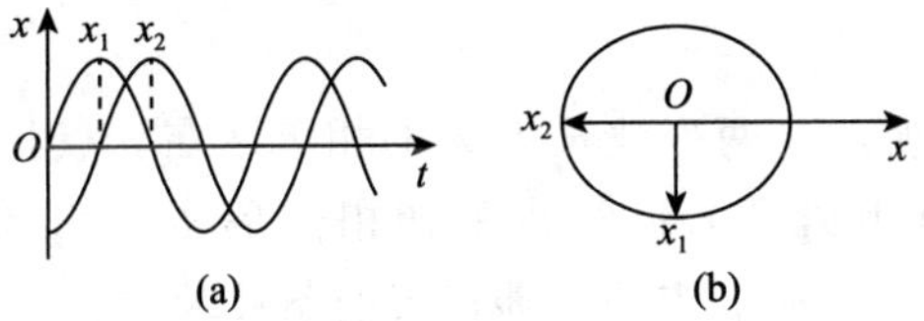

图 5.22

（A）落后$\frac{\pi}{2}$　　（B）超前$\frac{\pi}{2}$

（C）落后 π　　（D）超前 π

15. 图 5.23（a）表示 $t = 0$ 时的简谐波的波形图，波沿 x 轴正方向传播，图 5.23（b）为 质点的振动曲线．则图 5.23（a）中所表示的 $x = 0$ 处振动的初相位与图 5.23（b）所表示的振动的初相位分别为（　　）

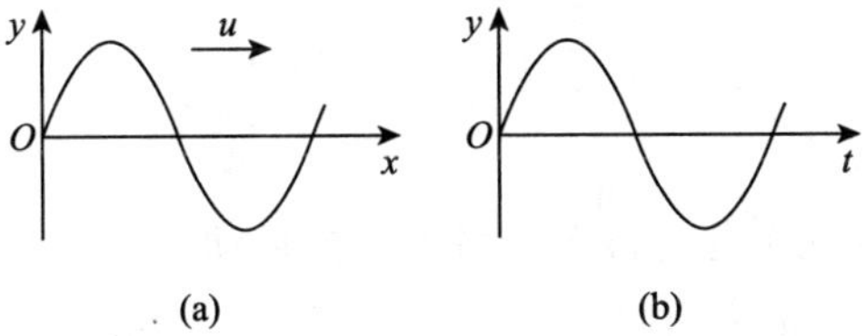

图 5.23

（A）均为零　　（B）均为$\frac{\pi}{2}$

（C）均为 $-\frac{\pi}{2}$　　（D）$\frac{\pi}{2}$与 $-\frac{\pi}{2}$

16. 一平面简谐波，沿 X 轴负方向传播，圆频率为 ω，波速为 μ，设 $t=T/4$ 时刻的波形如图 5.24 所示，则该波的波函数为（　　）

（A）$y=A\cos\omega(t-x/\mu)$

（B）$y=A\cos[\omega(t-x/\mu)+\pi/2]$

（C）$y=A\cos\omega(t+x/\mu)$

（D）$y=A\cos[\omega(t+x/\mu)+\pi]$

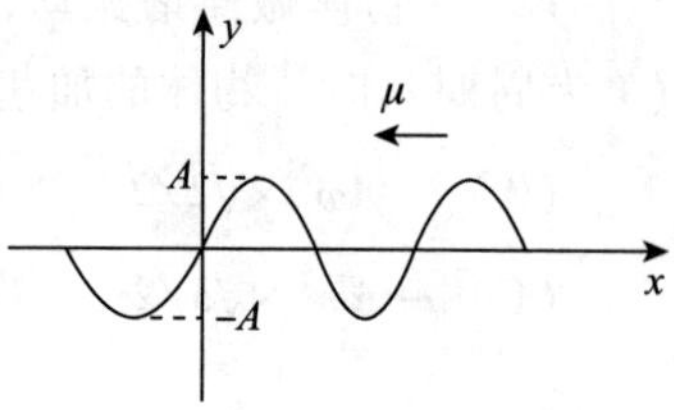

图 5.24

17. 一平面简谐波，沿 X 轴负方向传播，波长 $\lambda=8\mathrm{m}$. 已知 $x=2\mathrm{m}$ 处质点的振动方程为 $y=4\cos\left(10\pi t+\frac{\pi}{6}\right)$，则该波的波动方程为（　　）

（A）$y=4\cos\left(10\pi t+\frac{\pi}{8}x+\frac{5}{12}\pi\right)$　　（B）$y=4\cos\left(10\pi t+16\pi x+\frac{\pi}{6}\right)$

（C）$y=4\cos\left(10\pi t+\frac{\pi}{4}x+\frac{2}{3}\pi\right)$　　（D）$y=4\cos\left(10\pi t+\frac{\pi}{4}x-\frac{1}{3}\pi\right)$

18. 如图 5.25 所示，两列波长为 λ 的相干波在 p 点相遇，S_1 点的初相位是 ϕ_1，S_1 点到 p 点距离是 r_1；S_2 点的初相位是 ϕ_2，S_2 点到 p 点距离是 r_2，$k=0,\pm1,\pm2,\pm3,\cdots$，则 p 点为干涉极大的条件为（　　）

（A）$r_2-r_1=k\lambda$

（B）$\phi_2-\phi_1-2\pi(r_2-r_1)/\lambda=2k\lambda$

（C）$\phi_2-\phi_1=2k\pi$

（D）$\phi_2-\phi_1-2\pi(r_2-r_1)/\lambda=2k\pi$

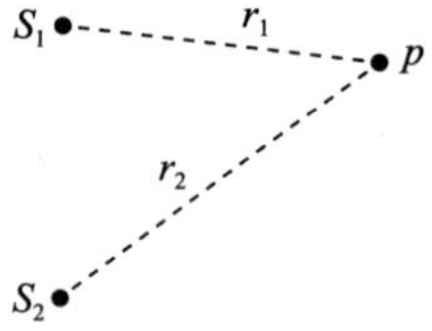

图 5.25

19. 一物体作简谐振动，振动方程为 $x=A\cos(\omega t+\pi/4)$. 在 $t=T/4$（T 为周期）时刻，物体的加速度为（　　）

（A）$-\frac{1}{2}\sqrt{2}A\omega^2$　　（B）$-\frac{1}{2}\sqrt{3}A\omega^2$

（C）$\frac{1}{2}\sqrt{2}A\omega^2$　　（D）$\frac{1}{2}\sqrt{3}A\omega^2$

20. 在驻波中，两个相邻波节间各质点的振动（　　）

（A）振幅相同，相位相同　　（B）振幅不同，相位相同

（C）振幅相同，相位不同　　（D）振幅不同，相位不同

（二）填空题

1. 一个弹簧振子和一个单摆，在地面上的固有振动周期分别为 T_1 和 T_2，将它们拿到月球上去，相应的周期分别为 T_1' 和 T_2'，则它们之间的关系为 T_1' ______ T_1 且 T_2' ______ T_2.

2. 一弹簧振子的周期为 T，现将弹簧截去一半，下面仍挂原来的物体，则其振动的周期变为______.

3. 一平面简谐波的波动方程为 $y = 0.08\cos(4\pi t - 2\pi x)$ (m). 则离波源 0.80m 及 0.30m 两处的相位差 $\Delta\varphi =$ ______________.

4. 两个同方向、同频率的简谐振动，其合振动的振幅为 20cm，与第一个简谐振动的相位差为 $\pi/6$，若第一个简谐振动的振幅为 $10\sqrt{3} = 17.3$cm，则第二个简谐振动的振幅为________ cm，两个简谐振动相位差为________.

5. 一质点沿 X 轴做简谐振动，其圆频率 $\omega = 10$rad/s，其初始位移 $x_0 = 7.5$cm，初始速度 $v_0 = -75$cm/s. 则振动方程为______________.

6. 一平面简谐波，沿 X 轴正方向传播. 周期 $T = 8$s，已知 $t = 2$s 时刻的波形如图 5.26 所示，则该波的振幅 $A =$ ________ m，波长 $\lambda =$ ________ m，波速 $u =$ ________ m/s.

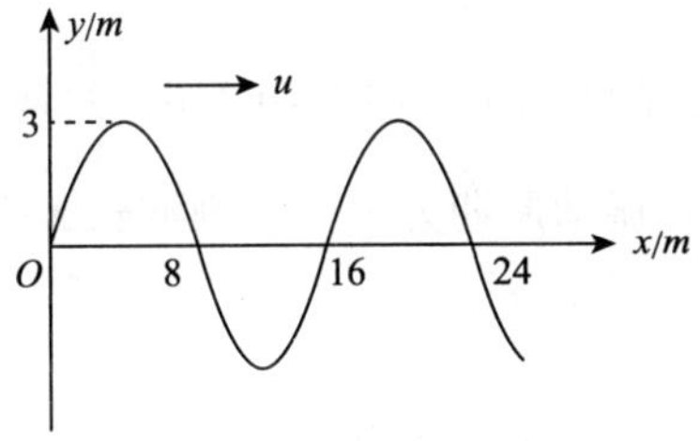

图 5.26

7. 一平面简谐波，沿 X 轴负方向传播. 已知 $x = -1$m 处，质点的振动方程为 $y = A\cos(\omega t + \phi)$，若波速为 u，则该波的波函数为______________.

8. 已知一平面简谐波的波函数为 $y = A\cos(at - bx)$ (a, b 为正值)，则该波的周期为____________.

9. 传播速度为 100m/s，频率为 50Hz 的平面简谐波，在波线上相距为 0.5m 的两点之间的相位差为______________.

10. 一平面简谐波的波动方程为 $y = 0.05\cos(10\pi t - 4\pi x)$，式中 x，y 以米计，t 以秒计. 则该波的波速 $u =$ ____________；频率 $v =$ ____________；波长 $\lambda =$ ____________.

11. 一质点沿 X 轴做简谐振动，其圆频率 $\omega = 10\text{rad/s}$，其初始位移 $x_0 = 7.5\text{cm}$，初始速度 $v_0 = 75\text{cm/s}$；则振动方程为__________________________.

12. 两质点做同方向、同频率的简谐振动，振幅相等．当质点 1 在 $x_1 = A/2$ 处，且向左运动时，另一个质点 2 在 $x_2 = -A/2$ 处，且向右运动．则这两个质点的位相差为 $\Delta\varphi =$________.

13. 两个同方向的简谐振动曲线（如图 5.27 所示）则合振动的振幅为 $A =$____________.

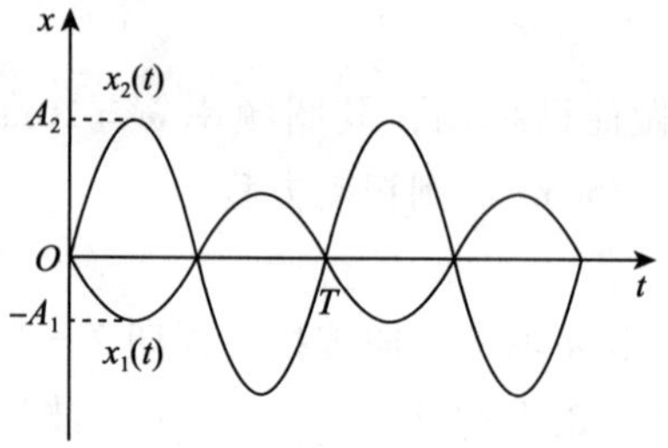

图 5.27

14. 沿一平面简谐波的波线上，有相距 2.0m 的两质点 A 与 B，B 点振动相位比 A 点落后$\dfrac{\pi}{6}$，已知振动周期为 2.0s，则波长 $\lambda =$_____；波速 $u =$_____.

15. 一平面简谐波，其波动方程为 $y = A\cos\dfrac{2\pi}{\lambda}(\mu t - x)$，式中 $A = 0.01\text{m}$，$\lambda = 0.5\text{m}$，$\mu = 25\text{m/s}$. 则 $t = 0.1\text{s}$ 时，在 $x = 2\text{m}$ 处质点振动的位移 $y =$________、速度 $v =$________、加速度 $a =$________.

16. 质量为 0.10kg 的物体，以振幅 $1.0\times10^{-2}\text{m}$ 做简谐运动，其最大加速度为 $4.0\text{m}\cdot\text{s}^{-1}$，则振动的周期 $T =$____________________.

17. 一氢原子在分子中的振动可视为简谐运动．已知氢原子质量 $m = 1.68\times10^{-27}\text{Kg}$，振动频率 $\upsilon = 1.0\times10^{14}\text{Hz}$，振幅 $A = 1.0\times10^{-11}\text{m}$. 则此氢原子振动的最大速度为 $v_{\max} =$__________________________.

18. 一个点波源位于 O 点，以 O 为圆心，做两个同心球面，它们的半径分别为 R_1 和 R_2. 在这两个球面上分别取大小相等的面积 ΔS_1 和 ΔS_2，则通过它们的平均能流之比 $\vec{P}_1/\vec{P}_2 =$________.

19. 一个点波源发射功率为 $W=4\text{w}$，稳定地向各个方向均匀传播，则距离波源中心 2m 处的波强（能流密度）为________.

20. 一质点做简谐振动，振动方程为 $x=A\cos(\omega t+\phi)$，当时间 $t=T/2$（T 为周期）时，质点的速度为____________.

（三）计算题

1. 若简谐运动方程为 $x=0.10\cos(20\pi t+0.25\pi)(\text{m})$，试求：当 $t=2\text{s}$ 时的位移 x；速度 v 和加速度 a.

2. 如图 5.28 所示，原长为 0.5m 的弹簧，上端固定，下端挂一质量为 0.1kg 的物体，当物体静止时，弹簧长为 0.6m. 现将物体上推，使弹簧缩回到原长，然后放手，以放手时开始计时，取竖直向下为正向，请写出振动方程.

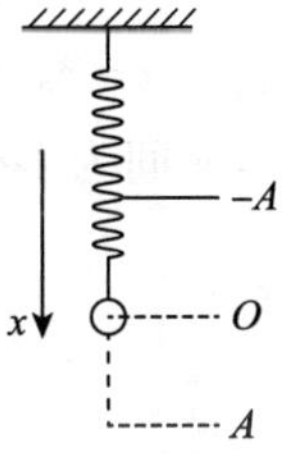

图 5.28

3. 有一单摆，摆长 $l=1.0\text{m}$，小球质量 $m=10\text{g}$. $t=0$ 时，小球正好经过 $\theta=-0.06\text{rad}$ 处，并以角速度 $\dot{\theta}=0.2\text{rad/s}$ 向平衡位置运动. 设小球的运动可看作简谐振动，试求：

（1）角频率、周期；（2）用余弦函数形式写出小球的振动式.

4. 一质点沿 x 轴做简谐振动，振幅为 12cm，周期为 2s. 当 $t=0$ 时，位移为 6cm，且向 x 轴正方向运动. 求振动表达式.

5. 质量为 m 的物体做如图 5.29 所示的简谐振动，试求：（1）两根弹簧串联之后的劲度系数；（2）其振动频率.

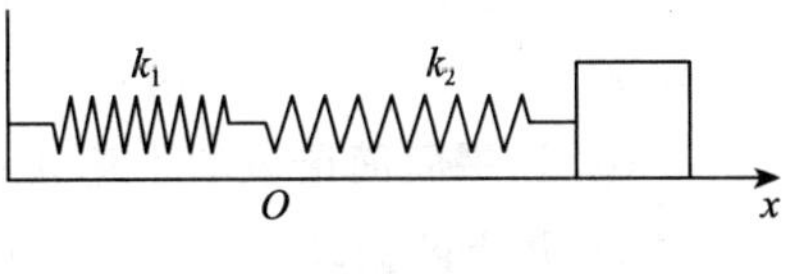

图 5.29

6. 当简谐振动的位移为振幅的一半时，其动能和势能各占总能量的多少？物体在什么位置时其动能和势能各占总能量的一半？

7. 一质点沿 x 轴做简谐振动，周期为 T，振幅为 A，则质点从 $x_1=\frac{A}{2}$ 运动到 $x_2=A$ 处所需要的最短时间为多少？

8. 有一个用余弦函数表示的简谐振动，若其速度 v 与时间 t 的关系曲线如图 5.30 所示，则振动的初相位为多少？（$V_m=\omega A$）

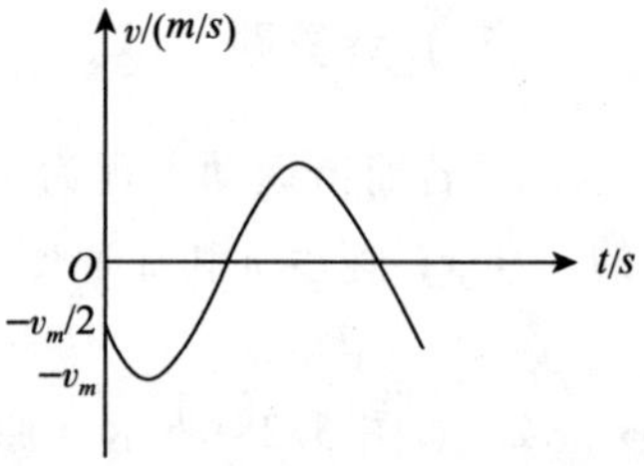

图 5.30

9. 一质点做简谐振动，振动方程为 $x=6\cos(100\pi t+0.7\pi)$ cm，某一时刻它在 $x=3\sqrt{2}$ cm 处，且向 x 轴的负方向运动，试求它重新回到该位置所需的最短时间为多少？

10. 一简谐振动曲线如图 5.31 所示，求以余弦函数表示的振动方程．

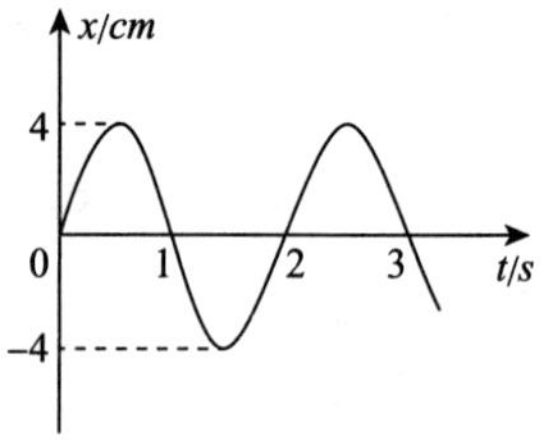

图 5.31

11. 已知一平面波沿 x 轴正向传播，距坐标原点 O 为 x_1 处 P 点的振动式为 $y=A\cos(\omega t+\varphi)$，波速为 u，求：

（1）平面波的波动式；

（2）若波沿 x 轴负向传播，波动式又如何？

12. 一平面简谐波在空间传播，如图 5.32 所示，已知 A 点的振动规律为 $y=A\cos(2\pi\nu t+\varphi)$，试写出：

（1）该平面简谐波的表达式；

（2）B 点的振动表达式（B 点位于 A 点右方 d 处）．

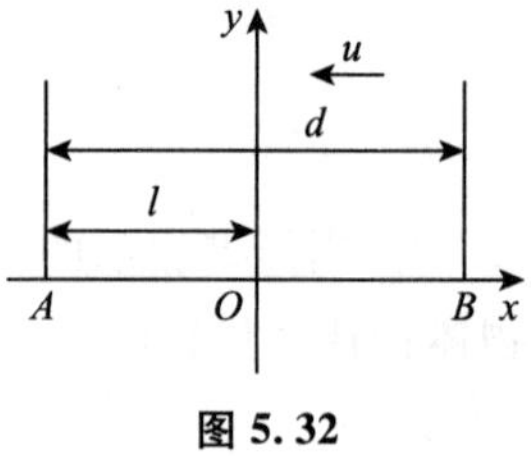

图 5.32

13. 一平面简谐波自左向右传播，波速 $\mu=20\text{m/s}$. 已知在传播路径上 A 点的振动方程为 $y=3\cos(4\pi t-\pi)$（SI），另一点 D 在 A 点右方 9m 处．

（1）若取 X 轴方向向左，并以 A 点为坐标原点，试写出波动方程，并求出 D 点的振动方程．

（2）若取 X 轴方向向右，并以 A 点左方 5m 处的 O 点为坐标原点，重新写出波动方程及 D 点的振动方程．

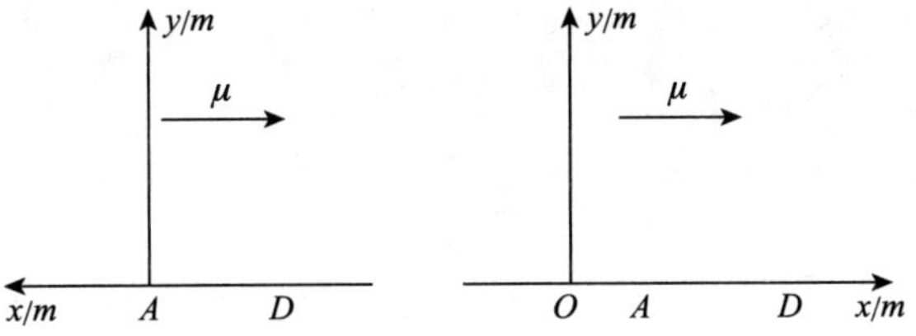

图 5.33

14. 一平面简谐波，沿 X 轴负方向传播，$t=1\text{s}$ 时的波形图如图 5.34 所示，波速 $\mu=2\text{m/s}$，求：

（1）该波的波函数.

（2）画出 $t=2\text{s}$ 时刻的波形曲线.

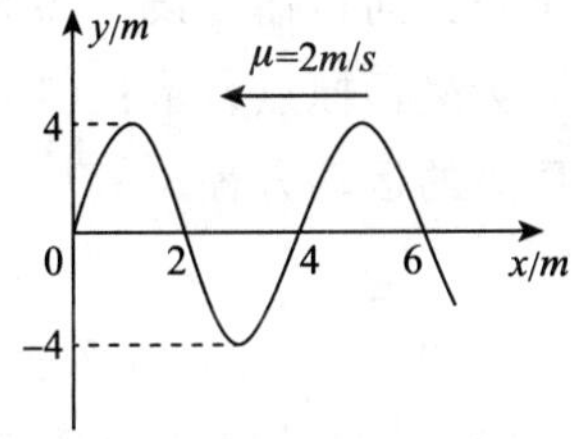

图 5.34

15. 已知一沿 x 正方向传播的平面余弦波，$t=\dfrac{1}{3}\text{s}$ 时的波形如图 5.35 所示，且周期 T 为 2s.

（1）写出 O 点的振动表达式；

（2）写出该波的波动表达式；

（3）写出 A 点的振动表达式．

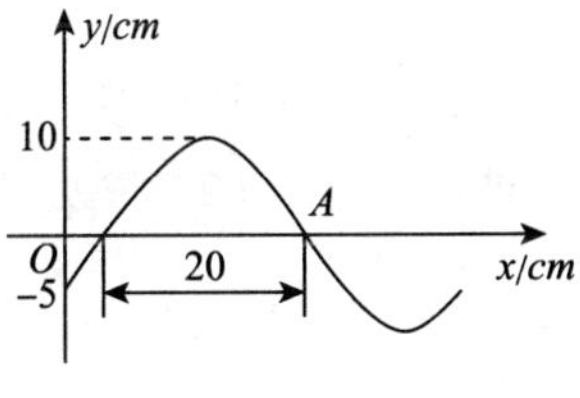

图 5.35

16. 一平面简谐波以速度 $u=0.8\text{m/s}$ 沿 x 轴负方向传播．已知原点的振动曲线如图5.36所示．试写出：

（1）原点的振动表达式；

（2）波动表达式；

（3）同一时刻相距 1m 的两点之间的位相差．

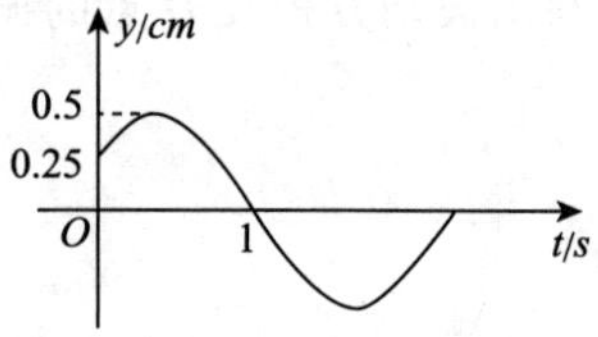

图 5.36

17. 波源做简谐振动，其振动方程为 $y=4.0\times10^{-3}\cos240\pi t(\text{m})$，它所形成的波形以 $30\text{m}\cdot\text{s}^{-1}$ 的速度沿 x 轴正向传播．求：（1）求波的周期及波长；（2）写出波动方程．

18. 波源做简谐运动，周期为 0.02s，若该振动以 $100\text{m}\cdot\text{s}^{-1}$ 的速度沿 x 轴正方向传播，设 $t=0$ 时，波源处的质点经平衡位置向正方向运动，若以波源为坐标原点，求：（1）该波的波动方程；（2）距波源 15.0m 和 5.0m 两处质点的运动方程．

19. 图 5.37 为平面简谐波在 $t=0$ 时的波形图，设此简谐波的频率为 250Hz，且此时图中质点 P 的运动方向向上．求：（1）该波的波动方程；（2）在距原点 O 为 7.5m 处质点的运动方程与 $t=0$ 时该点的振动速度.

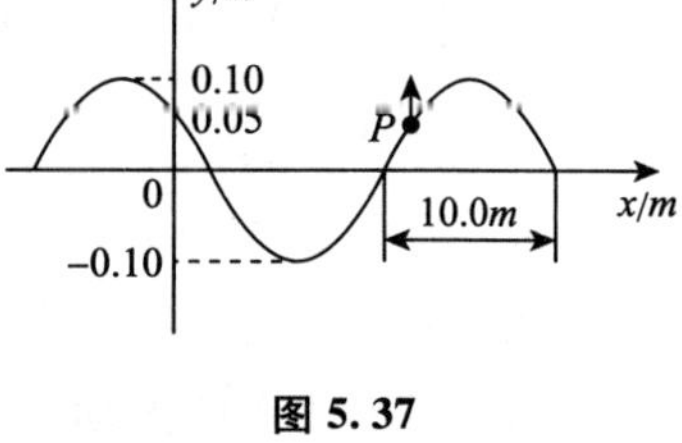

图 5.37

20. 如图 5.38 所示为一平面简谐波在 $t=0$ 时刻的波形图，求：（1）该波的波动方程；（2）P 处质点的运动方程．

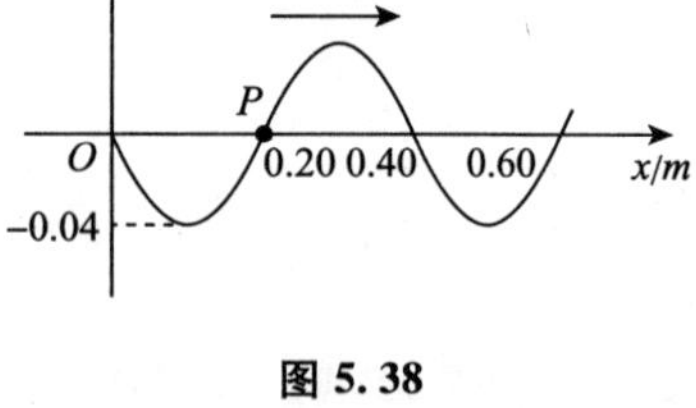

图 5.38

同步自测练习题参考答案

(一) 选择题

1. C　2. A　3. B　4. C　5. C　6. A　7. D　8. C　9. D
10. B　11. A　12. B　13. A　14. B　15. D　16. D　17. D　18. D
19. C　20. B

(二) 填空题

1. T_1' ___=___ T_1 且 T_2' ___>___ T_2　2. $\frac{T}{\sqrt{2}}$　3. $\Delta\varphi - 2\pi \cdot \Delta x/\lambda = \pi$

4. 10cm　$\frac{\pi}{2}$　5. $x = 7.5\sqrt{2}\cos\left(10t + \frac{\pi}{4}\right)$ cm　6. 3，16，2

7. $y = A\cos\left[\omega\left(t + \frac{1+x}{\mu}\right) + \varphi\right]$　8. $\frac{2\pi}{a}$　9. $\frac{\pi}{2}$　10. $2.5\text{m} \cdot \text{s}^{-1}$；$5\text{s}^{-1}$，0.5m.

11. $x = 7.5\sqrt{2}\cos\left(10t - \frac{\pi}{4}\right)$ cm　12. $\Delta\varphi = \pi$　13. $A = |A_2 - A_1|$

14. $\lambda = 24\text{m}$　$u = \lambda/T = 12\text{m/s}$　15. $y = -0.01\text{m}$；$v = 0$；$a = 6.17 \times 10^3 \text{m/s}^2$

16. $T = 2\pi/\omega = 2\pi\sqrt{A/a_{max}} = 0.314\text{s}$　17. $v_{max} = \omega A = 2\pi\nu A = 6.28 \times 10^3 \text{m} \cdot \text{s}^{-1}$

18. $\frac{R_2^{\ 2}}{R_1^{\ 2}}$　19. $0.08\text{J/m}^2 \cdot \text{s}$　20. $A\omega\sin\phi$

(三) 计算题

1. **解**：$x = 0.10\cos(40\pi t + 0.25\pi) = 7.07 \times 10^{-2}\text{m}$

$v = \text{d}x/\text{d}t = -2\pi\sin(40\pi + 0.25\pi) = -4.44\text{m} \cdot \text{s}^{-1}$

$a = \text{d}^2x/\text{d}t^2 = -40\pi^2\cos(40\pi + 0.25\pi) = -2.79 \times 10^2\text{m} \cdot \text{s}^{-2}$

2. **解**：振动方程：$x = A\cos(\omega t + \phi)$，

在本题中，$kx = mg$，所以 $k = 10$；$\omega = \sqrt{\frac{k}{m}} = \sqrt{\frac{10}{0.1}} = 10$

当弹簧伸长为 0.1m 时为物体的平衡位置，以向下为正方向。所以如果使弹簧的初状态为原长，那么：$A = 0.1$，

当 $t = 0$ 时，$x = -A$，那么就可以知道物体的初相位为 π

所以：$x = 0.1\cos(10t + \pi)$

3. **解**：(1) 角频率：$\omega = \sqrt{\frac{g}{l}} = \sqrt{10}$，

周期：$T = 2\pi\sqrt{\frac{l}{g}} = \frac{2\pi}{\sqrt{10}}$

（2）根据初始条件：$\begin{cases} \cos\varphi_0 = \dfrac{\theta}{A} \\ \sin\varphi_0 = -\dfrac{\theta}{A\omega}\begin{cases} >0\ (1,\ 2\ \text{象限}) \\ <0\ (3,\ 4\ \text{象限}) \end{cases} \end{cases}$

可解得：$A = 0.088$，$\varphi = -2.32$

所以得到振动方程：$\theta = 0.088\cos\ (2.13t - 2.32)$

4. **解**：由题已知 $A = 12 \times 10^{-2}\text{m}$，$T = 2.0\text{s}$

所以 $\omega = 2\pi/T = \pi \quad \text{rad} \cdot \text{s}^{-1}$

又，$t = 0$ 时，$x_0 = 6\text{cm}$，$v_0 > 0$

所以由旋转矢量图，可知：$\phi_0 = -\dfrac{\pi}{3}$

故振动方程为 $x = 0.12\cos(\pi t - \dfrac{\pi}{3})$

5. **解**：（1）两根弹簧的串联之后等效于一根弹簧，其劲度系数满足：

$K_1x_1 = K_2x_2 = Kx$　和 $x_1 + x_2 = x$

可得：$\dfrac{1}{K} = \dfrac{1}{K_1} + \dfrac{1}{K_2}$　　所以：$K = \dfrac{K_1K_2}{K_1 + K_2}$

（2）代入频率计算式，可得：$\nu = \dfrac{1}{2\pi}\sqrt{\dfrac{k}{m}} = \dfrac{1}{2\pi}\sqrt{\dfrac{k_1k_2}{(k_1 + k_2)m}}$

6. **解**：$E_P = \dfrac{1}{2}kx^2 = \dfrac{1}{2}k\ (\dfrac{1}{2}A)^2 = \dfrac{1}{4}E_M$，$E_K = \dfrac{3}{4}E_M$

当物体的动能和势能各占总能量的一半：$\dfrac{1}{2}kx^2 = \dfrac{1}{2}(\dfrac{1}{2}kA^2) = \dfrac{1}{2}E_M$，

所以：$x = \pm\dfrac{\sqrt{2}}{2}A$

7. **解**：质点从 $x_1 = \dfrac{A}{2}$ 运动到 $x_2 = A$ 处所需要的最短相位变化为 $\dfrac{\pi}{3}$，所以运动的时间为：$\Delta t = \dfrac{\frac{\pi}{3}}{\omega} = \dfrac{T}{6}$

8. **解**：设简谐振动运动方程 $x = A\cos\ (\omega t + \varphi)$

则 $V = \dfrac{dx}{\mathrm{d}t} = -A\omega\sin(\omega t + \varphi) = -V_m\sin(\omega t + \varphi)$

又，$t = 0$ 时　$V = -\dfrac{1}{2}V_m = -V_m\sin(\omega t + \varphi)$

所以 $\sin(\omega t + \varphi) = -\dfrac{1}{2}$

所以 $\varphi = \dfrac{\pi}{6}$

9. **解**：设 t_1 时刻它在 $x=3\sqrt{2}$ cm 处，且向 x 轴的负方向运动，t_2 时刻它重新回到该处，且向 x 轴的负方向运动.

由题可知：当 $t=t_1$ 时 $x=3\sqrt{2}$ cm 且，$v_0<0$，所以此时的 $100\pi t_1=\pi/4$，

当 $t=t_2$ 时 $x=3\sqrt{2}$ cm 且，$v_0>0$，所以此时的 $100\pi t_2=7\pi/4$，

它重新回到该位置所需的最短时间为 $100\pi(t_2-t_1)=7\pi/4-\pi/4$

$(t_2-t_1)=\dfrac{3}{200}s$

10. **解**：设简谐振动运动方程 $x=A\cos(\omega t+\varphi)$

由图已知 $A=4\text{cm}$，$T=2\text{s}$

所以 $\omega=2\pi/T=\pi\quad \text{rad}\cdot\text{s}^{-1}$

又，$t=0$ 时，$x_0=0$，且，$v_0>0$，所以 $\varphi=-\dfrac{\pi}{2}$

振动方程为 $x=0.04\cos(\pi t-\pi/2)$

11. **解**：(1) 其 O 点振动状态传到 p 点需用 $\Delta t=\dfrac{x_1}{u}$

则 O 点的振动方程为：$y=A\cos[\omega(t+\dfrac{x_1}{u})+\varphi]$

波动方程为：$y=A\cos[\omega(t+\dfrac{x_1}{u}-\dfrac{x}{u})+\varphi]$

(2) 若波沿 x 轴负向传播，则 O 点的振动方程为：$y=A\cos[\omega(t-\dfrac{x_1}{u})+\varphi]$

波动方程为：$y=A\cos[\omega(t-\dfrac{x_1}{u}+\dfrac{x}{u})+\varphi]$

12. **解**：(1) 根据题意，A 点的振动规律为 $y=A\cos(2\pi\nu t+\varphi)$，所以 O 点的振动方程为：$y=A\cos[2\pi\nu(t+\dfrac{l}{u})+\varphi]$

该平面简谐波的表达式为：$y=A\cos[2\pi\nu(t+\dfrac{l}{u}+\dfrac{x}{u})+\varphi]$

(2) B 点的振动表达式可直接将坐标 $x=d-l$，代入波动方程：

$y=A\cos[2\pi\nu(t+\dfrac{l}{u}+\dfrac{d-l}{u})+\varphi]=A\cos[2\pi\nu(t+\dfrac{d}{u})+\varphi]$

13. **解**：(1) $y=3\cos(4\pi t+\pi x/5-\pi)$ (SI)

$y_D=3\cos(4\pi t-14\pi/5)$ (SI)

(2) $y=3\cos(4\pi t-\pi x/5)$ (SI)

$y_D=3\cos(4\pi t-14\pi/5)$ (SI)

14. **解**：(1) 振幅 $A=4\text{m}$

圆频率 $\omega=\pi$

初相位 $\varphi=\pi/2$

$y=4\cos\left[\pi\left(t+x/2\right)+\pi/2\right]$ (SI)

(2) $\Delta x=\mu(t_2-t_1)=2\text{m}$，$t=2\text{s}$ 时刻的波形曲线如图所示

15. **解**：由图可知 $A=0.1\text{m}$，$\lambda=0.4\text{m}$，由题知 $T=2\text{s}$，$\omega=2\pi/T=\pi$，

而 $u=\lambda/T=0.2\text{m/s}$

波动方程为：$y=0.1\cos[\pi(t-x/0.2)+\Phi_0]\text{m}$

(1) 由上式可知：O 点的相位也可写成：$\varphi=\pi t+\Phi_0$

由图形可知：$t=\dfrac{1}{3}s$ 时 $y_0=-A/2$，$v_0<0$，所以此时的 $\varphi=2\pi/3$，

将此条件代入，所以：$\dfrac{2\pi}{3}=\pi\dfrac{1}{3}+\varphi_0$　　所以 $\varphi_0=\dfrac{\pi}{3}$

O 点的振动表达式 $y=0.1\cos[\pi t+\pi/3]\text{m}$

(2) 波动方程为：$y=0.1\cos[\pi(t-x/0.2)+\pi/3]\text{m}$

(3) A 点的振动表达式确定方法与 O 点相似由上式可知：

A 点的相位也可写成：$\varphi=\pi t+\Phi_{A0}$

由图形可知：$t=\dfrac{1}{3}s$ 时 $y_A=0$，$v_A>0$，所以此时的 $\varphi=-\pi/2$，

将此条件代入，所以：$-\dfrac{\pi}{2}=\pi\dfrac{1}{3}+\varphi_{A0}$　　所以 $\varphi_{A0}=-\dfrac{5\pi}{6}$

A 点的振动表达式 $y=0.1\cos[\pi t-5\pi/6]\text{m}$

16. **解**：(1) 由图可知 $A=0.5\text{cm}$，原点处的振动方程为：$y_0=A\cos(\omega t+\varphi_0)$

$t=0s$ 时　$y=A/2$　$v>0$　　可知其初相位为 $\varphi_0=-\dfrac{\pi}{3}$

$t=1s$ 时 $y=0$　$v<0$　　可知　$\omega+\varphi_0=\dfrac{\pi}{2}$，可得：$\omega=\dfrac{5\pi}{6}$

则　$y_0=0.5\cos(\dfrac{5\pi}{6}t-\dfrac{\pi}{3})\text{cm}$

(2) 波动表达式：$y=0.5\cos[\dfrac{5\pi}{6}(t+\dfrac{x}{u})-\dfrac{\pi}{3}]\text{cm}$

(3) 根据已知的 $T=\dfrac{2\pi}{\omega}=12/5$，$u=0.8\text{m/s}$，可知：$\lambda=\dfrac{48}{25}\text{m}$

那么同一时刻相距 $1m$ 的两点之间的位相差：$\Delta\varphi=2\pi\dfrac{\Delta x}{\lambda}=\dfrac{25}{24}\pi=3.27\text{rad}$

17. **解**：(1) 由已知的振动方程可知，质点振动的角频率 $\omega=240\pi\text{s}^{-1}$.

故有 $T=2\pi/\omega=8.33\times10^{-3}\text{s}$　$\lambda=uT=0.25\text{ m}$

(2) 将已知的波源运动方程与简谐运动方程的一般形式比较后可得 $A=4.0\times10^{-3}\text{m}$，$\omega=240\pi\text{s}^{-1}$，$\varphi_0=0$

波动方程为 $y=A\cos[\omega(t-x/u)+0]$

$=4.0\times10^{-3}\cos(240\pi t-8\pi x)(\text{m})$

18. **解**：(1) 由题给条件 $T=0.02\text{s}$，$u=100\text{m}\cdot\text{s}^{-1}$，可得

$\omega = 2\pi/T = 100\pi \mathrm{m \cdot s^{-1}}$；$\lambda = uT = 2\mathrm{m}$

当 $t=0$ 时，波源质点经平衡位置向正方向运动，因而由旋转矢量法可得该质点的初相为 $\varphi_0 = -\pi/2$（或 $3\pi/2$）．则波动方程为

$y = A\cos[100\pi(t - x/100) - \pi/2]$

（2）距波源为 $x_1 = 15.0$ m 和 $x_2 = 5.0$m 处质点的运动方程分别为

$y_1 = A\cos(100\pi t - 15.5\pi)$

$y_2 = A\cos(100\pi t - 5.5\pi)$

19、**解**：（1）由图得知 $A = 0.10$ m，$\lambda = 20.0$m，$u = \lambda \upsilon = 5.0 \times 10^3 \mathrm{m \cdot s^{-1}}$．

根据 $t = 0$ 时点 P 向上运动，可知波沿 Ox 轴负向传播，

利用旋转矢量法可得其初相 $\varphi_0 = -\dfrac{\pi}{3}$.

故波动方程为 $y = A\cos[\omega(t + x/u) + \pi/3]$

$= 0.10\cos[500\pi(t + x/5000) + \pi/3]$(m)

（2）距原点 O 为 $x = 7.5$m 处质点的运动方程为

$y = 0.10\cos(500\pi t + 13\pi/12)$(m)

$t = 0$ 时该点的振动速度为

$v = (\mathrm{d}y/\mathrm{d}t)_{t=0} = -50\pi\sin 13\pi/12 = 40.6\mathrm{m \cdot s^{-1}}$

20. **解**：（1）由图可知 $A = 0.04$ m，$\lambda = 0.40$m，$u = 0.08\mathrm{m \cdot s^{-1}}$，

则 $\omega = 2\pi/T = 2\pi u/\lambda = (2\pi/5)$

根据分析已知 $\varphi_0 = -\dfrac{\pi}{2}$

因此波动方程为 $y = 0.04\cos[\dfrac{2\pi}{5}(t - \dfrac{x}{0.08}) - \dfrac{\pi}{2})$（m）

（2）P 点运动方程为 $y = 0.04\cos(\dfrac{2\pi}{5}t + \dfrac{\pi}{2})$（m）

第六章

波动光学

基本要求

1. 掌握光程概念以及光程差与相位差的关系，了解产生半波损失的条件

2. 掌握杨氏双缝干涉的基本装置和实验规律，了解干涉条纹的分布特点及其应用，并能做相应的计算

3. 掌握薄膜等厚干涉的规律及干涉位置的计算，理解等倾干涉条纹产生的原理，了解薄膜干涉原理在实际中的应用

4. 了解迈克尔逊干涉仪的结构、原理及其应用

5. 了解分析单缝夫琅禾费衍射的半波带法，能够根据衍射公式确定明、暗条纹分布

6. 了解光栅衍射条纹的成因和特点，掌握光栅公式

7. 了解自然光、偏振光和部分偏振光的意义，理解偏振器起偏和检偏的方法和原理；掌握马吕斯定理，并能正确运用它来计算有关问题

重点与难点

1. 掌握杨氏双缝干涉、薄膜干涉、劈尖干涉、牛顿环干涉、迈克尔逊干涉产生条件及条纹特点

2. 掌握单缝衍射、光栅衍射的衍射条件及条纹特点

3. 能够区分自然光、偏振光和部分偏振光

4. 掌握马吕斯定理和布儒斯特定律，并能正确运用它们来计算有关问题

内容提要

1. **光的基本知识**：光是某一波段的电磁波

2. 简谐振动特征

(1) 受力特点

(2) 动力学特征 $\frac{d^2x}{dt^2}+\omega^2x=0$

(3) 振动方程 $x=A\cos(\omega t+\varphi_0)$

3. 简谐振动的特征量

(1) 振幅；(2) 周期和频率圆频率；(3) 相位与初相；(4) A、ω、φ 的确定

$$A=\sqrt{x_0^2+\left(\frac{v_0}{\omega}\right)^2},\quad \left.\begin{array}{l}tg\varphi=-\frac{v_0}{\omega x_0}\\ v_0\text{ 的方向}\end{array}\right\}\Rightarrow\varphi$$

4. 简谐振动的描述

(1) 振动方程

(2) 振动曲线

(3) 简谐振动的旋转矢量法描述

5. 光的相干叠加

频率相同、振动方向相同、位相差恒定

当 $\delta=\Delta_2-\Delta_1=n_2r_2-n_1r_1=\pm k\lambda$ 时，干涉加强，亮条纹

当 $\delta=\Delta_2-\Delta_1=n_2r_2-n_1r_1=\pm\left(k+\frac{1}{2}\right)\lambda$ 时，干涉减弱，暗条纹

6. 杨氏双缝干涉实验

当 $\delta=r_2-r_1=d\frac{x}{D}=\pm k\lambda$ 时，干涉加强，为亮条纹

当 $\delta=r_2-r_1=d\frac{x}{D}=\pm\left(k+\frac{1}{2}\right)\lambda$ 时，干涉减弱，为暗条纹

明暗纹位置：$x=\pm K\frac{D}{d}\lambda \quad K=0,1,2,3\cdots$（亮条纹）

$x=\pm\left(K+\frac{1}{2}\right)\frac{D}{d}\lambda \quad K=0,1,2,3\cdots$（暗条纹）

干涉条纹的间距 ：$\Delta x=\frac{D}{d}\lambda$

实验结果：

(1) 干涉条纹以 0 点为对称点，明暗相间分布，0 处为中央明纹，相邻明纹间及相邻暗纹间间距相等；

(2) 对不同的波长，相邻条纹间距不等，λ 大，Δx 大，条纹疏；λ 小，

Δx 小，条纹密；

（3）用白光做光源，则中央明纹白色，两侧某一级条纹为由紫而红的彩条带；

（4）缺点：要使 S_1、S_2 处有相同的相位，狭缝必须很窄，通过狭缝的光强太弱，条纹不够清晰.

7. 半波损失

当光从光疏介质（折射率较小的介质）射向光密介质（折射率较大的介质）的界面而反射时，反射光有位相 π 的突变，也就是反射光的光程在反射过程中附加半个波长，这种现象称为半波损失.

8. 薄膜干涉

$$\delta = 2en_2\left(\quad + \frac{\lambda}{2}\right) = \begin{cases} k\lambda \cdots\cdots\cdots\cdots\cdots\cdots \text{为明条纹}(k=1,2,3\cdots) \\ \left(k+\dfrac{1}{2}\right)\lambda \cdots\cdots\cdots \text{为暗条纹}(k=0,1,2,3\cdots) \end{cases}$$

增反膜应满足亮纹条：$2n_2e=(2k+1)\dfrac{\lambda}{2}$；增透膜应满足暗纹条

$2n_2e=k\lambda \quad k=0,1,2,3\cdots$

9. 劈尖干涉

$$\delta = 2en + \frac{\lambda}{2} = \begin{cases} k\lambda \cdots\cdots\cdots\cdots\cdots\cdots \text{为明条纹}(k=1,2,3\cdots) \\ \left(k+\dfrac{1}{2}\right)\lambda \cdots\cdots\cdots \text{为暗条纹}(k=0,1,2,3\cdots) \end{cases}$$

讨论：劈尖处，$e=0$，$\delta=\lambda/2$，棱边为暗纹；相邻两明（暗）条纹对应的劈尖厚度差：$\Delta e=\dfrac{\lambda}{2n}$：相邻两明（暗）条纹间距：$l=\dfrac{\lambda}{2n\sin\theta}\approx\dfrac{\lambda}{2n\theta}$

10. 牛顿环

$$\delta = 2en\left(\quad + \frac{\lambda}{2}\right) = \begin{cases} k\lambda \cdots\cdots\cdots\cdots\cdots\cdots \text{为明条纹}(k=1,2,3\cdots) \\ \left(k+\dfrac{1}{2}\right)\lambda \cdots\cdots\cdots \text{为暗条纹}(k=0,1,2,3\cdots) \end{cases}$$

明环半径：$r=\sqrt{\dfrac{\left(k-\dfrac{1}{2}\right)R\lambda}{n}} \quad k=1,2,3\cdots$；

暗环半径：$r=\sqrt{\dfrac{kR\lambda}{n}} \quad k=0,1,2\cdots$

讨论：中间一点是暗圆斑；条纹不是等间距的，越外越小.

11. 迈克尔逊干涉仪

用途：（1）测 λ∶M_1 平移 $\Delta d=\dfrac{\lambda}{2}$时，$\Delta\delta=\lambda$，

移过一条明（暗）纹；若移 M_1 使条纹移过 ΔN 条，则 $\Delta d=\Delta N\dfrac{\lambda}{2}$；$\lambda=\dfrac{2\Delta d}{\Delta N}$

（2）测折射率 n：一条光路中置介质 d、n，条纹移 ΔN 条，则：$2(n-1)$

$d = \Delta N\lambda$.

12. 光的衍射现象

当光在传播的途径上遇到某种障碍物（或狭缝）时，光的传播方向发生改变，可以绕道障碍物（或狭缝）的阴影区并形成明暗相间的条纹，这种偏离直线传播的现象称为光的衍射现象.

惠更斯——菲涅耳原理

从同一波阵面（由位相或波程相同的各点组成的曲面）上各点发出的子波，在传播过程中相遇时，能够相互叠加而产生干涉现象，空间各点波的强度，由子波在该点的相干叠加所决定.

13. 单缝夫琅禾费衍射

（1）菲涅尔半波带法：

$\delta = BC = a\sin\varphi$，因而半波带的数目为：$N = \dfrac{a\sin\varphi}{\dfrac{\lambda}{2}}$. 当 N 恰好为偶数时，因相邻半波带各对应点的光线的光程差都为$\dfrac{\lambda}{2}$，即位相差为 π，因而相邻半波带的光线在 P 点都干涉相消，即 P 点为暗点；当 N 恰好为奇数时，因相邻半波带发出的光两两干涉相消后，剩下一个半波带的光线在 P 点未被抵消，因此 P 点为亮点.

（2）明暗纹条件：

当 $a\sin\varphi = \pm 2k\dfrac{\lambda}{2}$，$k = 1, 2, 3$ …………… 为暗条纹

当 $a\sin\varphi = \pm(2k+1)\dfrac{\lambda}{2}$，$k = 1, 2, 3$ ……… 为明条纹

当 $a\sin\varphi = 0$ ………………………………… 为中央明纹

14. 光栅衍射

（1）光栅：由大量等间距、等宽度的平行狭缝组成的光学元件称为光栅.

（2）光栅常数：$d = a + b$，狭缝的宽度为 a，刻痕的宽度为 b.

（3）衍射角：φ

（4）光栅方程：

$(a+b)\sin\varphi = d\sin\varphi = \pm k\lambda$

$k = 0, 1, 2, 3 \cdots$

（5）缺级现象

光栅衍射主极大条件 $(a+b)\sin\varphi = \pm k\lambda$

单缝衍射的暗纹条件 $a\sin\varphi = \pm 2k'\dfrac{\lambda}{2}$

缺级级次 $k = \dfrac{d}{a}k'$，$k' = 1, 2\cdots$

从光栅公式看来应出现的 k 级明条纹的位置，实际上是缺暗条纹，即 k 级明条纹不出现，这种现象称为光栅的缺级现象．由上面两式可知缺级条件为：当 $d=(a+b)=na$ 时，所有 n 的整数倍的级数缺级.

当 $d=(a+b)=2a$，$b=a$ 时，±2，±4，±6，±8，……级缺级；

当 $d=(a+b)=3a$，$b=2a$ 时，±3，±6，±9，±12，……级缺级；

当 $d=(a+b)=4a$，$b=3a$ 时，±4，±8，±12，±16，……级缺级；

当 $d=(a+b)=5a$，$b=4a$ 时，±5，±10，±15，±20，……级缺级.

注意： 光栅的衍射角 $\varphi\leqslant90°$，所以，解题时通常不能用公式 $\sin\varphi=\tan\varphi$.

15. 光的偏振

(1) 自然光

(2) 线（完全）偏振光

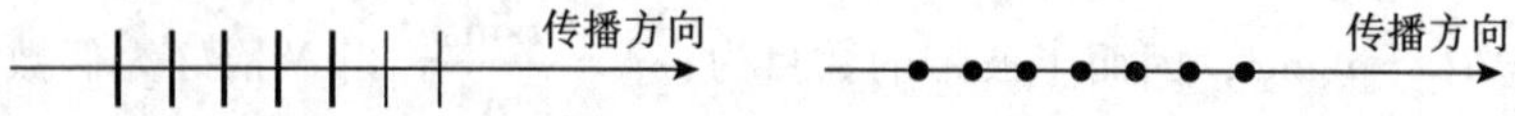

图 6.1

(3) 部分偏振光

图 6.2

(4) 偏振片的起偏和检偏

①自然光透过偏振片后，透射光即变为线偏振光，光强度只有入射光的光强度的一半.

②马吕斯定律 $I=I_0\cos^2\alpha$

(5) 反射与折射时光的偏振

①反射与折射时光的偏振态

②布儒斯特定律 $\tan i_0=\dfrac{n_2}{n_1}$　　$i_0+\gamma=90°$

解题指导

［**例题 1**］在空气中的双缝干涉实验中，(1) 请写出屏上单色光干涉相邻两明（暗）条纹的宽度 Dx 的计算公式；(2) 欲增大条纹的宽度应采取哪些方法（至少给出 2 种方法）?

答： 由杨氏双缝干涉条件得到，条纹宽度 $Dx=\lambda D/d$，所以条纹宽度是由 λ，D，d 的变化来决定的．因此可以通过增大波长 λ、缝到屏幕间的距离 D 或减小双缝宽度 d 使得条纹宽度增大．

[例题 2] 在夫琅禾费单缝衍射中，为保证在衍射图样中至少出现衍射光强的第一级极小，单缝的宽度必须大于多少？为什么？

答： 由单缝衍射的暗纹公式：$a\sin\varphi = \pm k\lambda$ 可知，在衍射图样中至少出现衍射光强第一极小的条件为：$|\sin\varphi| = \dfrac{\lambda}{a} < 1$ 所以必有，$a > \lambda$.

[例题 3] 什么叫光谱线缺级？缺级的原因是什么？

答： 在光栅衍射光谱中，本应出现的主极大，却没有出现，这种现象叫缺级；

光栅衍射是在单缝衍射调制下的多缝干涉现象，当某一级主极大的位置恰好位于单缝衍射极小位置处，这一级主极大就不会出现了，表现为缺级现象.

[例题 4] 用偏振片怎样来区分自然光、部分偏振光和线偏振光？

答： 将光通过偏振片，光强无变化的为自然光；光强有变化但不会出现完全消光的为部分偏振光；光强有变化且在某个方向为零的为线偏振光.

[例题 5] 什么是光程？在不同的均匀媒质中，若单色光通过的光程相等时，其几何路程是否相同？

答： 把光在某一媒质中所经过的几何路程 r 和该介质的折射率 n 的乘积 $\Delta = nr$ 叫作光程；不同媒质若光程相等，则其几何路程定不相同.

[例题 6] 什么叫线偏振光？线偏振光是否一定是单色光？

答： 如果在光的传播过程中，其光矢量的振动总是平行于某一过传播方向的固定平面，则这种光称为线偏振光；由于白光通过偏振片后，就可变成线偏振光，所以线偏振光不一定是单色光.

[例题 7] 如果空气中双缝点光源 S 微下移，则条纹如何移动？

答： 在杨氏双缝实验中，在屏幕上 $x=0$ 处，光程差为 0，但现在双缝电光源 s 下移，使得 $R_1 > R_2$，要想光程差还为 0，$r_1 < r_2$，如图 6.3，因此讨论出条纹向上移动

$$\delta = (r_1 + R_1) - (r_2 + R_2)$$

$$= (R_1 - R_2) - (r_2 - r_1)$$

因为 $\delta = 0$

所以 $R_1 - R_2 = r_2 - r_1$

又因为 $R_2 > R_1$，所以 $r_1 > r_2$，说明条纹上移

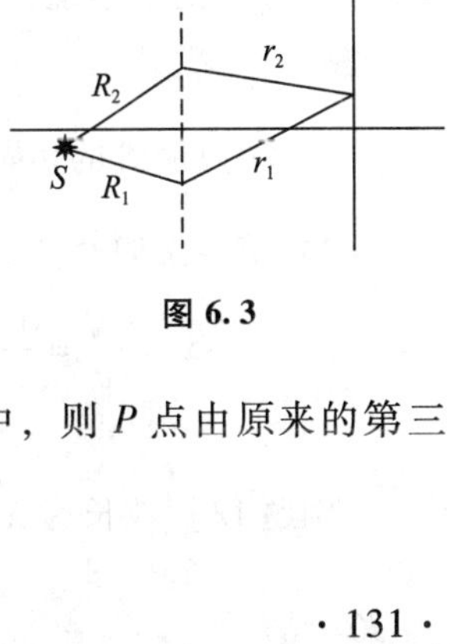

图 6.3

[例题 8] 在双缝实验中，将整个装置由空气置入某种液体中，则 P 点由原来的第三级明纹变为第四级明纹，如图 6.4 所示，求：这种液体的折射率？

解

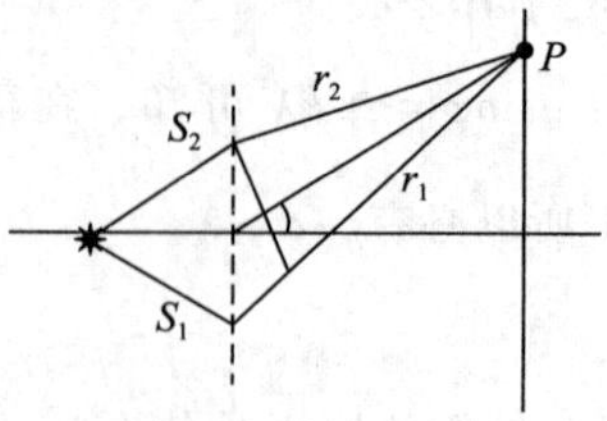

图 6.4

由明纹条件：$\Delta = \pm k\lambda$ 明纹，所以条纹的改变与光程差有直接关系，将装置由空气放入某种介质中，折射率从 1 变为 n，则有 $\Delta_{空} = n_0(r_1 - r_2) = 3\lambda \quad \Delta_{液} = n(r_1 - r_2) = 4\lambda$

求解得 $n = \dfrac{4}{3}$

[例题 9] 在杨氏双缝干涉中，若 $n = 1.58$ 的云母片挡住一缝，这时屏幕中心被第 5 级亮纹占据，

（1）$\lambda = 0.55\mu\text{m}$，求：云母片的厚度.

（2）$d = 0.60\text{mm}$，$f = 2.5\text{m}$. 求：中央明纹的位置.

解 原来中心位置的光程差为零，由于云母片的加入使得光程差变为了 5λ，

则有：$\Delta = (n-1)d = 5\lambda$ 得 $d = 4.74\mu\text{m}$

[例题 10] 用紫光观察牛顿环时，测得第 k 级暗环的半径 4mm，第 $k+5$ 级暗环的半径为 6mm，所用平凸透镜的曲率半径 $R = 10\text{m}$，求紫光的波长和级数 k?

解 牛顿环暗环半径为：$r_k = \sqrt{k\lambda R}$

则 $k+5$ 暗环半径为：$r_{k+5} = \sqrt{(k+5)\lambda R}$

由以上两个式子求解得：$\lambda = \dfrac{r_{k+5}^2 - r_k^2}{5R} = 4 \times 10^{-7} \quad k = \dfrac{5r_k^2}{r_{k+5}^2 - r_k^2} = 4$

[例题 11] 用波长为 4μm 的单色光，垂直照射到缝宽 0.5mm 的单缝上，在缝后置一焦距为 0.5m 的凸透镜，求在屏上（1）中央明纹的线宽度；（2）第一级明纹的宽度.

解

（1）中央明纹的角宽度 $\phi = 2\phi_{1暗} = \dfrac{2\lambda}{a}$ 则线宽度为 $2x_1 = \dfrac{2\lambda f}{a} = 1.0\text{mm}$

（2）第一级明纹的线宽度为第一级和第二级暗纹间的距离

$$\Delta x = x_2 - x_1 = \frac{\lambda f}{a} = \frac{0.5 \times 10^{-3} \times 0.5 \times 10^{3}}{0.5} = 0.5\text{mm}$$

[例题 12] 波长为 $\lambda = 632.8\text{nm}$ 的单色光垂直入射到光栅上，测得第一级主极大的衍

射角为30°. 求：（1）光栅常数 d；（2）这个光栅在1cm内有多少条缝？（3）第二级亮纹是否能出现？为什么？

解 （1）$\left.\begin{aligned} d\sin\varphi_k &= k\lambda \\ k &= 1 \\ \varphi_1 &= 30° \end{aligned}\right\} \Rightarrow d = \dfrac{\lambda}{\sin\varphi_1} = \dfrac{632.8\times10^{-7}}{\sin30°} = 1.266\times10^{-4}\text{cm}$

（2）每cm内的缝数 $N = \dfrac{1}{d} = \dfrac{1}{1.266\times10^{-4}} = 7.9\times10^3$（条）

（3）看不到第二级亮纹．因为当 $k=2$ 时，

$\sin\varphi_2 = \dfrac{2\lambda}{d} = 2\sin\varphi_1 = 2\sin30°$　$\phi_2 = 90°$　所以二级亮纹出现在无穷远处.

[例题13] 两块性质完全相同的偏振片平行放置，其偏振化方向的夹角为30度．光强为 I_0 的自然光垂直入射，求经过第二块偏振片后的出射光强？

解 由马吕斯定律可知，$I_2 = I_1 cos^2\alpha$

自然光通过第一个偏折片后的光强 $I_1 = \dfrac{I_0}{2}$，所以 $I_2 = \dfrac{I_0}{2}cos^2 30 = \dfrac{3I_0}{8}$

同步自测练习题

（一）选择题

1. 如图6.5所示，波长为λ的平行单色光垂直入射在折射率为 n_2 的薄膜上，经上下两个表面反射的两束光发生干涉．若薄膜厚度为 e，而且 $n_1 < n_2 > n_3$，则两束光在相遇点的相位差为（　　）

（A）$4\pi n_2 e/\lambda$　　（B）$(4\pi n_2 e/\lambda)+\pi$

（C）$(2\pi n_2 e/\lambda)-\pi$　　（D）$2\pi n_2 e/\lambda$

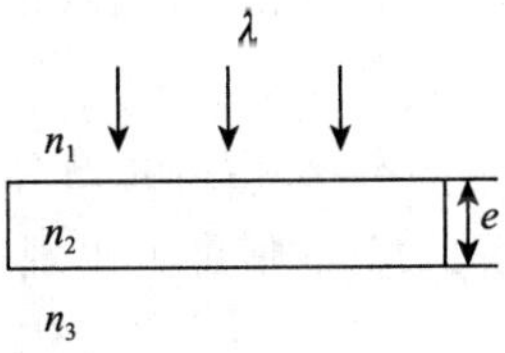

图6.5

2. 两块平玻璃构成空气劈尖，左边为棱边，用单色平行光垂直入射，若上面的平玻璃慢慢地向上平移，则干涉条纹（　　）

（A）向棱边方向平移，条纹间隔变小

（B）向棱边方向平移，条纹间隔变大

（C）向远离棱边方向平移，条纹间隔不变

（D）向棱边方向平移，条纹间隔不变

3. 在双缝干涉实验中，缝是水平的．若双缝所在的平板稍微向上平移，其他条件不变，则屏上的干涉条纹（　　）

（A）向上平移，且间距改变　　（B）向下平移，且间距不变
（C）不移动，但间距改变　　（D）向上平移，且间距不变

4. 在杨氏双缝实验中，若使双缝间距减小，屏上呈现的干涉条纹间距如何变化？若使双缝到屏的距离减小，屏上的干涉条纹又将如何变化？（　　）
（A）都变宽　　（B）都变窄
（C）变宽，变窄　　（D）变窄，变宽

5. 波长 $\lambda = 550\text{nm}$ 的单色光垂直入射于光栅常数 $d = 1 \times 10^{-4}\text{cm}$ 的光栅上，可能观察到的光谱线的最大级次为（　　）
（A）4　　（B）3
（C）2　　（D）1

6. 若把牛顿环装置（都是用折射率为 1.52 的玻璃制成的）由空气搬入折射率为 1.33 的水中，则干涉条纹（　　）
（A）中心暗斑变成亮斑　　（B）变疏
（C）变密　　（D）间距不变

7. 在双缝干涉实验中，用玻璃纸遮住双缝中的一个缝，若玻璃纸中光程比相同厚度的空气的光程大 $5\lambda/2$，则屏上原来的明纹处（　　）
（A）仍为明条纹　　（B）变为暗条纹
（C）既非明纹也非暗纹　　（D）无法确定是明纹还是暗纹

8. 一衍射光栅对某一定波长的垂直入射光在屏上只能出现 0 级和 1 级主级大，欲使屏上出现更高级次的衍射主极大，应该（　　）
（A）换一个光栅常数较小的光栅
（C）将光栅向靠近屏幕的方向移动
（B）换一个光栅常数较大的光栅
（D）将光栅向远离屏幕的方向移动

9. 在双缝干涉实验中，用单色自然光，在屏上形成干涉条纹，若在两缝后放一个偏振片，则（　　）
（A）干涉条纹的间距不变，但明纹的亮度减弱
（B）干涉条纹的间距不变，但明纹的亮度加强
（C）干涉条纹的间距变窄，且明纹的亮度减弱
（D）无干涉条纹

10. 如图 6.6 所示，用单色光垂直照射在观察牛顿环的装置上，当平凸透镜垂直向上缓慢平移而远离平面玻璃时，可以观察到这些环状干涉条纹（　　）

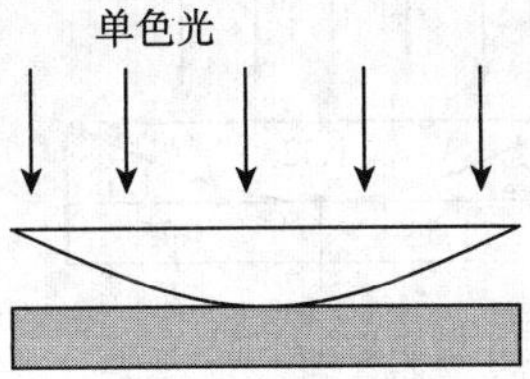

图 6.6

(A) 向中心收缩　　(B) 向右平移
(C) 向外扩张　　(D) 静止不动

11. 用半波带法讨论单缝夫琅禾费衍射暗条纹中心的条件时，与中央明纹旁第四个暗条纹中心对应单缝的半波带的数目是（　　）

(A) 2 个　　(B) 8 个
(C) 4 个　　(D) 6 个

12. 在双缝干涉实验中，若单色光源 S 到两缝 S_1、S_2 距离相等，则观察屏上中央明条纹位于图 6.7 中 O 处．现将光源 S 向下移动到示意图中的 S' 位置，则

(A) 中央明条纹也向下移动，且条纹间距不变
(B) 中央明条纹向上移动，且条纹间距不变
(C) 中央明条纹向下移动，且条纹间距增大
(D) 中央明条纹向上移动，且条纹间距增大

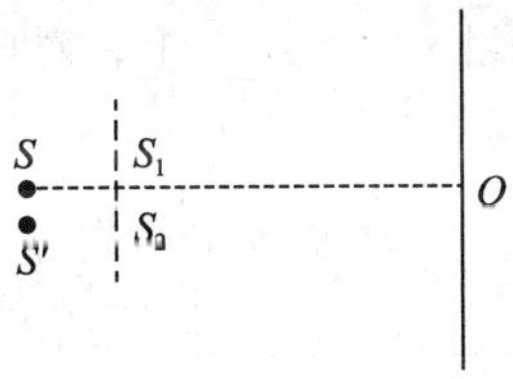

图 6.7

13. 在光栅光谱中，假如所有偶数级次的主极大都恰好在每缝衍射的暗纹方向上，因而实际上不出现，那么此光栅每个透光缝宽度 a 和相邻两缝间不透光部分宽度 b 的关系为（　　）

(A) $a=b$　　(B) $a=2b$
(C) $a=3b$　　(D) $b=2a$

14. 在双缝干涉实验中，入射光的波长为 λ，用玻璃纸遮住双缝中的一个缝，若玻璃纸中光程比相同厚度的空气的光程大 2.5λ，则屏上原来的明纹处（　　）

(A) 仍为明条纹　　(B) 变为暗条纹
(C) 既非明纹也非暗纹　　(D) 无法确定

15. 在图 6.8 三种透明材料构成的牛顿环装置中，用单色光垂直照射，在反射光中看到干涉条纹，则在接触点 P 处形成的圆斑为（　）

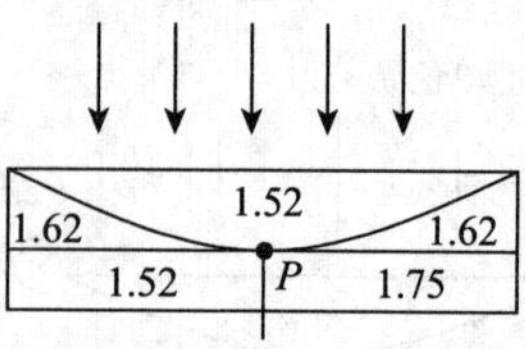

图中数字为各处的折射率

图 6.8

（A）全明　　　　　　　　　　（B）全暗

（C）右半部明，左半部暗　　　（D）右半部暗，左半部明

（二）填空题

1. 用麦克尔逊干涉仪测微小的位移，若入射光波波长 $\lambda = 5893A^0$，当动臂反射镜移动时，干涉条纹移动了 2040 条，反射镜移动的距离 $d =$ ________ mm（保留 3 位小数）.

2. 在单缝夫琅禾费衍射实验中，波长为 λ 的单色光垂直入射在宽度为 $a = 3\lambda$ 的单缝上，对应于衍射角为 30^0 方向，单缝处的波面可分成的半波带数目为________个，对应于该方向的衍射条纹是________级__________纹.

3. 玻璃的折射率为 $\sqrt{3}$，当光由空气射向玻璃而被界面反射时，起偏角为__________，透射光束的折射角为__________.

4. 光强均为 I_0 的两束相干光相遇而发生干涉时，在相遇区域内有可能出现的最大光强是____________.

5. 如图 6.9 所示的单缝夫琅禾费衍射装置示意图中，用波长为 λ 的单色光垂直入射在单缝上，若 P 点是衍射条纹中的中央明纹旁第二个暗条纹的中心. 则由单缝边缘的 A、B 两点分别到达 P 点的衍射光线光程差是__________.

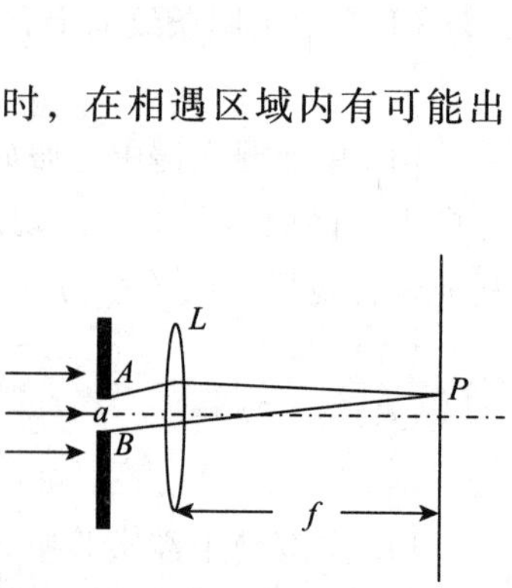

图 6.9

6. 一束自然光由折射率为 n_1 的介质入射到折射率为 n_2 的介质分界面上. 已知反射光为完全偏振光，则入射角为_________，折射角为_________.

7. 若一双缝装置的两个缝分别被折射率为 n_1 和 n_2 的两块厚度均为 e 的透明介质所遮盖，此时由双缝分别发出投射到屏上原中央极大所在处的两束光的光程差 = ______________.

8. 一单色平行光垂直照射于一单缝，若其第三条明纹位置正好和波长为600nm 的单色光垂直入射时的第二级明纹的位置一样，则前一种单色光的波长为__________nm.

9. 在单缝夫琅禾费衍射实验中，波长为 λ 的单色光垂直入射，对应于衍射角为30°的方向上，单缝处波阵面可分成半波带数目为 4，则单缝宽度为________，对应于该方向的衍射条纹是________级________纹.

10. 用 $\lambda=589.3\mathrm{nm}$ 的光垂直入射到楔形薄透明片上，形成等厚条纹，已知膜片的折射率为 1.52，等厚条纹相邻纹间距为 5.0nm，楔形面间的夹角 $\theta=$ ____________.

11. 一束平行的自然光，以 60°角入射到平玻璃表面上．若反射光束是完全偏振光，则透射光束的折射角是__________；玻璃的折射率为__________.

12. 在双缝实验中，两缝分别被折射率为 n_1 和 n_2 的透明薄膜遮盖，两者的厚度均为 e，波长为 λ 的平行单色光垂直照射到双缝上，屏幕上原中央明处两束相干光的相位差__________________.

13. 在单缝夫琅禾费衍射实验中波长为 λ 的单色光垂直入射在宽度为 $a=2\lambda$ 的单缝上，对应于衍射角为 30°方向，单缝处的波面可分成的半波带数目为________个，对应于该方向的衍射条纹是__________级____________纹.

14. 在劈尖的干涉实验中，相邻明纹的间距___________（填相等或不等)，当劈尖的角度增加时，相邻明纹的间距离将___________（填增加或减小)，当劈尖内介质的折射率增加时，相邻明纹的间距离将___________（填增加或减小).

15. 某一物质对空气得临界角为 45°，光从该物质向空气入射，$i_0=$ ____________________.

16. 在单缝的夫琅禾费衍射实验中，观察屏上第三级暗纹所对应的单缝处波面可划分为________个半波带．若将缝宽缩小一半，原来第三级暗纹处将是第________级______纹.

17. 人造珠宝饰物莱茵石是一种折射率为 1.50 的玻璃．为了让它更加反光耀眼，常在其上镀上一层折射率为 2.00 的一氧化硅．要想确保波长为 560*nm* 的光垂直照射并在镀层的两面反射时，得到完全干涉相长的反射光，所需镀层的最小厚度是__________.

18. 把折射率 $n=1.50$ 的薄膜放入迈克尔逊干涉仪的一臂，如果由此产生了 8 条条纹的移动，若入射光波长为 589nm，则薄膜厚度 $d=$______________m（保留 3 位小数）.

19. 一双缝干涉条纹装置，在空气中观察时干涉条纹间距为 1.0mm. 若整个装置放在某种液体中，干涉条纹的间距将为 0.75mm，这种液体的折射率为__________.

20. 一束自然光以布儒斯特角入射到平板玻璃片上，就偏振状态来说，则反射光为______________，反射光 E 矢量的方向______________，透射光为__________________.

（三）计算题

1. 如图 6.10 所示，在两块透光轴方向正交偏振片 P_1，P_3 之间插入另一块偏振片 P_2，光强为 I_0 的自然光垂直入射于偏振片 P_1，求：(1) P_1 与 P_2 的夹角为 $\alpha=30°$ 时，通过偏振片 P_2 和 P_3 的光强 I_2 和 I_3；(2) 求通过 P_3 的光强最大值.

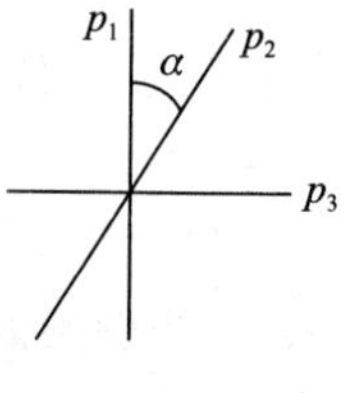

图 6.10

2. 一束自然光从空气入射到折射率为 1.40 的液体表面上，其反射光是完全偏振光．试求：(1) 入射角等于多少？(2) 折射角为多少？

3. 为了测定一光栅的光栅常数，用波长 $\lambda=632.8$nm 的氦氖激光垂直照射光栅，作光栅的衍射光谱实验. 已知第一级谱线的衍射角 $\theta_1=30°$，求：(1) 光栅常数 $d=$？(2) 能看第二级谱线吗？为什么？

4. 用钠灯（$\lambda=589.3\text{nm}$）观察牛顿环，看到第 k 条暗环的半径为 $r=4\text{mm}$，第 $k+5$ 条暗环半径 $r=6\text{mm}$，求所用平凸透镜的曲率半径 R.

5. 如图 6.11 所示，波长为 550nm 的光由空气垂直射入玻璃（折射率 1.52），为增加透射率，在玻璃表面镀一层折射率为 1.38 的 MgF_2 薄膜，薄膜的最小厚度应为多少？

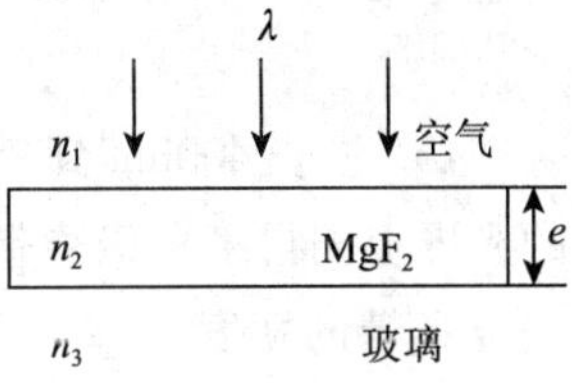

图 6.11

6. 波长 $\lambda=600\text{nm}$ 的单色光垂直入射在一光栅上，第二级、第三级光谱线分别出现在衍射角 φ_2、φ_3 满足下式的方向上，即 $\sin\varphi_2=0.20$，$\sin\varphi_3=0.30$，第四级缺级，试问：（1）光栅常数等于多少？（2）光栅上狭缝最小宽度有多大？（3）在屏上可能出现的全部光谱线的级数.

7. 自然光投射到叠在一起的两块偏振片上，则两偏振片的偏振化方向夹角为多大才能使透射光强为入射光强的 1/3？

8. 波长 600nm 的单色平行光，垂直入射到缝宽 $a=0.6\text{mm}$ 的单缝上，缝后有一焦距为 $f=60\text{cm}$ 的透镜．在透镜焦平面观察到的中央明纹宽度为多少？两个第三级暗纹之间的距离为多少？（$1\text{nm}=10^{-9}\text{m}$）.

9. 一束光强为 I_0 的自然光，相继通过两个偏振片 P_1、P_2 后出射光强为 $I_0/4$. 若以入射光线为轴旋转 P_2，要使出射光强为零，P_2 至少应转过的角度是多少？

10. 以单色光照射到缝宽为 0.2mm 的双缝上，缝距屏幕为 1m. 从第一级明纹到同侧第四级的明纹为 7.5mm 时，求：（1）相邻明纹间距离；（2）入射光波长．

11. 用波长 $\lambda=600\text{nm}$ 的单色光垂直入射一平面光栅（$1\text{nm}=10^{-9}\text{m}$），测得第二级主极大的衍射角 $\varphi=30°$，已知透镜焦距 $f=100\text{cm}$. 求：（1）光栅常数 d；（2）第一级主极大与中央明纹之间的距离 x_1；（3）若透光缝的宽度 $a=800\text{nm}$，屏幕上可能呈现的全部主极大的级次.

12. 在双缝干涉实验中，波长 $\lambda=550\text{nm}$ 的单色平行光垂直入射到缝间距 $d=2\times10^{-4}\text{m}$ 的双缝上，屏到双缝的距离 $D=2\text{m}$.（1）写出相邻两明纹间的距离公式 D_x；（2）求中央明纹两侧的两条第十级明纹中心的间距；（3）用一厚度为 $e=8.53\times10^{3}\text{nm}$ 的薄片覆盖一缝后，这时屏上的第九级明纹恰好移到屏幕中央原零级明纹的位置，问薄片的折射率为多少？（$1\text{nm}=10^{-9}\text{m}$）

13. 波长 400nm 到 750nm 的白光垂直照射到某光栅上，在离光栅 0.50m 处的光屏上测得第一级彩带离中央明条纹中心最近的距离为 4.0cm，求：（1）第一级彩带的宽度；（2）第三级的哪些波长的光与第二级光谱重合.

14. 波长 $\lambda=600\text{nm}$ 的单色光垂直入射一平面光栅，测得第二级主极大的衍射角 $\theta=30°$，且第三级缺级. 求：（1）光栅常数 d；（2）透光缝的最小宽度 a；（3）在条件（1）（2）下，求屏幕上可能呈现的全部主极大的级次.

15. 波长 600nm 的单色光垂直入射在一光栅上，第二级主极大在 $\sin\theta=0.20$ 处，第四级缺级，试问：（1）光栅上相邻两缝的间距 d 有多大？（2）光栅上狭缝可能的最小宽度 a 有多大？（3）按上述选定的 a、d 值，试问在光屏上可能观察到的全部级数是多少？

16. 一双缝的缝间距 $d=0.1\text{mm}$，缝宽 $a=0.02\text{mm}$，用波长 $\lambda=480.0\text{nm}$ 的单色平行光垂直入射双缝，双缝后放一焦距为 $f=50\text{cm}$ 的透镜. 求：（1）透镜焦平面上干涉条纹的间距；（2）单缝衍射中央亮纹的线宽度；（3）问单缝衍射的中央明纹的包络线内有多少条干涉主极大？

17. 波长 $\lambda=500\text{nm}$ 的平行光，垂直地入射到一宽度为 $a=1.0\text{mm}$ 的单缝上，若在缝的后面有一焦距为 $f=100\text{cm}$ 的凸透镜，使光线聚焦于屏上，试问：（1）从衍射图样的中心到第一级极小、第一级亮条纹的极大处的距离分别是多少？（2）单缝衍射中央亮纹的线宽度.

18. 为了测定一光栅的光栅常数，用波长为 $\lambda=632.8\text{nm}$ 的氦氖激光器的激光垂直照射光栅，做光栅的衍射光谱实验，已知第一级亮条纹出现在 30°的方向上，问：（1）这光栅的光栅常数是多大？（2）这光栅的 1cm 内有多少条缝？（3）第二级亮条纹是否可能出现？为什么？

同步自测练习题参考答案

（一）选择题

1. B　2. D　3. D　4. C　5. D　6. C　7. B　8. B　9. A
10. A　11. B　12. B　13. A　14. B　15. C

（二）填空题

1. 0.601　2. 3，一，明　3. 60°，30°　4. $4I_0$　5. 2λ
6. $arctg\ (n_2/n_1)$；$\pi/2 - arctg\ (n_2/n_1)$
7. $(n_1 - n_2)\ e$ 或 $(n_2 - n_1)\ e$　8. 428.6nm　9. 4λ，二，暗　10. 0.002°
11. 30°；1.73　12. $\frac{2\pi}{\lambda}e\ (n_2 - n_1)$　13. 2，一，暗　14. 相等；减小；减小
15. 35.3°　16. 6，一，明　17. 70nm　18. 4.712×10^{-6}　19. 1.33
20. 完全偏振光；垂直入射面；部分偏振光

（三）计算题

1. **解**：（1）$I_2 = I_1\cos^2\alpha = \frac{I_0}{2}\cos^2\alpha = \frac{3}{8}I_0$

$I_3 = I_2\cos^2\left(\frac{\pi}{2}-\alpha\right) = \frac{3}{32}I_0$　（2）$I_{3\max} = \frac{1}{8}I_0$

2. **解**：（1）$\tan i_0 = 1.40/1$　所以 $i_0 = 54°28'$

（2）$\gamma = 900 - i_0 = 35°32'$

3. **解**：（1）$d\sin\varphi = k\lambda$　$d = \frac{k\lambda}{\sin\varphi} = \frac{1\times632.8}{\sin30°} = 1265.6\text{nm}$

（2）不能。$|\sin\varphi| = \frac{k\lambda}{d} = \frac{2\times632.8}{1265.6} = 1$ $\varphi = \pm\frac{\pi}{2}$

所以，不可能看到第二条谱线。

4. **解**：由牛顿环暗环公式　$r = \sqrt{rR\lambda}$　据题意有 $r = \sqrt{rR\lambda} = 4\text{mm}$

$r = \sqrt{(k+5)\ R\lambda} = 6\text{mm}$　$R = 6.79\text{m}$

5. **解**：薄膜上下表面处的反射光在上表面处的光程差为

$\Delta = 2en_2 = (2k+1)\ \lambda/2$　$k=0$ 时膜最小 $e_{min} = \lambda/\ (4n_2)$

$e_{min} = \frac{550}{4\times1.38} = 99.6$（nm）

6. **解**：（1）光栅方程为：$d\sin\varphi_k = k\lambda$

$d = \frac{2\lambda}{\sin\varphi_2} = 6\times10^{-6}$ m.

（2）由题意可知$\frac{d}{a} = 4$　$a = \frac{d}{4} = 1.5\times10^{-6}$ m

(3) 根据光栅方程有 $k < \frac{d}{\lambda} = 10$

所以，在屏上出现谱线的最大级数为 9。

光谱缺级级数为 4，8，12，…，则屏上出现全部谱线的级数为 0，±1，±2，±3，±5，±6，±7，±9。

7. **解**：设夹角为 α，通过第一块偏振片之后，光强为：$I_0/2$

通过第二块偏振片之后：$I = \frac{1}{2}I_0\cos^2\alpha$. 由题意， $I = I_0/3$ 则

$\alpha = \arccos(\frac{\sqrt{6}}{3}) = 35.26°$

8. **解**：中央明纹宽度即为两个第一级暗纹间的距离，则有

中央明纹宽度为 $l = 1.2 \times 10^{-3}$m.

两个第三级暗纹之间的距离为

$L = 3.6 \times 10^{-3}$m

9. **解**：根据题意，得 $I_1 = \frac{I_0}{2}\cos^2\theta_1 = \frac{I_0}{4} \Rightarrow \cos\theta_1 = \sqrt{2}/2 \Rightarrow \theta_1 = 45°$

$I_2 = \frac{I_0}{2}\cos^2\theta_2 = 0 \Rightarrow \cos\theta_2 = 0 \Rightarrow \theta_2 = 90°$，$180°$

则 $P2$ 至少应转过的角度是 $\Delta\theta = \theta_2 - \theta_1 = 90° - 45° = 45°$

10. **解**：由题意，$x_4 - x_1 = 3\Delta x = 3\frac{D\lambda}{d} = 7.5$mm

(1) 相邻明纹间距为：$\Delta x = \frac{D\lambda}{d} = \frac{7.5}{3} = 2.5$mm

(2) 波长为：$\lambda = \frac{d\Delta x}{D} = 5000A^0$

11. **解**：(1) $d\sin\varphi = k\lambda$ $\qquad d = \frac{2\lambda}{\sin 30^0} = 4\lambda = 2400$nm

(2) $d\sin\varphi = k\lambda$ 且有 $\qquad \sin\varphi \approx tg\varphi = x/f$

所以 $\qquad x = kf\lambda/d$ 所以 $\qquad x_1 = f\lambda/d = 25$cm

(3) $k_m < \frac{d}{\lambda} = \frac{2400}{600} = 4$ $\qquad$ 所以 $k_m = 3$ $\qquad$ 因为$\frac{d}{a} = 3$，第 3 级缺级

所以在屏幕能看到 $k = 0$，±1，±2 级，共 5 条谱线 .

12. **解**：(1) 相邻两明纹间的距离为 $\Delta x = \frac{D\lambda}{d}$

(2) 两侧第 10 级明纹之间的距离是 20 个明条纹间距，所以，

有 $20\Delta x = 20\frac{D}{d}\lambda = 20 \times \frac{2}{2 \times 10^{-4}} \times 550\text{nm} = 11$cm

(3) 光程差 $\Delta = e(n-1) = k\lambda$ 解得 $n = \frac{k\lambda}{e} + 1 = \frac{9 \times 550}{8.53 \times 10^3} + 1 = 1.58$

13. **解**：（1）衍射光栅中 $x=\frac{k\lambda f}{d}$　所以，解得，$d=1\times10^{-6}$ m.

那么 750nm 的波长的第一级条纹位置在：

$x=0.075\mathrm{m}$

第一级彩带的宽度：$\Delta x=0.075-0.04=0.035m=3.5\mathrm{cm}$.

（2）第二级的 750*nm* 的波长对应的光的位置 $x_2=0.15\mathrm{m}$

第三级中有一部分和它将重合：$x_3\leqslant0.15\mathrm{m}$

解得，$\lambda\leqslant500\mathrm{nm}$　对应的波长为 400～500nm 的波 .

14. **解**：（1）$\mathrm{d}\sin\varphi=k\lambda$　$d=\frac{2\lambda}{\sin30^\circ}=4\lambda=2400\mathrm{nm}$

（2）据已知条件，$d=3a$　所以，$a=d/3=800\mathrm{nm}$

（3）$k_m<\frac{d}{\lambda}=\frac{2400}{600}=4$　所以 $k_m=3$

因为第三级缺级，所以在屏幕能看到 $k=0$，±1，±2 级，共 5 条谱线 .

15. **解**：（1）由光栅方程 $d\sin\varphi_k=k\lambda$　得 $d=\frac{k\lambda}{\sin\varphi_k}=6\times10^{-4}$ cm

（2）根据缺级条件，有$\frac{d}{a}=2$ 或 4

缝宽 a 的最小值为：$a=\frac{d}{4}=1.5\times10^{-4}\mathrm{cm}$

（3）由光栅方程 $d\sin\varphi_k=k\lambda$，$k=0$，±1，±2，…，解得：$k<\frac{d}{\lambda}=10$

所以 $k_{\max}=9$　即 $k=0$，±1，±2，±3，±5，±6，±7，±9 时出现主极大，±4，±8 缺级，实际不可见，光屏上可观察到的全部主极大谱线数有 15 条。

16. **解**：（1）$\mathrm{d}\sin\varphi_k=k\lambda$

$\sin\varphi_k\approx tg\varphi_k\approx x_k/f$，$x_k=k\lambda f/\mathrm{d}\Delta x=f\lambda/d$

$=50\times10^{-2}\times4800\times10^{-10}/(0.1\times10^{-3})=2.4\times10^{-3}(m)=2.4(\mathrm{mm})$

（2）由单缝衍射的暗纹公式 $a\sin\varphi=k\lambda$ 可得，单缝衍射中央亮纹的宽度为

$\Delta x_0=2f\lambda/a=2.4\times10^{-2}\mathrm{m}=24\mathrm{mm}$

（3）由缺级公式 $k=d/a=5$，所以中央明纹的包络线内有 0，±1，±2，±3，±5，±4，

共 9 条干涉的主极大。

17. **解**：（1）由单缝衍射暗纹公式 $a\sin\varphi_k=k\lambda$

$\sin\varphi_k\approx tg\varphi_k\approx x_k/fx_{1暗}=\frac{f\lambda}{a}=\frac{1\times500\times10^{-9}}{1.0\times10^{-3}}=0.5\mathrm{mm}$

（2）由亮纹公式 $a\sin\varphi_k=(2k+1)\lambda/2$

$x_{1明}=\frac{3f\lambda}{2a}=0.75\mathrm{mm}$

（3）中央亮纹的宽度为　$\Delta x_0 = 2x_{1暗} = \dfrac{2f\lambda}{a} = 1.0\text{mm}$

18. **解**：（1）光栅方程为：$d\sin\varphi_k = k\lambda$

$d = \dfrac{\lambda}{\sin\varphi_1} = 1.266 \times 10^{-4}\ \text{cm}$

（2）每厘米内的缝数为　$N = \dfrac{1}{d} = \dfrac{1}{1.266 \times 10^{-4}} = 7900$（条）

（3）不能。当 $k=2$ 时，有 $\sin\varphi_2 = 2\dfrac{\lambda}{d} = 2\sin\varphi_1 = 2\sin 30^0 = 1$

所以第二级亮条纹出现在无穷远处.

第七章

气体动理论

基本要求

1. 了解气体分子热运动理论的基本概念，建立统计规律性的基本思想

2. 理解理想气体的压强公式和温度公式．通过推导气体压强公式，了解从提出模型、进行统计平均、建立宏观量与微观量的联系到阐明宏观量的微观本质的思想和方法，能从宏观和统计意义上理解压强、温度、内能等概念．了解系统的宏观性质是微观运动的统计表现．熟练掌握理想气体状态方程，着重练习此方程的应用

3. 理解分子的自由度的概念，掌握能量均分定理，并能应用于单原子分子与双原子分子理想气体，得到它们的平均能量．理解气体内能的微观意义，掌握理想气体内能的公式

4. 掌握麦克斯韦速率分布律和三个特征速率，掌握麦克斯韦速率分布定律的统计规律性、物理意义、速率分布曲线以及特性，指出统计规律与力学规律的区别，气体分子平均碰撞频率及平均自由程

5. 掌握范德瓦尔斯方程，能够准确解释体积修正和分子力修正的正确物理意义，了解范德瓦尔斯方程所对应的一些性质

重点与难点

【教学重点】

1. 从微观角度解释气体实验定律
2. 理想气体的微观模型
3. 理想气体的压强公式
4. 温度的微观解释

5. 分子的自由度；能量按自由度均分定理

【教学难点】

1. 麦克斯韦气体分子速率分布的实验
2. 麦克斯韦气体分子速率分布律；三种速率的推算
3. 理想气体的内能和摩尔热容
4. 分子的平均碰撞次数和平均自由程

内容提要

气体理论的研究方法：从物质结构和分子运动论出发，运用力学规律和统计平均方法，解释与揭示气体宏观现象和宏观规律的本质，并确定宏观量与微观量之间的关系.

1. 理想气体的状态方程

平衡态：在不受外界影响的条件下，热力学系统的宏观性质不随时间变化的状态称为平衡态.

热力学系统处于平衡态必须满足两个条件：一是不受外界影响；二是宏观性质不随时间变化，例如将金属杆两端分别与温度恒定的沸水和冰接触，虽然杆上各点的温度不随时间变化，但它将从沸水吸收热量，并向冰放出热量，与外界发生能量交换，所以它所处的状态不是平衡态，而是定态.

理想气体的状态方程为：

$$PV = \frac{M}{\mu}RT$$

它的适用条件：一是理想气体；二是平衡态.

理想气体的微观模型，分子无大小；分子之间以及分子与容器壁之间除碰撞的瞬间外都无相互作用；分子之间以及分子与容器之间的碰撞为弹性碰撞.

2. 理想气体的压强公式为

$$P = \frac{2}{3}n\overline{\omega}_t$$

压强是一个统计平均量，公式表明压强与统计平均值单位体积内的分子数 n 和分子的平均平动动能 $\overline{\omega}_t$ 之间的关系. 压强的微观实质是大量气体分子在单位时间内施于器壁单位面积上的平均冲量.

3. 温度 T 与分子的平均平动功能 $\overline{\omega}_t$ 的关系为

$$\overline{\omega}_t = \frac{3}{2}KT$$

温度是一个统计平均量，温度的微观实质是气体内大量分子的平均平动动能的量度，亦即标志着气体内分子无规则运动的剧烈程度.

4. 理想气体的内能

(1) 分子平均动能按自由度均分的统计规律——能量均分定理. 在温度为 T 的平衡态下，物质分子的每个自由度都具有相同的平均动能，其大小都等于$\frac{1}{2}KT$，这就是能量按自由度均分定理，简称能均分定理.

能均分定理是关于大量分子无规则运动动能的统计规律，是对大量分子统计平均所得的结果，它是通过分子的规则运动和分子间的碰撞来实现的. 能均分定理适用于处于平衡态下的任何物质分子，即气体、液体和固体分子.

如果气体处于温度为 T 的平衡态下，气体分子有 t 个平动自由度，r 个转动自由度，S 个振动自由度，则根据能均分定理，分子的平均动能为

$$\frac{1}{2}(t+r+s)KT$$

分子的平均能量为

$$\frac{1}{2}(t+r+2s)KT$$

对于刚性分子，由于 $S=0$，所以分子的平均能量就是分子的平均动能，即

$$\frac{i}{2}KT(i=t+r)$$

(2) 理想气体内能

热力学系统的内能：热力学系统内部所有分子的无规则热运动动能和分子内原子间振动势能及分子间相互作用势能的总和称为热力学系统的内能.

理想气体的内能：由于理想气体分子间无相互作用，所以理想气体的内能是所有分子的无规则热运动动能和分子内原子间振动势能的总和. 因此，质量为 M 摩尔质量为 u 的理想气体的内能为

$$E=\frac{M}{\mu}\frac{1}{2}(t+r+2s)RT$$

对于由刚性分子组成的理想气体，由于 $S=0$，所以

$$E=\frac{M}{\mu}\frac{1}{2}(t+r)RT=\frac{M}{\mu}\frac{i}{2}RT$$

热力学系统的内能是温度和体积的单值函数，而理想气体的内能只是温度的单值函数，内能是状态量.

5. 麦克斯韦速率分布律

在平衡态下，令 N 表示一定量气体的总分子数，$\mathrm{d}N$ 表示速率分布在 $V\sim V+\mathrm{d}V$ 速率区间的分子数，则速率分布函数 $f(V)$ 的定义为

$$\frac{\mathrm{d}N}{N}=f(v)\mathrm{d}v \quad \text{或} \quad f(v)=\frac{\mathrm{d}N}{N\mathrm{d}V}$$

即 $f(v)$ 的物理意义是平衡态下，速率 V 附近单位速率区间内的分子数占

总分子的百分比.

在温度为 T 平衡态下，气体分子速率分布在 $V \sim V+\mathrm{d}V$ 速率区间的分子数占分子数的百分比为

$$\frac{\mathrm{d}N}{N}=4\pi\left(\frac{m}{2\pi KT}\right)^{3/2}e^{-\frac{mv^2}{2KT}}V^2\mathrm{d}v$$

上式称为麦克斯韦速率分布律，其麦克斯韦速率分布函数为

$$f(v)=4\pi\left(\frac{m}{2\pi KT}\right)^{3/2}e^{-\frac{mv^2}{2KT}}V^2$$

麦克斯韦速率分布是气体分子速率分布的统计规律，它适用于理想气体在无外力场作用的平衡态.

麦克斯韦速率分布函数 $f(v)$ 满足归一化条件，即

$$\int_0^{\infty}f(v)\mathrm{d}v=1$$

其物理意义是：气体分子速率在 $0\sim\infty$ 速率区间的分子数占总分子数的百分比为1，即百分之百.

最可几速率：与 $f(v)$ 极大值对应的速率称为最可几速率，即

$$Vp=\sqrt{\frac{2KT}{m}}=\sqrt{\frac{2RT}{u}}$$

其物理意义是：在一定温度下，若将整个速率范围分式许多相等的小区间，则气体分子中速率在 Vp 附近的分子数占总分子数的百分比最大. 但绝不能说速率为 Vp 的分子数占总分子的百分比最大.

从麦克斯韦速率分布律可得

分子的平均速率：$\overline{V}=\sqrt{\frac{8KT}{\pi m}}=\sqrt{\frac{8RT}{\pi u}}$

分子的方均根速率：$\sqrt{\overline{V^2}}=\sqrt{\frac{3KT}{m}}=\sqrt{\frac{3RT}{u}}$

速率在 $V_1\sim V_2$ 速率区间的分子数占总分子数的百分比

$$\int_{V1}^{V_2}f(v)\mathrm{d}v$$

速率在 $V\sim V+\Delta V$（ΔV 很小）速率区向的分子数占总分子的百分比

$f(v)\Delta V$

从麦克斯韦速率分布函数与速率分布曲线的对应关系，从几何意义，物理意义等方面确切理解速率分布曲线.

6. 玻尔兹曼分布律

麦克斯韦分布律是理想气体处于平衡态且无外力场作用，或者外力场可以忽略不计时的情况，气体分子的速率分布函数为

$$f(v)=4\pi\left(\frac{m}{2\pi kT}\right)^{\frac{3}{2}}e^{\frac{-mv^2}{2kT}}v^2=4\pi\left(\frac{m}{2\pi kT}\right)^{\frac{3}{2}}e^{\frac{-\varepsilon_k}{kT}}v^2$$

由于没有外力场作用，分子的空间分布是均匀的，即分子数密度 n 处处相等．当有保守外力（如重力场、电场等）作用时，气体分子的空间分布就不再是均匀的了，不同的位置，其分子数密度 n 也不同．

在函数 $f(v)$ 中，指数项中只包含分子的平动动能 $\varepsilon_k=\frac{1}{2}mv^2$，玻尔兹曼把麦克斯韦分布律推广到有外力场作用的情况（如重力场）．在这种情况下，应以总能量 $\varepsilon=\varepsilon_k+\varepsilon_p$ 代替 $\varepsilon_k=\frac{1}{2}mv^2$，其中 ε_p 是分子在外力场中的势能．当系统在外力场中处于平衡状态时，其速率在区间 $v\sim v+\mathrm{d}v$ 内，坐标介于区间 $(x\sim x+\mathrm{d}x,\ y\sim y+\mathrm{d}y,\ z\sim z+\mathrm{d}z)$ 内的分子数为：$\mathrm{d}N=n_0e^{\frac{-\varepsilon_p}{kT}}\mathrm{d}x\mathrm{d}y\mathrm{d}z4\pi\left(\frac{m}{2\pi kT}\right)^{\frac{3}{2}}e^{\frac{-\varepsilon_k}{kT}}v^2\mathrm{d}v$．如果对所以可能的速率进行积分，由于麦克斯韦速率分布函数 $f(v)$ 应满足归一化条件 $\int_0^\infty f(v)\mathrm{d}v=1$，因此得到分布在坐标区间（$x\sim x+\mathrm{d}x,\ y\sim y+\mathrm{d}y,\ z\sim z+\mathrm{d}z$）内具有各种速率的分子总数为：

$$\mathrm{d}N'=n_0e^{\frac{-\varepsilon_p}{kT}}\mathrm{d}x\mathrm{d}y\mathrm{d}z$$

式中 n_0 为 $\varepsilon_p=0$ 处气体分子的分子数密度，该式称为玻尔兹曼分布律．上式通常改写成

$$n=\frac{\mathrm{d}N'}{\mathrm{d}x\mathrm{d}y\mathrm{d}z}=n_0e^{\frac{-\varepsilon_p}{kT}}$$

该式是分子数密度的玻尔兹曼分布律，是分子数密度按势能的分布规律．这是玻尔兹曼分布律的一个重要结果，它适应与分子、原子和布朗粒子，但不适应电子、光子组成的系统．

7. 重力场中气体分子按高度的分布

在重力场中，气体分子因为受到重力场的作用，重力会使气体分子聚集在地面上，分子数密度会随着高度的增加而减小．如果取 Z 轴为高度方向，设在 $Z=0$ 处单位体积内的分子数为 n_0，由于 $\varepsilon_p=mgz$，代入 $n=n_0e^{\frac{-\varepsilon_p}{kT}}$ 可以得到，在高度 Z 处，分子数密度 $n=n_0e^{\frac{-mgz}{kT}}$

由 $P=nkT$ 可得到 $P=P_0e^{\frac{-mgz}{kT}}=P_0e^{\frac{-M_{mol}gz}{RT}}$

式中 $P_0=n_0kT$ 为 $Z=0$（地面）处的大气压强，P 为在高度 Z 处的大气压强．该式称为等温气压公式，利用该式可以近似估算不同高度处的大气压强，测定大气压强随高度的减小，即可判断上升的高度．对上式取对数可以得到

$$z=\frac{kT}{mg}\ln\frac{P_0}{P}=\frac{RT}{M_{mol}g}\ln\frac{P_0}{P}$$

8. 气体分子的平均碰撞次数和平均自由程

每个分子在一秒钟内与其他分子碰撞的平均次数叫作平均碰撞次数（碰

撞频率）$\overline{Z}$.

分子连续两次碰撞间所走过的平均路程叫作平均自由程 $\overline{\lambda}$.

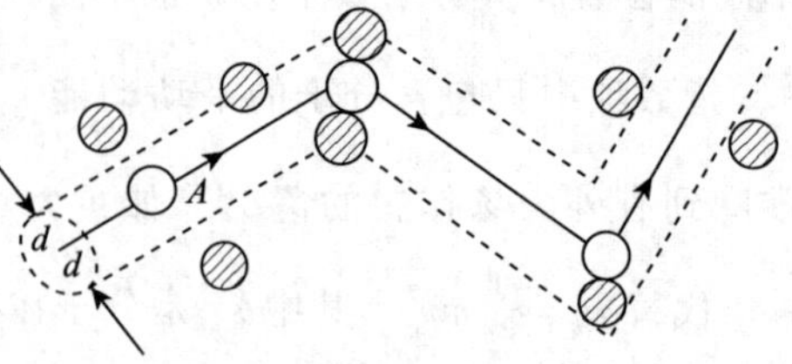

图 7.1

假定每个分子都是有效直径为 d 的弹性小球，而且只有一个分子 A 以平均速率 $\bar{v}$ 运动，其余分子都静止. 以分子的有效直径为 d 为半径，以 A 的中心所经过的轨迹为轴作一圆柱体. 在一秒钟内分子 A 平均经过路程为 $\bar{v}$，相应圆柱体的体积为 $\pi d^2\bar{v}$，设分子数密度为 n，则圆柱体内的分子数为 $\pi d^2\bar{v}n$，则 A 分子在一秒钟内与其他分子发生碰撞的平均次数 $\overline{Z}=\pi d^2\bar{v}n$. 这个结果是假定只有一个分子运动，其余分子都静止所得到的，实际上所有分子都在运动，因此必须对上式加以修正，修正后的平均碰撞次数：

$$\overline{Z}=\sqrt{2}\pi d^2\bar{v}n$$

平均速率 $\bar{v}=\sqrt{\dfrac{8kT}{\pi m}}=\sqrt{\dfrac{8RT}{\pi M_{mol}}}=1.60\sqrt{\dfrac{kT}{m}}=1.60\sqrt{\dfrac{RT}{M_{mol}}}$

平均自由程 $\overline{\lambda}=\dfrac{\bar{v}}{\overline{Z}}=\dfrac{1}{\sqrt{2}\pi d^2 n}$，由 $P=nkT$ 得到 $\overline{\lambda}=\dfrac{kT}{\sqrt{2}\pi d^2 P}$

解题指导

［例题 1］ 一端封闭的玻璃管长 $l=70\text{cm}$，内贮空气，气柱上面有一段高 $h=20\text{cm}$ 的水银柱将空气封住，水银面与管口齐（如图 7.2 所示），今将玻璃管轻轻倒转，因而将一部分水银倒出. 如果大气压为 $H=75\text{cmHg}$ 柱高时间留在管内的水银柱是多高？

解 选取玻璃管内的气体为研究对象，视为理想气体. 将玻璃管轻轻倒转过程中，可认为管内气体的温度保持不变，设玻璃管的横截面积为 SC.

管口向上时，管内气体初状态的压强为 $H_1=(H+h)\text{cmHg}$ 柱高，体积为 $V_1=(l-h)S\text{cm}^3$.

管口向下时，管内气体初状态的压强为 $H_2=(H-x)\text{cmHg}$ 柱高，体积为 $V_2=(l-x)S\text{cm}^3$.

根据玻璃定律得

$$(H+h)(l-h)S=(H-x)(l-x)S$$

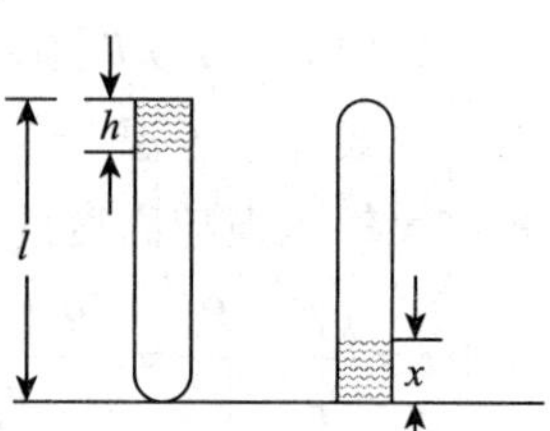

图 7.2

解得 $x=\frac{H+l}{2}\pm\frac{1}{2}\sqrt{(H+l)-4h(H+h-l)}$

根据物理意义，根号前的“+”号应舍去，否则留在管内的水银柱的高度超过玻璃管的长度 l，这显然是不可能的，故

$x=\frac{H+l}{2}-\frac{1}{2}\sqrt{(H+l)^2-4h(H+h-l)}$

代入数据计算得

$x=3.5\mathrm{cmHg}$ 柱高

小结：理想气体状态方程不仅在气体动理论，而且还在热力学中经常用到，必须掌握，应用理想气体状态方程解题的步骤是：

（1）根据问题的要求和计算方便，确定研究对象；

（2）描写研究对象所处的平衡态，即确定 P、V、T 的值，并根据过程特征，列出方程；

（3）求解方程，注意统一单位.

［**例题 2**］试说明下列各式的物理意义：

（1）$\frac{1}{2}KT$　（2）$\frac{3}{2}KT$　（3）$\frac{i}{2}RT$　（4）$\frac{M}{\mu}\frac{i}{2}RT$

解　（1）$\frac{1}{2}KT$ 表示在温度为 T 的平衡态下，物质分子的每一个自由度都具有相同的平均动能，其大小都等于$\frac{1}{2}KT$；

（2）$\frac{3}{2}KT$ 表示在温度为 T 的平衡态下，气体分子的平均平动动能；

（3）$\frac{i}{2}RT$ 表示在温度为 T 的平衡态下，分子自由度为 i 的 1 摩理想气体的内能；

（4）$\frac{M}{\mu}\frac{i}{2}RT$ 表示在温度为 T 的平衡态下，分子的自由度为 i，质量为 M，摩尔质量为 u 的理想气体的内能.

说明：第一，将（2）中的$\frac{3}{2}KT$ 的物理意义表述为：在温度为 T 的平衡态下，单原子分子的平均动能亦正确. 但不如在（2）中表述的全面.

第二，必须掌握理想气体内能的特点及其计算. 对于单原子分子理想气体 $E=\frac{M}{\mu}\frac{3}{2}RT$；对于双原子分子（刚性）理想气体 $E=\frac{M}{\mu}\frac{5}{2}RT$；对三原子或三原子以上的分子（刚性）理想气体 $E=\frac{M}{\mu}\frac{6}{2}RT=\frac{M}{\mu}3RT$，今后如不特别声明，均视多原子理想分子为刚性分子.

[**例题 3**] 一个贮有氮气的容器以速率 $V_0=200\text{m}\cdot\text{S}^{-1}$运动，若该容器突然停止．试求容器中的氮气的温度和速率的平方平均值的变化（设容器绝热）.

解 设氮气的质量为 M，摩尔质量为 u. 视氮气分子为刚性．氮气随容器突然停止后，通过氮气分子与器壁及氮气分子之间的不断碰撞，把全部氮气分子定向运动的动能$\frac{1}{2}MV_0^2$（机械能）转移成氮气分子无规则运动的热能，即氮气的内能，在达到平衡时，平均说来，这些能量也按自由度均分. 因此有

$$\Delta E=\frac{M}{\mu}\frac{5}{2}R\Delta T=\frac{1}{2}MV_0^2 \quad ①$$

由此得

$$\Delta T=\frac{uv_0^2}{5R}=\frac{2.8\times10^{-2}\times200^2}{5\times8.31}=27(K)$$

即氮气的温度升高 $27K$.

设$\overline{V_1^2}$和$\overline{V_2^2}$分别表示容器停止前、后氮气分子热运动速率的平方平均值，m 为氮分子的质量，由分子的平均平动动能与温度的关系得

$$\frac{1}{2}m\overline{V_2^2}-\frac{1}{2}m\overline{V_1^2}=\frac{3}{2}K\Delta T \quad ②$$

由①、②两求联立求解，并将 $u=N_0m$，$R=N_0K$ 代入，整理后得

$$\overline{V_2^2}-\overline{V_1^2}=\frac{3}{5}\overline{V_0^2}=\frac{3}{5}\times200^2=2.4\times10^4(m^2\cdot S^{-2})$$

上式表明：双原子分子（刚性）速率平方的平均值的增量等于该容器定向运动速率平方的$\frac{3}{5}$. 即表示走向运动动能的$\frac{3}{5}$转换为分子的平均平动动能，其余$\frac{2}{5}$则转换为分子转动的平均功能.

[**例题 4**] 试说明下列各式的物理意义：

（1）$f(v)\mathrm{d}v$　　（2）$f(v)\Delta v(\Delta V$ 很小）　　（3）$\int_{V_1}^{V_2}f(v)\mathrm{d}v$

（4）$\int_{V1}^{V_2}Nf(v)\mathrm{d}v$　　（5）$\int_0^{\infty}f(v)\mathrm{d}v$

解 下面各式的物理意义分别是：在平衡态下

（1）$f(v)\mathrm{d}v$ 表示速率在 $V\sim V+\mathrm{d}V$ 速率区间内的分子数占总分子数的百分比；

（2）$f(v)\Delta v(\Delta V$ 很小）表示速率在 $V\sim V+\Delta V$ 速率区间内的分子数占总分子数的百分比；

（3）$\int_{V_1}^{V_2}f(v)\mathrm{d}v$ 表示速率在 $V_1\sim V_2$ 速率区间内的分子数占总分子数的百分比；

（4）$\int_{V1}^{V_2}Nf(v)\mathrm{d}v$ 表示速率在 $V_1\sim V_2$ 速率区间内的分子数；

(5) $\int_0^{\infty} f(v)\,\mathrm{d}v$ 表示速率在 0 ~ ∞ 速率区间内的分子数占总分子总的百分比，即百分之百.

说明：欲正确解答本题必须要确切理解速率分布函数 $f(v)$ 的定义式及定义式中的各量的含义. 另外，也应将上面各式与速率分布曲线联系起来进行理解，使我们能更好地“看懂”速率分布曲线.

[例题5] 有 N 个同种气体分子（N 非常大），它们的速率分布如图7.3所示.（1）说明曲线和横坐标所包围面积的含义；（2）由 N 和 V_0 求 a 值；（3）求速率 $0.5V_0$ 到 $1.5V_0$ 间隔内的分子数；（4）求分子的平均速率.

解 （1）曲线和横坐标所包围的面积表示速率在 0 ~ ∞ 速率区间内的子数占总子数的百分比，即百分之比.

（2）显然本题中的气体分子速率分布为非麦克斯韦速率分布，为使下面计算能进行下去，必须求出速率分布函数 $f(v)$ 的数学表达式. 由图7.3可知

$$f(v)=\begin{cases}\dfrac{a}{V_0}V & 0\leqslant V\leqslant V_0\\ a & V_0\leqslant V\leqslant 2V_0\\ 0 & 2V_0<V\end{cases}$$

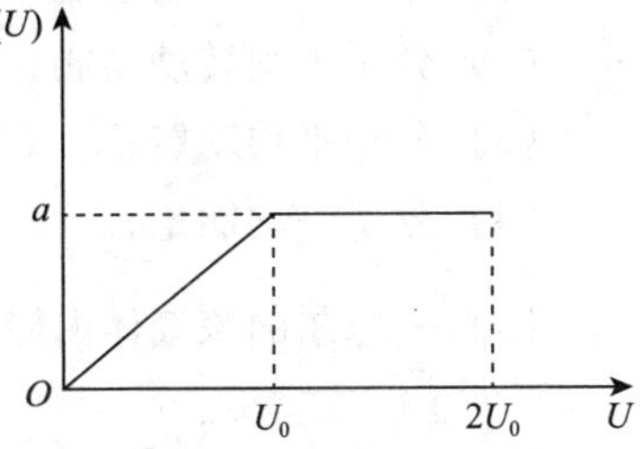

图 7.3

由归一化条件得

$$\int_0^{\infty} f(v)\,\mathrm{d}v=\int_0^{V_0}\frac{a}{V_0}V\mathrm{d}V+\int_{V_0}^{2V_0}a\,\mathrm{d}v=1$$

解得

$$a=\frac{2}{3V_0}$$

（3）速率从 $0.5V_0$ 到 $1.5V_0$ 间隔内的分子数为

$$\begin{aligned}\Delta N&=\int_{0.5V_0}^{1.3V_0}Nf(v)\,\mathrm{d}v\\&=\int_{0.5V_0}^{V_0}N\frac{2V}{3V_0^2}\mathrm{d}v+\int_{V_0}^{1.5V_0}N\frac{2V}{3V_0}\mathrm{d}v\\&=\frac{7N}{12}\end{aligned}$$

（4）根据平均速率的定义得

$$\overline{V}=\frac{\int_0^{\infty}V\mathrm{d}N}{N}=\frac{\int_0^{\infty}VNf(v)\,\mathrm{d}v}{N}=\int_{V_0}^{\infty}vf(v)\,\mathrm{d}v$$

所以 $\overline{V}=\int_0^{V_0}V\dfrac{2V}{3V_0^2}\mathrm{d}v+\int_{V_0}^{2V_0}V\dfrac{2}{3V_0}\mathrm{d}v$

$=11V_0/9$

即分子的平均速率为 $\overline{V}=11V_0/9$

通过求解本题说明只有在掌握有关定义，概念的基础上才能正确求解，切记不能硬套公式.

[例题 6] 某种理想气体，在 $P=1atm$，$V=44.8l$ 时，内能 $E=6807J$，问它是单原子、双原子、多原子分子的哪一种？

解 $E=\frac{M}{\mu}\frac{i}{2}RT=\frac{i}{2}PV$

$$\Rightarrow i=\frac{2E}{PV}=\frac{2\times6807}{1.1013\times10^{5}\times44.8\times10^{-3}}\approx3$$

所以是单原子分子.

强调：E 可用 PV 表示 $\left(E=\frac{M}{\mu}\frac{i}{2}RT=\frac{i}{2}PV\right)$

[例题 7] 某刚性双原子理想气体，处于 0℃. 试求：

(1) 分子平均平动动能；

(2) 分子平均转动动能；

(3) 分子平均动能；

(4) 分子平均能量；

(5) $\frac{1}{2}$摩尔的该气体内能.

解 (1) $\bar{\varepsilon}_t=\frac{3}{2}kT=\frac{3}{2}\times1.38\times10^{-23}\times273=5.65\times10^{-21}J$

(2) $\bar{\varepsilon}_r=\frac{2}{2}kT=\frac{2}{2}\times1.38\times10^{-23}\times273=3.76\times10^{-21}J$

(3) $\bar{\varepsilon}_{平均动能}=\frac{5}{2}kT=\frac{5}{2}\times1.38\times10^{-23}\times273=9.41\times10^{-21}J$

(4) $\bar{\varepsilon}_{平均能量}=\bar{\varepsilon}_{平均动能}=9.41\times10^{-21}J$

(5) $E=\frac{M}{\mu}\frac{i}{2}RT=\frac{1}{2}\cdot\frac{5}{2}\times8.31\times273=2.84\times10^{3}J$

[例题 8] 如图 7.4 所示，(1) 若二曲线对应同一理想气体，则哪条曲线对应 T 大？

(2) 在 (1) 中，哪条曲线对应的气体内能大？

(3) 若二曲线为不同气体同一温度情况，则哪条曲线对应的气体分子质量大？

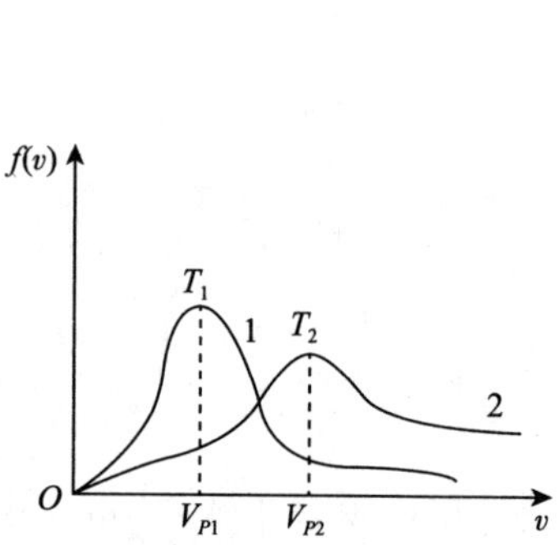

图 7.4

解 (1) 因为 $v_p=\sqrt{\frac{2kT}{m}}$，而$\begin{cases}v_{p_1}<v_{p_2}\\ m\ 一定\end{cases}$，所以 $T_1<T_2$

（2）因为 $E=\frac{M}{\mu}\frac{i}{2}RT$，所以 $E_2>E_1$

（3）因为 $v_p=\sqrt{\frac{2kT}{m}}$，而$\begin{cases}v_{p_2}>v_{p_1}\\T\text{一定}\end{cases}$，所以 $m_1>m_2$

［**例题 9**］如图 7.5 所示的 $f(v)-v$ 曲线分别表示氢气和氧气在同一温度下的麦克斯韦分子速率分布曲线，求：（1）$v_{pH_2}=?$（2）$v_{po_2}=?$

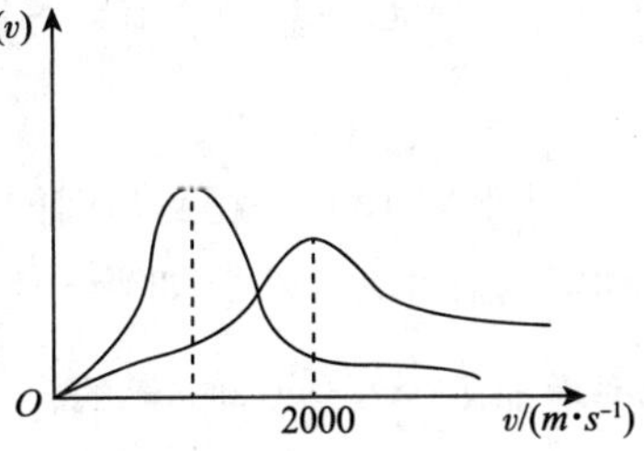

图 7.5

解　（1）因为 $v_p=\sqrt{\frac{2kT}{m}}$

又$\begin{cases}T\text{相同}\\m_{H_2}<m_{o_2}\end{cases}$

所以 $v_{pH_2}=2000\text{m/s}$

（2）$v_{po_2}/v_{pH_2}=\sqrt{\frac{2kT}{m_{o_2}}}\Big/\sqrt{\frac{2kT}{m_{H_2}}}=\sqrt{m_{H_2}/m_{o_2}}=\frac{1}{4}$

$\Rightarrow v_{po_2}=\frac{1}{4}v_{pH_2}=\frac{1}{4}\times2000=500\text{m/s}$

［**例题 10**］若气体分子的速率分布曲线如图 7.6 所示，图中 A、B 两部分面积相等，则图中 v_0 的物理意义是什么？

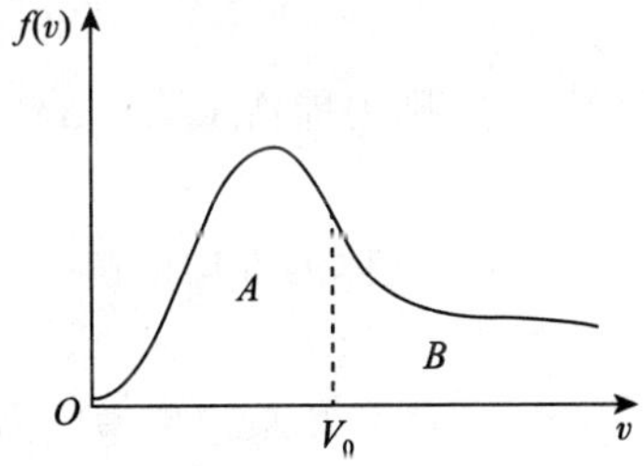

图 7.6

解　$\int_0^{v_0}f(v)\mathrm{d}v=A$ 部面积 $=$ 出现在 $0\sim v_0$ 内分子数占总分子数的比率；

$\int_{v_0}^{\infty}f(v)\mathrm{d}v=B$ 部面积 $=$ 出现在 $v_0\sim\infty$ 内分子数占总分子数的比率；

因为 A 部面积 $=B$ 部面积，所以出现在大于和小于速率 v_0 的分子数相同.

［**例题 11**］三个容器 A、B、C 中装有同种理想气体，其分子数密度相同，而方均根速率之比为 $(\overline{v_A^2})^{\frac{1}{2}}:(\overline{v_B^2})^{\frac{1}{2}}:(\overline{v_C^2})^{\frac{1}{2}}=1:2:4$，则其压强之比 $p_A:p_B:p_C=?$

解　$p_A:p_B:p_C=nkT_A:nkT_B:nkT_C$

因为 $(\overline{v_A^2})^{\frac{1}{2}}:(\overline{v_B^2})^{\frac{1}{2}}:(\overline{v_C^2})^{\frac{1}{2}}=\sqrt{\frac{3kT_A}{m}}:\sqrt{\frac{3kT_B}{m}}:\sqrt{\frac{3kT_C}{m}}=1:2:4$

所以 $T_A:T_B:T_C=1:4:16$

$\Rightarrow p_A:p_B:p_C=1:4:16$

[**例题12**] 求温度为27℃时，氧气分子的最概然速率 v_P；平均速率 $\bar{v}$ 和方均根速率 $\sqrt{\overline{v^2}}$.

解 $v_P = 1.41\sqrt{\dfrac{RT}{M_{mol}}} = 1.41\sqrt{\dfrac{8.31\times300}{32\times10^{-3}}} = 424\ \dfrac{\mathrm{m}}{\mathrm{s}}$

$\bar{v} = 1.60\sqrt{\dfrac{RT}{M_{mol}}} = 1.60\sqrt{\dfrac{8.31\times300}{32\times10^{-3}}} = 480\ \dfrac{\mathrm{m}}{\mathrm{s}}$

$\sqrt{\overline{v^2}} = 1.73\sqrt{\dfrac{RT}{M_{mol}}} = 1.73\sqrt{\dfrac{8.31\times300}{32\times10^{-3}}} = 520\ \dfrac{\mathrm{m}}{\mathrm{s}}$

[**例题13**] 一密封房间的体积为 $45\mathrm{m}^3$，温度为20℃，求房间内空气分子的平均平动动能的总和是多少？如果气体的温度升高1度，则气体的内能增加多少？气体的方均根速率增加多少？（已知空气的 $\rho = 1.29\ \dfrac{\mathrm{kg}}{\mathrm{m}^3}$，$M_{mol} = 29\times10^{-3}\ \dfrac{\mathrm{kg}}{\mathrm{mol}}$，视为双原子分子）

解 （1）每个分子的平均平动动能为 $\bar{\varepsilon}_t = \dfrac{t}{2}kT = \dfrac{3}{2}kT$，则分子的平均平动动能的总和为

$E_t = \gamma N_0\dfrac{3}{2}kT = \dfrac{M}{M_{mol}}N_0\dfrac{3}{2}kT = \dfrac{\rho V}{M_{mol}}N_0\dfrac{3}{2}kT = 7.31\times10^6\mathrm{J}$

（2）气体的内能为 $E = \dfrac{M}{M_{mol}}\dfrac{5}{2}RT = \dfrac{\rho V}{M_{mol}}\dfrac{5}{2}RT$

则内能增量为 $\Delta E = \dfrac{\rho V}{M_{mol}}\dfrac{5}{2}R\Delta T = 4.16\times10^4\mathrm{J}$

（3）气体的方均根速率 $\sqrt{\overline{v^2}} = \sqrt{\dfrac{3RT}{M_{mol}}}$；$T1 = 293K$；$T2 = 294K$

则方均根速率增量为 $\Delta\sqrt{\overline{v^2}} = \sqrt{\overline{v_2^2}} - \sqrt{\overline{v_1^2}} = \sqrt{\dfrac{3R}{M_{mol}}}\left(\sqrt{T_2} - \sqrt{T_1}\right) = 0.856\ \dfrac{\mathrm{m}}{\mathrm{s}}$

同步自测练习题

（一）选择题

1. 一瓶氦气和一瓶氮气，质量密度相同，分子平均平动动能相同，而且它们都处于平衡态，则它们（　　）

（A）温度相等，压强相等

（B）温度、压强都不相等

（C）温度相等，但氦气的压强大于氮气的压强

（D）温度相等，但氮气的压强大于氦气的压强

2. 两个相同的容器，一个盛氢气，一个盛氦气（均视为刚性分子的理想气体），开始时它们的压强都相等，现将6J热量传给氦气，使之温度升高达到一定温度．若使氢气也升高同样温度，则应向氢气传递热量（　　）

（A）6J　　（B）10J　　（C）12J　　（D）5J

3. 某理想气体处于平衡态，设温度为 T，气体分子的自由度为 i，则每个气体分子所具有的（　　）

（A）动能为 $\frac{i}{2}kT$　　（B）动能为 $\frac{i}{2}RT$

（C）平均动能为 $\frac{i}{2}kT$　　（D）平均平动动能为 $\frac{i}{2}RT$

4. 质量为 m、摩尔质量为 M 的理想气体，经历了一个等压过程，温度增量为 ΔT，则内能增量为

（A）$\Delta E = \frac{m}{M}C_p\Delta T$　　（B）$\Delta E = \frac{m}{M}C_v\Delta T$

（C）$\Delta E = \frac{m}{M}R\Delta T$　　（D）$\Delta E = \frac{m}{M}(C_p + R)\Delta T$

5. 关于温度的意义，有下列几种说法：

（1）气体的温度是分子平均平动动能的量度

（2）气体的温度是大量气体分子热运动的集体表现，具有统计意义

（3）温度的高低反映物质内部分子运动剧烈程度的不同

（4）从微观上看，气体的温度表示每个气体分子的冷热程度

以上说法中正确的是（　　）

（A）（1）、（2）、（4）　　（B）（1）、（2）、（3）

（C）（2）、（3）、（4）　　（D）（1）、（3）、（4）

6. 若理想气体的体积为 V，压强为 p，温度为 T，一个分子的质量为 m，k 为玻尔兹曼常量，R 为摩尔气体常量，则该理想气体的分子数为（　　）

（A）pV/m　　（B）$pV/(kT)$　　（C）$pV/(RT)$　　（D）$pV/(mT)$

7. 一个容器内贮有1mol氢气和1mol氦气，若两种气体各自对器壁产生的压强分别为 p_1 和 p_2，则两者的大小关系是（　　）

（A）$p_1 > p_2$　　（B）$p_1 < p_2$　　（C）$p_1 = p_2$　　（D）不确定

8. 如果氢气和氦气的温度相同，则下列量相等的是（　　）

(A) 氢气和氦气分子的平均动能

(B) 氢气和氦气分子的平均平动动能

(C) 氢气和氦气分子的最可几速率

(D) 氢气和氦气的分子数密度

9. 试比较温度相同的氦和氧两种气体，其分子的平均动能为$\overline{\varepsilon_k}$，平均平动动能为 $\overline{\varpi}$，算术平均速率为 $\bar{v}$，方均根速率为$\sqrt{v^2}$，则（　　）

(A) $\overline{\varepsilon_k}$、$\overline{\varpi}$ 相同，而 $\bar{v}$、$\sqrt{v^2}$不相同

(B) $\bar{v}$、$\sqrt{v^2}$相同，而$\overline{\varepsilon_k}$、$\overline{\varpi}$ 不相同

(C) $\overline{\varpi}$ 相同，而$\overline{\varepsilon_k}$、$\bar{v}$、$\sqrt{v^2}$不相同

(D) $\overline{\varpi}$、$\overline{\varepsilon_k}$、$\bar{v}$、$\sqrt{v^2}$均不相同

10. 三个容器 A、B、C 中装有同种理想气体，其分子数密度之比为 $n_A : n_B : n_C = 4 : 2 : 1$，方均根速率之比为$\sqrt{v_A^2} : \sqrt{v_B^2} : \sqrt{v_C^2} = 1 : 2 : 4$，则气压强之比 $p_A : p_B : p_C$ 为（　　）

(A) 1∶2∶4　　(B) 4∶2∶1

(C) 1∶1∶1　　(D) 4∶1∶1/4

11. 一小瓶氮气和一大瓶氦气，它们的压强、温度相同，则正确的说法为（　　）

(A) 单位体积内的原子数不同　　(B) 单位体积内的气体质量相同

(C) 单位体积内的气体分子数不同　　(D) 气体的内能相同

12. 麦克斯韦速率分布曲线如图 7.7 所示，图中 A、B 两部分的面积相等，则该图表示（　　）

(A) v_0 为最可几速率

(B) v_0 为平方速率

(C) v_0 方均根速率

(D) 速率大于 v_0 和速率小于 v_0 的分子各占一半

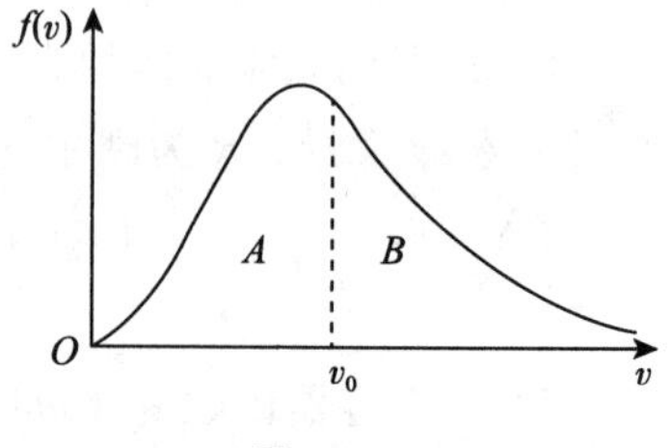

图 7.7

13. 在一定温度下分子速率出现在 v_p、$\bar{v}$ 和$\sqrt{v^2}$ 三值附近 dv 区间内的概率（　　）

（A）出现在$\sqrt{\overline{v^2}}$附近的概率最大，出现在 v_p 附近的概率最小

（B）出现在 $\bar{v}$ 附近的概率最大，出现在$\sqrt{\overline{v^2}}$附近的概率最小

（C）出现在 v_p 附近的概率最大，出现在 $\bar{v}$ 附近的概率最小

（D）出现在 v_p 附近的概率最大，出现在$\sqrt{\overline{v^2}}$附近的概率最小

14. 在容积不变的封闭容器内理想气体分子的平均速率若提高为原来的 2 倍，则（　　）

（A）温度和压强都为原来的 2 倍

（B）温度为原来的 2 倍，压强为原来的 4 倍

（C）温度为原来的 4 倍，压强为原来的 2 倍

（D）温度和压强都为原来的 4 倍

15. 刚性三原子分子理想气体的压强为 p，体积为 V，则它的内能为（　　）

（A）$2pV$　　（B）$\frac{5}{2}pV$　　（C）$3pV$　　（D）$\frac{7}{2}pV$

16. 若理想气体的体积为 V，压强为 p，温度为 T，一个分子的质量为 m，k 为玻尔兹曼常量，R 为摩尔气体常量，则该理想气体的分子总数为（　　）.

（A）pV/m　　（B）$pV/(kT)$　　（C）$pV/(RT)$　　（D）$pV/(mT)$

（二）填空题

1. 在体积为 $V=4\times10^{-3}\text{m}^3$ 的容器中，装有压强为 $p=5\times10^2\text{Pa}$ 的理想气体，那么容器中气体分子的平均平动动能的总和为________.

2. 已知 $f(v)$ 为麦克斯韦速率分布函数，v_p 为最概然速率，则 $\int_0^{v_p} f(v)\,\mathrm{d}v$ 表示____________.

3. 某种刚性双原子分子的理想气体处于温度为 T 的平衡态下，若不考虑振动自由度，则该分子的平均总能量为________.

4. $\frac{1}{2}kT$ 表示一个气体分子在温度 T 时每一个自由度上的________.

5. $\frac{3}{2}kT$ 表示一个气体分子在温度 T 时的________.

6. 温度为 T 的 1 摩尔理想气体的内能为________.

7. 若气体分子的平均平动动能等于 1.60×10^{-19}J，则该气体的温度 $T=$ ____________（玻尔兹曼常量 $k=1.38\times10^{-23}\mathrm{J}\cdot\mathrm{K}^{-1}$）.

8. 某容器内温度为 300K 的二氧化碳气体（可视为刚性分子的理想气体）的内能为 3.74×10^{3}J，则该容器内气体分子总数为____________（玻尔兹曼常量 $k=1.38\times10^{-23}\mathrm{J}\cdot\mathrm{K}^{-1}$）.

9. 星际空间氢云内的氢原子数密度可达 $10^{10}/\mathrm{m}^3$，温度可达 10^4K，则云内的压强为__________Pa.

10. 一容器内贮有某种理想气体，若已知气体的压强为 3×10^5Pa，温度为 27℃，密度为 $0.24\mathrm{kg}\cdot\mathrm{m}^{-3}$，则可确定此种气体为______气；并求出此气体分子热运动的最概然速率为______$\mathrm{m}\cdot\mathrm{s}^{-1}$.

11. 1mol 氧气（视为刚性双原子分子的理想气体）贮于一氧气瓶中，温度为 27℃，这瓶氧气的内能为________J；分子的平均平动动能为________J；分子的平均动能为__________J.

12. 在常温常压下，摩尔数相同的氢气和氮气，当温度相同时，下述量是否相同，分子每个自由度的能量________；分子的平均平动动能________；分子的平均动能________；气体的内能________.

13. 若用 $f(v)$ 表示麦克斯韦速率分布函数，则某个分子速率在 $v\sim v+\mathrm{d}v$ 区间内的概率为__________，某个分子速率在 $0\sim v_p$ 之间的概率为__________，某个分子速率在 $0\sim\infty$ 之间的概率为__________.

（三）简答题

1. 麦克斯韦速率分布函数的物理意义是什么？

2. 对一定量的气体来说，当温度不变时，气体的压强随体积的减小而增大；当体积不变时，压强随温度的升高而增大. 从宏观来看，这两种变化同样使压强增大；从微观来看，它们是否有区别？

（四）计算题

设 N 个粒子系统的速率分布函数为

$dN = Rdv \quad (0 < v < u,\ R$ 为常数)

$dN = 0 \quad (v > u)$

求：(1) 画出分布函数图；(2) 用 N 和 u 定出常数 R；(3) 用 u 表示出平均速率和方均根速率.

同步自测练习题参考答案

（一）选择题

1\. C　2. B　3. C　4. B　5. B　6. B　7. C　8. B　9. C
10\. A　11. A　12. D　13. D　14. D　15. C　16. B

（二）填空题

1\. $3J$　2. 速率间隔为 $0-v_p$ 间的分子数占分子总数的比率.

3\. $\frac{5}{2}kT$　4. 平均能量　5. 平均平动能量

6\. $\frac{i}{2}RT$　7. 7.73×10^3K　8. $N=3.01\times10^{23}$

9\. $p=nkT=1.4\times10^{-9}$Pa　10. 氢，$v_p=1.58\times10^3$

11\. 1mol 氧气的内能 $U=\frac{5}{2}\nu RT=\frac{5}{2}\times1\times8.31\times300=6232.5$J

分子的平均平动动能 $\overline{\varepsilon_t}=\frac{3}{2}kT=\frac{3}{2}\times1.38\times10^{-23}\times300=6.21\times10^{-21}$J

分子的平均动能 $\overline{\varepsilon_k}=\frac{5}{2}kT=\frac{5}{2}\times1.38\times10^{-23}\times300=1.035\times10^{-20}$J

12\. 分子每个自由度的能量与具体分子无关，故分子每个自由度的能量相同；分子的平均平动动能都是 $\bar{\varepsilon}_t=\frac{3}{2}kT$，故相同；氢和氮都是双原子分子，分子的平均动能 $\bar{\varepsilon}_k=\frac{5}{2}kT$，故相同；内能 $U=\frac{5}{2}\nu RT$，故摩尔数相同、温度相同的气体内能也相同.

13\. $f(v)dv;\int_0^{v_p}f(v)dv;\int_0^{\infty}f(v)dv=1$

（三）简答题

1\. 麦克斯韦速率分布函数 $f(v)=\frac{dN}{Ndv}$ 的物理意义是：速率在 v 附近，单位速率间隔内的分子数占分子总数的比率.

2. 有区别，从微观上看：$p=\frac{2}{3}n\bar{w}$ 当温度不变时，气体的压强随体积的减小而增大是因为：当 $\bar{w}$ 一定时，体积减小，n 越大，即单位时间内碰撞到器壁的分子越多，则 P 就越大；当体积不变时，压强随温度的升高而增大是因为：当 n 一定时，$\bar{w}$ 越大，即单位时间内分子对器壁的碰撞越厉害，则 P 就越大.

（四）计算题

解：（1）我们将分布函数 $\mathrm{d}N = R\mathrm{d}v$ 写成如下一般形式

$$f(v) = \frac{\mathrm{d}N}{N\mathrm{d}v} = \frac{R}{N} = 常数$$

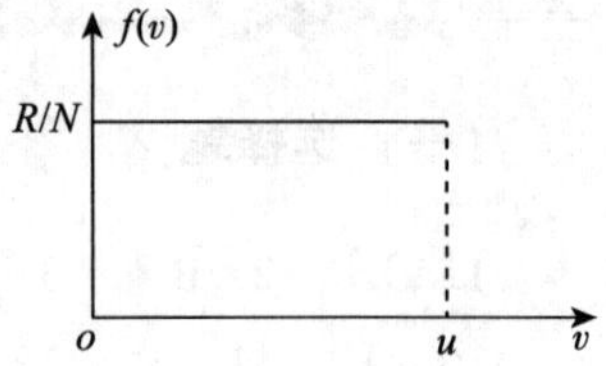

其分布函数如右图所示.

（2）对 $\mathrm{d}N = R\mathrm{d}v$ 积分，

$$\int_0^N \mathrm{d}N_v = \int_0^u R\mathrm{d}v$$

得 $N = RV$ 即 $R = \frac{N}{u}$

（3）平均速率 $\bar{v} = \frac{\int_0^N v \cdot \mathrm{d}N}{N} = \frac{\int_0^u v \cdot R\mathrm{d}v}{N} = \frac{u}{2}$

方均根速率 $\sqrt{\overline{v^2}} = \sqrt{\frac{\int_0^u v^2 \cdot R\mathrm{d}v}{N}} = \frac{u}{\sqrt{3}}$

第八章

热力学基础

基本要求

1. 理解内能、功和热量的概念，掌握功和热量的有关计算

2. 掌握热力学第一定律及其对理想气体的各种准静态过程的应用

3. 掌握循环的概念和循环效率，制冷系数的定义及其计算，确切理解卡诺定理

4. 掌握热力学第二定律的两种表达，理解可逆过程和不可逆过程的概念及热力学第二定律的统计意义

5. 了解熵的概念，理解熵增加原理

重点与难点

【教学重点】

1. 准静态过程、功、热量、内能等概念，并掌握其运算

2. 热力学第一定律的意义，以及它在理想气体各准静态过程中的应用

【教学难点】

1. 循环过程的意义，热机循环和制冷循环中能量传递和转化的特点，热机效率和制冷系数的计算

2. 可逆过程概念，热力学第二定律及卡诺定理的意义

3. 熵的概念及熵增加原理，玻尔兹曼熵公式及应用

内容提要

热学是关于热现象的理论. 此理论分为两大方面：分子物理学是热现象的微观理论，气体动理论只是分子物理学有代表性的，在历史上发展较早的这一部分内容；热力学是热现象的宏观理论，它是根据热现象的宏观规律（热力学第一定律和第二定律）用逻辑推理方法来揭示物体的宏观热学性质以及宏观过程进行的方向和限度，它与分子物理学相互联系，相辅相成.

1. 热力学第一定律

（1）热力学过程

热力学过程：热力学系统（简称系统）的状态随时间的变化称为热力学过程.

准静态过程：系统从初态到终态，以及中间所经历的每一个状态都无限接近于平衡态，这种过程称为准静态过程. 而其中只要有一个状态不是无限接近于平衡态，这种过程称为非静态过程.

准静态过程是一种理想化的过程，是进行得无限缓慢的过程，是热学中很重要的一种过程，在热力学第一定律中对功、热量的计算都是对准静态过程而言，只有准静态过程才可以用系统的状态图，如 $P-V$ 图中的一条曲线表示，而非静态过程则不能. 为使今后计算方便，如外界对气体所做的功为了能用气体的状态参量压强 P 表示，规定准静态过程中无摩擦存在. 即今后所说的准静态过程都是指无摩擦的准静态过程.

（2）热力学第一定律

系统从外界吸收的热量 Q 等于系统内能的增量 E_2-E_1 和系统对外界所做的功 A 之和，称为热力第一定律. 即

$$Q=E_2-E_1+A$$

应该指出：

①上式适用于封闭系统的任何热力学过程，所谓封闭系统，是指系统与外界只有能量交换而无物质交换的系统.

②注意热量 Q、功 A 和内能增量 $\Delta E=E_2-E_1$ 正负的规定：若系统从外界吸收热量，Q 为正，反之为负；若系统对外界做功，A 为正，反之为负；若系统内能增加，ΔE 为正，反之为负.

③对于一个无限小的过程，热力学第一定律可写成

$$\mathrm{d}Q=\mathrm{d}E+\mathrm{d}A$$

④热力学第一定律又可表述为：第一类永动机是不可能造成的. 所谓第一类永动机，是指不消耗任何形式的能量而能不断对外做功的机器. 热力学第一定律实际上就是包括热现象在内的能量守恒和转换定律.

（3）内能

内能是指系统内的分子热运动动能，分子内原子振动势能和分子间相互

作用势能之总和．内能与其他形式的能量一样是状态的函数，即由平衡态的状态参量单值确定，所以内能是态函数．系统的内能增量只决定于系统的终态和初态，与过程无关．对于一定量的理想气体的内能已由气体动理论得到，即

$$E=\frac{M}{\mu}\frac{i}{2}RT$$

它只与温度有关，然而真实气体的内能不仅与温度有关，而且还与体积有关．

（4）功

功是一个力学概念，它是能量传递和转化的一种量度．功是过程量，初、终状态一定时，系统所经过不同的过程所做的功不同．

膨胀功的计算，其方法有二：

①已知系统在过程中所吸收的热量 Q 和内能增量 ΔE，由热力学第一定律计算功；

②根据功的定义计算；

对于无限小的过程　$\mathrm{d}A=P\mathrm{d}v$

对于有限的准静态过程：$A=\int_{V_1}^{V_2}P\mathrm{d}v$

（5）热量

热量是由于两个温度不同的物体间所传递的能量．热量也是能量传递和转化的一种量度．热量与功一样是过程量．因此，不能说温度高的物体热量多．

热量的计算，其方法有二：

①已知系统在过程中所做的功 A 和内能的增量 ΔE，由热力学第一定律计算热量；

②根据量热学计算热量；

对于无限小的过程：$\mathrm{d}Q=\frac{M}{\mu}C\mathrm{d}T$

对于有限的准静态过程：$Q=\frac{M}{\mu}C(T_2-T_1)$

但系统的摩尔热容应为已知．所谓摩尔热容，是指在一定的过程中，1 摩尔质量的物质温度升高（或降低）1K 时所吸收（或放出）的热量．由于不同过程吸热不同，所以摩尔热容也不同．对于理想气体的定容摩尔热容为 $C_V=\frac{i}{2}R$，定压摩尔热容为 $C_P=\frac{i}{2}R+R=C_V+R$．引入了定容摩尔热容后，在无限小的过程中，理想气体的内能增量为 $\mathrm{d}E=\frac{M}{\mu}C_V\mathrm{d}T$

（6）热力学第一定律对理想气体各种准静态过程中的应用

运用热力学第一定律和理想气体的状态方程，即

$$dQ = \frac{M}{\mu}C_v dT + PdV$$

$$PV = \frac{M}{\mu}RT$$

以及应用计算功、热量的方法来研究理想气体在各个准静态过程中功、热量和内能的变化以及所得之状态参量间的关系．在 $P-V$ 图上，根据过程进行的方向，能准确判断功、热量及内能增量的正负，以及温度高，低的分布趋势．掌握了这部分内容，也就为研究循环过程打下了坚实的基础．

理想气体各种准静态过程的主要公式见表 8.1。

表 **8.1**

过程	特点	初、终态参量间关系	功 A	热量 Q	内能增量
等容	$V=$常数	$\frac{P_1}{T_1}=\frac{P_2}{T_2}$	0	$\frac{M}{\mu}C_V(T_2-T_1)$	$\frac{M}{\mu}c_V(T_2-T_1)$
等压	$P=$常数	$\frac{V_1}{T_1}=\frac{V_2}{T_2}$	$p(V_2-V_1)$ 或 $\frac{M}{\mu}R(T_2-T_1)$	$\frac{M}{\mu}C_P(T_2-T_1)$	$\frac{M}{\mu}C_V(T_2-T_1)$
等温	$T=$常数	$\frac{P_1}{V_1}=\frac{P_2}{V_2}$	$\frac{M}{\mu}RT\ln\frac{V_2}{V_1}$ 或 $\frac{M}{\mu}RT\ln\frac{P_1}{P_2}$	$\frac{M}{\mu}RT\ln\frac{V_2}{V_1}$ 或 $\frac{M}{\mu}RT\ln\frac{P_1}{P_2}$	0
绝热	$dQ=0$	$P_1V_1^\gamma=P_2V_2^\gamma$ $V^{\gamma-1}T_1=V^{\gamma-1}T_2$	$-\frac{M}{\mu}C_V(T_2-T_1)$ 或 $\frac{P_1V_1-P_2V_2}{\gamma-1}$	0	$-\frac{M}{\mu}C_V(T_2-T_1)$
多方		$P_1V_1^n=P_2V_2^n$	$\frac{P_1V_1-P_2V_2}{n-1}$	$A+\Delta E$	$\frac{M}{\mu}C_V(T_2-T_1)$

2. 循环过程

循环过程：如果系统从某一状态出发，经过一系列变化后又回到初始状态，这样的过程称为循环过程，简称循环．

由准静态过程组成的循环在 $P-V$ 图上可用一条闭合曲线表示．循环的重要特征是：工作物经过一个循环后，其内能没有改变，即 $\Delta E=0$.

正循环：在 $P-V$ 图上，循环过程沿顺时针方向进行，系统对外界做功．在一次循环中，设系统从高温热原吸收的热量的总和为 Q_1，向低温热原放出的热量的总和为 Q_2，其差值 $A=Q_1-Q_2$ 等于系统对外所做的功，在数值上等于闭合曲线所包围的面积．则循环效率定义为

$$\eta=\frac{A}{Q_1}=\frac{Q_1-Q_2}{Q_1}=1-\frac{Q_2}{Q_1}$$

循环效率是热机效能的重要指标之一. 它反映了工作物从高温热源吸收的热量有多少转化为有用功. 效率的大小由循环的具体结构性质而定.

应该指出:

首先，公式中的 Q_1、Q_2 都取绝对值，当工作物在循环中不只和一个高温热源及一个低温热源接触时，则 $Q_1=\sum Q_{吸}$，$Q_2=\sum Q_{放}$，则 $A=\sum Q_{吸}-\sum Q_{放}$.

其次，公式可用于求任何循环效率，无论是由准静态过程，还是由非准静态过程组成的循环都适用. 今后凡未特别指出，我们所指的循环都是由准静态过程组成的.

卡诺循环：工作物只在两个温度恒定的热源（一个高温热源，一个低温热源）之间工作的循环称为卡诺循环，设高、低温热源的温度分别为 T_1、T_2，卡诺循环的效率为

$$\eta=1-\frac{T_2}{T_1}$$

应当指出:

首先，要完成一次卡诺循环，必须有高、低温两个热源. 而且，只有两个热源，因此，卡诺循环是最简单的循环.

其次，卡诺循环的效率仅由高、低温热源的温度决定，T_1 越大，T_2 越小，则 η 越大. 也就是说，当两热源的温差越大，从高温热源所吸取的热量的利用价值越高. 在实际热机中，低温热源常常为大气，所以，除了减少损耗外，提高高温热源温度是提高热机效率的有效途径.

最后，$\eta=1-\frac{Q_2}{Q_1}$是求一般循环（含卡诺循环）的效率公式. $\eta=1-\frac{T_2}{T_1}$是求卡诺循环（且由准静过程组成）的效率公式，二者切不可混淆.

逆循环，在 $P-V$ 图上，循环过程沿逆时针方向进行，外界对系统做功. 在一次逆循环中，设系统从低温热源吸收的热量为 Q_2，向高温热源放出的热量为 Q_1，其差值 $A=Q_1-Q_2$ 等于外界对系统所做的功. 则制冷系数定义为

$$\varepsilon=\frac{Q_2}{A}=\frac{Q_2}{Q_1-Q_2}$$

制冷系数表示制冷机功效的物理量，ε 越大，这说明从低温热源吸取相同的热量（即 Q_2 相同）传递到高温热源时所消耗的功就越小，制冷机的功效高.

卡诺制冷机的制冷系数为

$$\varepsilon=\frac{T_2}{T_1-T_2}$$

3. 可逆过程和不可逆过程

可逆过程：系统由某一状态变化到另一状态，如果存在另一过程，它能使系统和外界都完全恢复原状，则原来的过程称为可逆过程.

不可逆过程：系统由某一状态变化到另一状态，如果任何方法都不可能使系统和外界都完全恢复原状，则原来的过程称为不可逆过程.

引入可逆过程和不可逆过程是为了说明热力学过程进行的方向和限度.无摩擦的准静态过程就称为可逆过程，非静态过程为不可逆过程.

4. 卡诺定理

卡诺定理内容为：

(1) 工作在相同的高、低温热源之间的一切可逆热机，其效率都相等，与工作物质无关.

(2) 工作在相同的高、低温热源之间的可逆热机的效率大于一切不可逆热机的效率.

5. 热力学第二定律

热力学第二定律是独立于热力学第一定律在自然界中所遵循一种规律，用于判断热力学过程进行的方向和限度.

开尔文表述：不可能从单一热源中吸取热量使之完全变为功而不产生其他影响.

应该指出：在开尔文表述中的“单一热源”是温度分布均匀且不随时间变化的热源. 其次，“其他影响”是指除了把从单一热源吸取的热量用来做功以外的任何其他变化. 当有其他影响产生时，系统从单一热源吸取的热量全部用来对外界做功是可能的，如理想气体的等温膨胀过程，就是把从单一热源吸取的热量全部用来对外做功. 但这时却产生了其他影响，如理想气体的体积膨胀了. 开尔文表述又可叙述为：功变热的过程是不可逆过程. 开尔文表述还可叙述为：第二类永动机是不可能造成的，所谓第二类永动机，是指单热源热机，亦即效率为100%的热机.

克劳修斯表述：不可能把热量从低温物体传到高温物体而不产生其他影响.

克劳修斯表述与热量能自动地从高温物体传向低温物体，而不能自动地从低温物体传向高温物的说法是一致的. 但必须注意“自动”二字，若无“自动”二字，热量是能够从低温物体传向高温物体的，如制冷机就是如此，但产生了其他影响，外界对系统做了功. 克劳修斯表述又可叙述为，热传导过程是不可逆过程.

热力学第二定律指出：一切与热现象有关的宏观过程都是不可逆的. 其物理本质是：在孤立系统内所发生的过程，总是由包含微观状态数少的宏观状态向包含微观状态数多的宏观状态进行. 也就是沿着无序性增大的方向进行. 它描述的是大量分子热运动的无序性变化所遵从的一条统计规律.

6. 熵与熵增加原理

根据热力学第二定律可以引入态函数熵 S，其定义是 $S_2 - S_1 = \int_1^2 \frac{dQ}{T}$

式中，S_1 为系统在初始平衡态的熵；S_2 为系统在末平衡态的熵. 积分沿任意一种可逆过程. 对于无限小的过程有 $ds = \frac{dQ}{T}$

熵增加原理：对于孤立系统或绝热系统，$dQ = 0$，所以有 $ds \geq 0$

上式表明：对于孤立系统或绝热系统所发生的过程，系统的熵永不减少. 这个结论称为熵增加原理.

应指出：熵增加原理是有条件的，它只适用于孤立系统或绝热系统内所发生的不可逆过程.

解题指导

本章重点是热力学第一定律及其对理想气体的应用. 以及循环的概念、能量转换和效率的计算. 确切理解卡诺定理，掌握热力学第二定律的两种表述，物理本质及熵增加原理的内容和适用条件，这对于定性解释和判断有关问题的正确与否是大有帮助的.

运用热力学第一定律解题的方法是：

1. 根据问题的要求和计算方便，确定研究对象. 我们研究对象主要是理想气体，只有理想气体，才能应用内能公式 $E = \frac{M}{u} C_v T$

2. 分析过程特征，将过程或循环画在 $P - V$ 图上，根据过程（或循环）进行方向，定性分析功、热量及内能的变化情况.

3. 运用热力学第一定律、理想气体状态方程及计算功、热量的方法求解.

对于循环过程，系统在一次循环中所做的功为 $A = Q_1 - Q_2$，其效率为 $n = 1 - \frac{Q_2}{Q_1}$

[**例题 1**] 一系统由如图 8.1 所示的状态 a 沿 acb 到达状态 b，有 334J 热量传入系统，而系统做功 126J.

(1) 经 adb 过程，系统做功 42J，系统吸收热量多少？

(2) 当系统由状态 b 沿曲线 ba 返回状态 a 时，外界对系统功 84J，系统吸收热量多少？

(3) 若 $E_d - E_a - 40$J，试求沿 ad 及 db 各吸收热量多少？

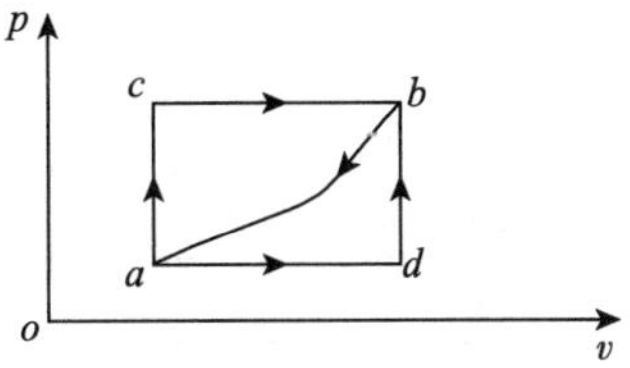

图 8.1

解 系统由状态 a 沿 acb 到达状态 b 时，由热力学第一定律得

$$Q_{acb} = E_b - E_a + A_1 \quad ①$$

（1）系统沿 adb 过程，同理可得

$Q_{acb}=E_b-E_a+A_2$ ②

由①、②两式联立求解得

$Q_{adb}=Q_{acb}-A_1+A_2=334-126+42=250\text{J}$

系统吸热.

（2）系统沿曲线 ba 过程，亦有

$Q_{ba}=E_a-E_b+A_3$ ③

由①、③两式联立求解得

$Q_{ba}=-Q_{acb}+A_1+A_3=-334+126+(-84)=-292\text{J}$

系统放热.

（3）从 $P-V$ 图上不难看出，系统经 adb 路径是由两个过程组成的：ad 为等压膨胀，$Q_{ad}=E_d-E_a+A_{ad}=40+42=82\text{J}$ 系统吸热，db 为等容升压，$Q_{db}=E_b-E_d=(E_b-E_a)-(E_d-E_a)=Q_{acb}-A_1-(E_d-E_a)=334-126-40=168\text{J}$，系统吸热.

求解本题的目的：一是说明功，热量是过程量，内能是状态量；二是说明在运用热力学第一定律时，必须注意，功 A，热量 Q 和内能增量 ΔE 的正负规定.

［**例题 2**］理想气体经图 8.2 的各个过程，试用符号 +、-、或 0 填入表 8.2，τ 表示气体的摩尔热容.

表 **8.2**

物理量 / 过程	ΔP	ΔV	ΔT	Q	ΔE	A	C
Ⅰ→Ⅱ							
Ⅱ′→Ⅱ							
Ⅰ′→Ⅱ							

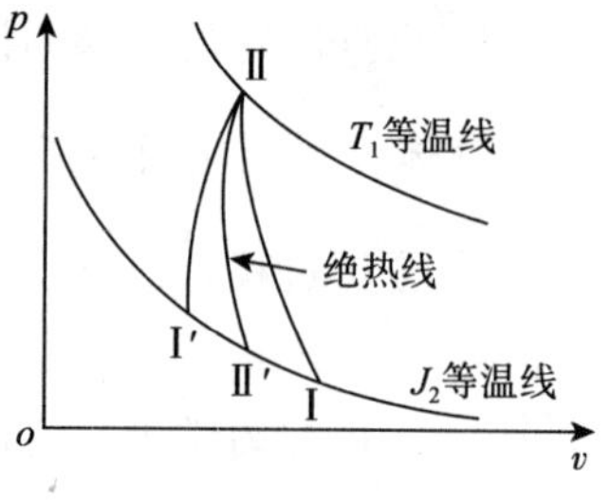

图 8.2

解 将符号 +、-或 0 填入表内，见表 8.3.

表 **8.3**

物理量 / 过程	ΔP	ΔV	ΔT	Q	ΔE	A	C
Ⅰ→Ⅱ	+	+	+	-	+	-	-
Ⅱ′→Ⅱ	+	+	+	0	+	-	0
Ⅰ′→Ⅱ	+	+	+	+	+	-	+

在 $P-V$ 图上，根据过程进行的方向，不难得出在三个过程中 ΔP、ΔV、ΔT 均为正，而 A 为负，由理想气体的内能增量公式 $\Delta E=\dfrac{M}{\mu}C_v\Delta T$ 可知，因 $\Delta T>0$，所以 ΔE 为正，下

面判断热量 Q 的正、负或为零.

显然，对于绝热过程Ⅱ′→Ⅱ，其 $Q=0$，对于其他两个过程的 Q，若直接用热力学第一定律 $Q=\Delta E+A$，则无法判断 Q 的正负. 在 $P-V$ 图上，三条曲线分别代表三个过程，它们的温度变化和内能变化都相同，根据曲线下所包围的面积在数值上就等于外界对系统所做的功. 我们比较这三条曲线下所包围面积的大小，利用绝热线和热力学第一定律就可判断Ⅰ→Ⅱ，Ⅰ′→Ⅱ这两个过程中 Q 的正负.

对于Ⅱ′→Ⅱ绝热过程，由热力学第一定律，$0=\Delta E+A_{绝}$

所以 $\Delta E=-A_{绝}>0$.

对于Ⅰ→Ⅱ过程，由热力学第一定律，$Q_1=\Delta E+A_1$，由图可知，$|A_1|>|A_{绝}|$，将 $\Delta E=-A_{绝}$ 代入上式得，$Q_1=-A_{绝}+A_1<0$，故 Q_1 为负，由 $Q_1=\dfrac{MC_1\Delta T}{\mu}$，$\Delta T>0$，可知 C_1 为负.

同理可得在Ⅰ′→Ⅱ过程中，$|A_2|<A_{绝}$，故 $Q_2=\Delta E+A_2=-A_{绝}+A_2>0$，即Ⅰ′→Ⅱ过程的热量 Q_2 为正，由 $Q_2=\dfrac{MC_2'\Delta T}{\mu}$，$\Delta T>0$，可知 C_2 为正.

另外，我们还可用 $P-V$ 图和式 $C=\dfrac{n-\gamma}{n-1}C_v$ 及 $Q=\dfrac{MC\Delta T}{\mu}$来判断Ⅰ→Ⅱ，Ⅰ′→Ⅱ这两个过程中 C 和 Q 的正负. 我们知道，当 $n=1$ 时，为等温过程；当 $n=\gamma$ 时，为绝热过程，在 $P-V$ 图中，对于代表Ⅰ→Ⅱ过程的曲线位于等温线与绝热线之间，因此，Ⅰ→Ⅱ过程的多方指数介于 1 与 V 之间，即 $1<n<\gamma$，由 $C'=\dfrac{n-\gamma}{n-1}C_V$ 可知，Ⅰ→Ⅱ过程的摩尔热容 $C<0$，由式 $Q=\dfrac{MC\Delta T}{\mu}$，$\Delta T>0$ 可知，其 Q 为负. 而对于代表Ⅰ′→Ⅱ过程的曲线位于绝热线和等温线（T_1）之外（将Ⅰ′→Ⅱ过程曲线和绝热线通过状态Ⅱ点分别作延长线后可知），因此Ⅰ′→Ⅱ过程的多方指数 $n>\gamma$，同理可得其 $C<0$，$Q>0$.

［例题 3］ 一水平放置的气缸内有一不导热的活塞，活塞两侧各有 0.054m^3 的双原子理想气体，压强为 1atm，温度为 273K. 若向左侧徐徐加热，直到右侧气体被活塞压缩至 7.59atm 为止. 假定除左侧加热部分外，气缸外壁皆被绝热材料包裹，而且活塞与气缸壁之间无摩擦. 求：

（1）对右侧气体做功多少？

（2）右侧气体的最后温度是多少？

（3）左侧气体的最后温度是多少？

（4）对左侧气体传入热量是多少？

解 因气缸两侧气体初始状态相同，即它们的初始状态参量相等．在末状态时，设左侧气体的状态参量为 P、V_1、T_1，右侧气体的状态参量为 P、V_1、T_2.

（1）对右侧气体所做的功

若取左侧气体为研究对象，则不容易求出左侧气体对右侧气体所做的功，取右侧气体

为研究对象，右侧气体做绝热压缩，左侧气体对它所做的功为

$$A_2 = \frac{P_0 V_0 - PV_2}{\gamma - 1} \qquad ①$$

对于绝热过程有

$$P_0 V_0^{\gamma} = PV_2^{\gamma} \qquad ②$$

联立求解：①、②两式得

$$A_2 = \frac{P_0 V_0}{\gamma - 1}\left[\left(\frac{P}{P_0}\right)^{\frac{\gamma-1}{\gamma}} - 1\right] = -\frac{1.013\times10^5\times0.054}{1.4-1}\left[\left(\frac{7.59}{1}\right)^{\frac{1.4-1}{1.4}} - 1\right] = -1.11\times10^4 J$$

负号说明左侧气体对右侧气体做功

（2）右侧气体的最后温度

由 $P_0^{\gamma-1}T_0^{-\gamma} = P^{\gamma-1}T_2^{-\gamma}$ 得

$$T_2 = \left(\frac{P}{P_0}\right)^{\frac{\gamma-1}{\gamma}} T_0 = \left(\frac{7.59}{1}\right)^{\frac{1.4-1}{1.4}} \times 273 = 491K$$

（3）左侧气体的最后温度

取左侧气体为研究对象，有

$$\frac{P_0 V_0}{T_0} = \frac{PV_1}{T_1} \qquad ③$$

而 $V_1 = 2V_0 - V_2$ ④

联立求解②、③、④式得

$$T_1 = \frac{P}{P_0}\left[2 - \left(\frac{P_0}{P}\right)^{\frac{1}{\gamma}}\right]T_0 = \frac{7.59}{1}\left[2 - \left(\frac{1}{7.59}\right)^{\frac{1}{1.4}}\right] \times 273 = 3645k$$

（4）对右侧气体传入的热量

根据热力学第一定律

$$Q_1 = \frac{M}{\mu}\frac{5}{2}R(T_1 - T_0) - A_2 \quad （因为 A_1 = -A_2） \qquad ⑤$$

由理想气体状态方程得

$$P_0 V_0 = \frac{M}{\mu}RT \qquad ⑥$$

联立求解⑤、⑥两式得

$$Q_1 = \frac{5}{2}P_0 V_0\left(\frac{T_1}{T_0} - 1\right) - A_2 = \frac{5}{2}\times1.013\times10^5\times0.054\left(\frac{3645}{273} - 1\right) + 1.11\times10^4$$

$$= 1.80\times10^5 J$$

即对左侧气体传入的热量为 1.80×10^5J.

说明：

①在（1）问中，由于右侧气体作绝热压缩，求绝热过程的功有两种方法：一是根据 $A_2 = \int_{V_0}^{V_2} PdV$ 和绝热过程状态参量之间的关系 $PV^{\gamma} = C$ 求之；二是根据热力学第一定律 $A_2 =$

$-\Delta E_2=-\frac{M}{\mu}\frac{5}{2}R(T_2-T_0)$ 和 $P^{\gamma-1}T^{-\gamma}=C$ 及 $PV=\frac{M}{\mu}RT$ 求之.

②在绝热过程中，只需记住公式 $PV^{\gamma}=C$，其他两个公式 $P^{\gamma-1}T^{-\gamma}=C$ 和 $TV^{\gamma-1}=C$ 可由公式 $PV^{\gamma}=C$ 和 $PV=\frac{M}{\mu}RT$ 联立推导而得.

[例题 4] 一可逆卡诺循环，当高温热源的温度 $T_1=127℃$，低温热源的温度为 27℃ 时，对外做功 $A_1=8000\text{J}$. 今维持低温热源的温度不变，提高高温热源的温度，使其对外净功为 $A'=10000\text{J}$. 若两个卡诺循环都工作在相同的两绝热线之间. 试求：

（1）第二个循环的效率；

（2）第二个循环的高温热源的温度.

解　（1）根据卡诺循环效率公式，对第一个卡诺循环有

$$\frac{A_1}{Q_1}=1-\frac{T_2}{T_1} \quad ①$$

而 $Q_1=Q_2+A_1$　②

由于两个卡诺循环的低温热源温度相同，且都工作在相同的两绝热线之间，所以，两个循环间低温热源所放出的热量应相等，即

$$Q_2'=Q_2 \quad ③$$

对于第二个卡诺循环，从高温热源吸收的热量为

$$Q_1'=A'+Q_2' \quad ④$$

其效率为

$$\eta'=\frac{A'}{Q_1'} \quad ⑤$$

联立求解①—⑤式得

$$\eta'=\frac{A'}{A'+\frac{T_2}{T_1-T_2}A}=\frac{10000}{10000+\frac{300}{400-300}\times 8000}=\frac{10}{34}=29.490$$

（2）由 $\eta'=1-\frac{T_2}{T_1^1}$ 得第二个循环的高温热源的温度为

$$T_1'=\frac{T_2}{1-\eta'}=\frac{300}{1-\frac{10}{34}}=425\text{K}$$

说明：①只有可逆卡诺循环，才能运用效率公式 $\eta=1-\frac{T_2}{T_1}$，而循环效率公式 $\eta=1-\frac{Q_2}{Q_1}$，对一切循环都适用.

②为了提高卡诺热机的效率，只有提高高温热源温度，降低低温热源温度. 在保持高、低温热源温度不变的情况下，企图增大卡诺循环曲线所包围的面积，从而增加对外做

功的办法，来提高卡诺热机效率是徒劳的.

[**例题 5**] 如图 8.3 所示，设有 1mol 双原子分子（视为刚性分子）理想气体作 $abcda$ 的循环过程. 求：

(1) 气体在各个过程中传递的热量；

(2) 一循环中气体对外界所做的功；

(3) 循环效率.

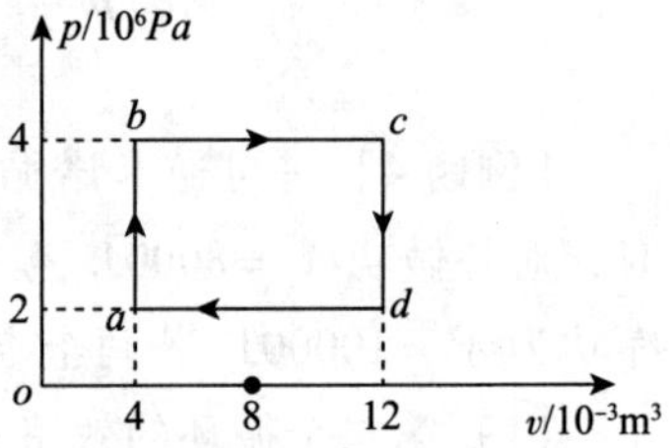

图 8.3

解 (1) 在 ab 等容升压过程中气体吸收的热量为

$$Q_{ab}=\frac{5}{2}R(T_b-T_a) \quad ①$$

而 $P_aV_a=RT_a$ ②

$P_bV_a=RT_b$ ③

联立求解①、②、③式得

$$Q_{ab}=\frac{5}{2}(P_b-P_a)V_a=\frac{5}{2}\times(4-2)\times10^6\times4\times10^{-3}=2\times10^4\text{J}，吸热$$

同理可得

$$Q_{bc}=\frac{7}{2}(V_c-V_b)P_b=\frac{7}{2}\times(12-4)\times10^{-3}\times4\times10^6=1.12\times10^5\text{J}\ 吸热$$

$$Q_{cd}=\frac{5}{2}(P_d-P_b)V_c=\frac{5}{2}\times(2-4)\times10^6\times12\times10^{-3}=-6.0\times10^4\text{J}\ 放热$$

$$Q_{da}=\frac{7}{2}(V_a-V_d)P_d=\frac{7}{2}\times(4-12)\times10^{-3}\times2\times10^6=-5.6\times10^4\text{J}\ 放热$$

(2) 一循环中气体对外界所做的功为

$$A=Q_{ab}+Q_{bc}+Q_{cd}+Q_{da}=1.6\times10^4\text{J}$$

亦可用

$$A=P_b(V_c-V_b)+P_d(V_a-V_d)=1.6\times10^4\text{J}$$

(3) 循环效率为

$$\eta=\frac{A}{Q_{ab}+Q_{bc}}=\frac{1.6\times10^4}{2\times10^4+1.12\times10^5}=18\%$$

说明：η 的定义式中的 A 是指循环过程中系统对外所做的净功，即各个过程中功的代数和，又写成 $A=Q_1-Q_2$，而 $Q_1=\sum Q_{吸}$ 为在循环的各个过程中系统从外界所吸收的热量之和，本题 $Q_1=Q_{ab}+Q_{bc}$. $Q_2=\sum Q_{放}$ 为在循环的各个过程中向外界所放出的热量之和. 本题中 $Q_2=Q_{ab}+Q_{da}$. 注意在用 $\eta=1-\frac{Q_2}{Q_1}$ 或 $A=Q_1-Q_2$ 时，Q_2 应大于零，否则，$\eta>1$，此热机就成为第一类永动机.

[**例题 6**] $1mol$ 的理想气体在 $T_1=400K$ 的高温热源和 $T_2=300K$ 的低温热源之间作卡

诺循环. 在 $T_1=400\text{K}$ 的等温线上初始体积为 $V_1=0.001\text{m}^3$，终止体积为 $V_2=0.003\text{m}^3$，试求该气体在一个循环过程中：（1）从高温热源吸收的热量 $Q_{吸}$；（2）对外所做的净功 A；（3）传给低温热源的热量 $Q_{放}$.

解 （1）$Q_{吸}=RT_1 ln\dfrac{V_2}{V_1}=400Rln3=3652\text{J}$

（2）$\eta=1-\dfrac{T_2}{T_1}=0.25 \quad A=\eta Q_{吸}=913\text{J}$

（3）$Q_{放}=Q_{吸}-A=2739\text{J}$

［**例题 7**］如图 8.4 所示，质量 3.2g、压强 1atm、温度 27℃的氧气，先等容升压到 3atm，再等温膨胀降压到 1atm，然后又等压压缩到起始状态. 试求该循环的效率.

解 由 $PV=\gamma RT$ 得：$V_1=2.493\times10^{-3}\text{m}^3$，$T_1=300\text{K}$，$T_2=900\text{K}$，$V_3=3V_1=7.479\times10^{-3}\text{m}^3$

$a\to b$：吸收热量：$Q_V=\gamma C_V\Delta T=150\text{R}$

$b\to c$：吸收热量：$Q_T=\gamma RTln\dfrac{V_3}{V_1}=99\text{R}$

$c\to a$：放出热量：$Q_p=\gamma C_p\Delta T=210\text{R}$

则吸收的热量为 $Q_1=249\text{R}$；放出的热量为 $Q_2=210\text{R}$

$\eta=1-\dfrac{Q_2}{Q_1}=1-\dfrac{210}{249}=15.6\%$

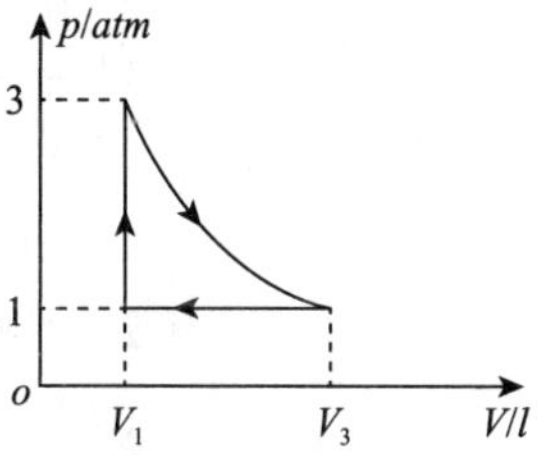

图 8.4

［**例题 8**］1mol 双原子理想气体，分别经历如图 8.5 所示的两种过程：①沿 $1\to m\to2$；②沿 $1\to2$ 的直线，试求在这两个过程中，气体对外所做的功，内能的增量和吸收的热量？

解 由 $PV=\gamma RT$ 得：$T_1=2406\text{K}$；$T_2=3008\text{K}$

①沿 $1\to m\to2$：

$A=P_2(V_2-V_1)=-81040\text{J}$；

$\Delta E=\gamma C_V(T_2-T_1)=\dfrac{5}{2}R\Delta T=-12506\text{J}$；

$Q=A+\Delta E=-93546\text{J}$.

②沿 $1\to2$ 的直线：由 $PV=\gamma RT$ 得：$T_1=2406\text{K}$；$T_2=3008\text{K}$

$A=\dfrac{1}{2}(P_2+P_1)(V_2-V_1)=-50650\text{J}$；

$\Delta E=\gamma C_V(T_2-T_1)=\dfrac{5}{2}R\Delta T=-12506\text{J}$；$Q=A+\Delta E=-63156\text{J}$

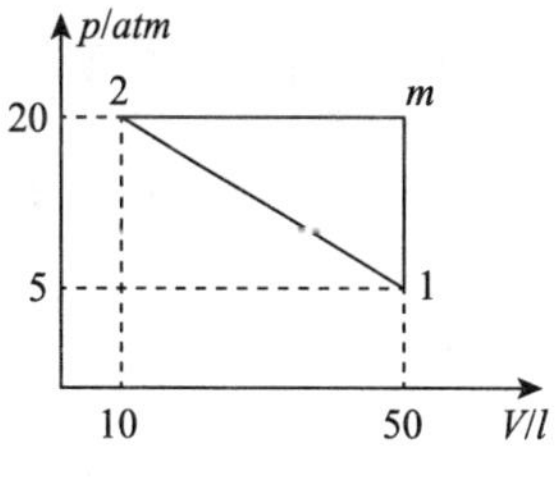

图 8.5

［**例题 9**］一卡诺循环热机工作于 27℃和 127℃两热源之间.（1）若该热机从高温热源吸收 5840J 的热量，求该热机向低温热源放出多少热量？对外做多少功？（2）若是其逆方向运转，变为制冷机工作，求当从低温热源吸收 5840J 的热量时，该机向高温热源放出多少热量？外界对其做多少功？

解 （1）卡诺热机的效率为：$\eta = 1 - \frac{Q_2}{Q_1} = 1 - \frac{T_2}{T_1}$，所以$\frac{Q_2}{Q_1} = \frac{T_2}{T_1}$，$Q_2 = 4380\text{J}$

$$A = Q_{净} = Q_1 - Q_2 = 1460\text{J}$$

（2）$\omega_{卡} = \frac{T_2}{T_1 - T_2} = \frac{Q_2}{A} = \frac{300}{400 - 300} = 3$，$A = \frac{Q_2}{w_{卡}} = \frac{5840}{3} = 1947\text{J}$，$Q_1 = Q_2 + A = 7787\text{J}$.

同步自测练习题

（一）选择题

1. 在气缸中装有一定质量的理想气体，下面说法正确的是（　　）

（A）传给它热量，其内能一定改变

（B）对它做功，其内能一定改变

（C）它与外界交换热量又交换功，其内能一定改变

（D）以上说法都不对

2. 理想气体在下述过程中吸收热量的是（　　）

（A）等容降压过程　　（B）等压压缩过程

（C）绝热膨胀过程　　（D）等温膨胀过程

3. 理想气体卡诺循环过程的两条绝热线下的面积大小分别为 S_1 和 S_2，如图 8.6 所示，二者的关系是（　　）

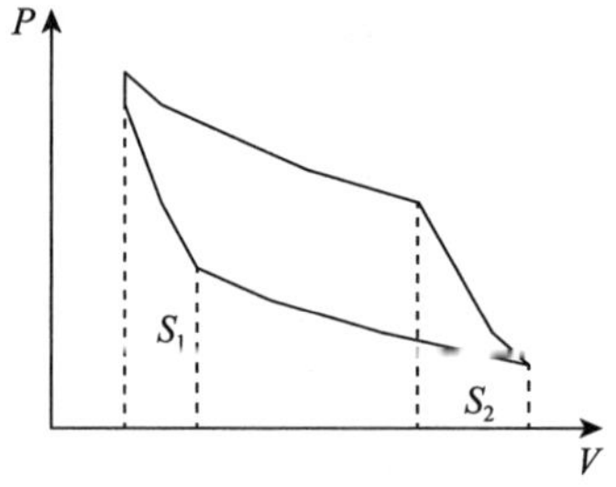

图 8.6

（A）$S_1 > S_2$　　（B）$S_1 < S_2$

（C）$S_1 = S_2$　　（D）不能确定

4. 有两个可逆的卡诺循环，$ABCDA$ 和 $A_1B_1C_1D_1A_1$，二者循环线包围的面积相等，如图 8.7 所示. 设循环 $ABCDA$ 的热效率为 η，每次循环从高温热源吸收热量 Q，循环 $A_1B_1C_1D_1A_1$ 的热效率为 η，每次循环从高温热源吸收热量 Q_1，则（　　）

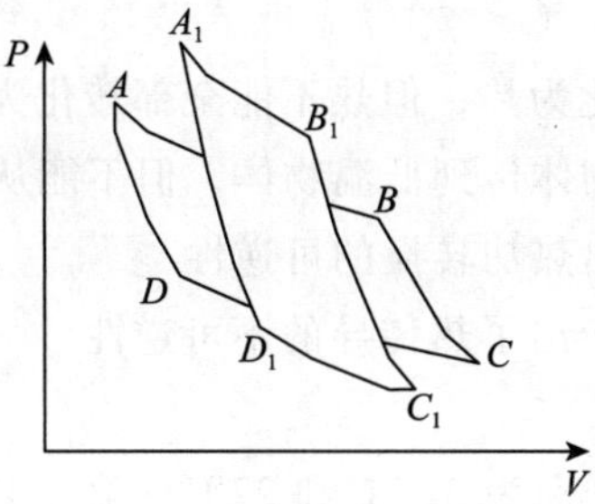

图 8.7

（A） $\eta<\eta_1$，$Q<Q_1$　　（B） $\eta<\eta_1$，$Q>Q_1$

（C） $\eta>\eta_1$，$Q<Q_1$　　（D） $\eta>\eta_1$，$Q>Q_1$

5. 一定量的理想气体，分别经历如图 8.8 所示的 *abc* 过程（图中虚线 *ac* 为等温线）和 *def* 过程（图中虚线 *df* 为绝热线）. 试判断这两种过程是吸热还是放热（　　）

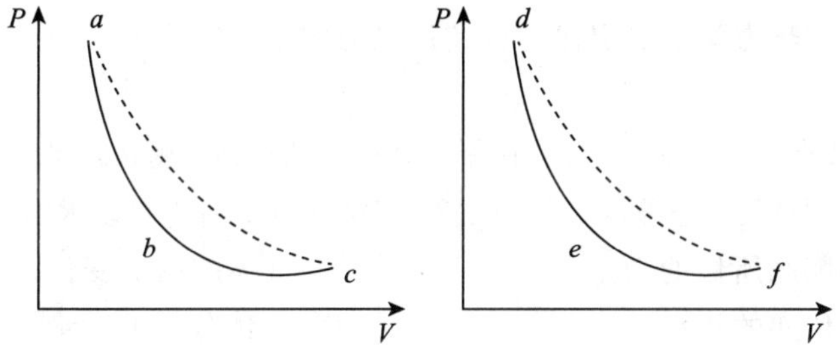

图 8.8

（A） *abc* 过程吸热，*def* 过程放热　　（C） *abc* 过程和 *def* 过程都吸热

（B） *abc* 过程放热，*def* 过程吸热　　（D） *abc* 过程和 *def* 过程都放热

6. 对于理想气体系统来说，在下列过程中，哪个过程系统所吸收的热量、内能的增量和对外做功三者均为负值？（　　）

（A） 等容降压过程　　（B） 等温膨胀过程

（C） 绝热膨胀过程　　（D） 等压压缩过程

7. 关于可逆过程，下列说法正确的是（　　）

（A） 可逆过程就是可以反向进行的过程

（B） 凡是可以反向进行的过程均为可逆过程

（C） 可逆过程一定是准静态过程

（D） 准静态过程一定是可逆过程

8. 下面正确的表述是（　　）

（A）功可以全部转化为热，但热不能全部转化为功

（B）热量能从高温物体传到低温物体，但不能从低温物体传到高温物体

（C）开尔文表述指出热功转换的可逆性

（D）克劳修斯表述指出了热传导的不可逆性

9. 一台工作于温度分别为 327℃ 和 27℃ 的高温热源与低温源之间的卡诺热机，每经历一个循环吸热 2000J，则对外做功（　　）

（A）2000J　　（B）1000J　　（C）4000J　　（D）500J

10. “理想气体和单一热源接触作等温膨胀时，吸收的热量全部用来对外做功.”对此说法，有如下几种评论，哪种是正确的（　　）

（A）不违反热力学第一定律，但违反热力学第二定律

（B）不违反热力学第二定律，但违反热力学第一定律

（C）不违反热力学第一定律，也不违反热力学第二定律

（D）违反热力学第二定律，也违反热力学第二定律

11. 单原子分子的理想气体，由平衡状态 A 变化到平衡状态 B，变化过程不知道，但 A、B 两点的状态参量（P、V、T）都已确定，那么可以求出的是（　　）

A. 气体膨胀所做的功　　B. 气体的内能变化

C. 气体传递的热量　　D. 气体分子的质量

（二）填空题

1. 热力学第二定律的开尔文表述是__________________.

2. 热力学第二定律的克劳修斯表述是__________________.

3. 某容器贮有 10mol 的单原子理想气体，在压缩过程中外界做功 200J，气体升温 1K，则此过程中气体内能增量为________，外界传给气体的热量为________.

4. 一定质量的双原子分子理想气体，从状态 A，经历如图 8.9 所示的直线过程变到状态 B，则该过程中系统所做的功为_______，内能增量为_______.

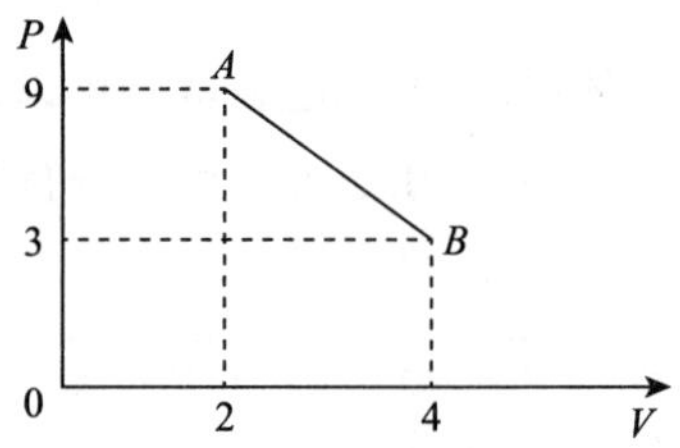

图 8.9

5. 如图 8.10 所示，两个连接在一起的循环过程，则循环总净功________零.（填大于、小于或等于）

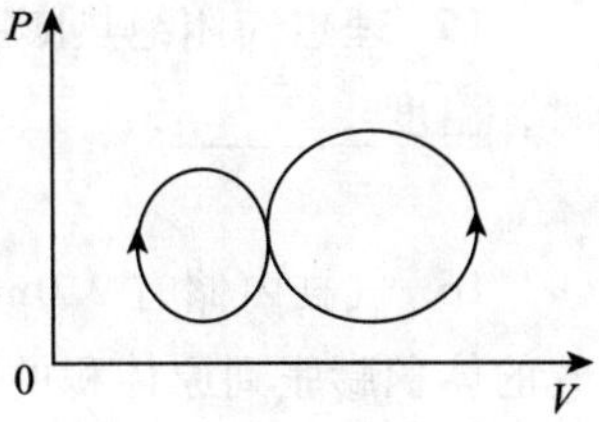

图 8.10

6. 某一系统的状态变化时，其内能的改变量只决定于__________，而与__________无关.

7. 某理想气体等温压缩到给定体积时外界对气体做功$|A_1|$，又经绝热膨胀回原来体积时气体对外做功$|A_2|$，则整个过程中，气体从外界吸收热量________，内能增加________.

8. 质量为m，摩尔质量为M等压摩尔热容为C_p的理想气体，经历了一个等压过程后，温度增量为ΔT，则内能增量为________.

9. 已知 1mol 的某理想气体（可视为刚性分子），在等压过程中温度升高 1K，内能增加了 20.78J，则气体对外做功为__________，气体吸收的热量为__________.

10. 一定量的理性气体，从同一状态开始把其容积由V_0压缩到$\frac{1}{2}V_0$，分别经历以下三种过程：（1）等压过程；（2）等温过程；（3）绝热过程. 其中：________过程外界对气体做功最多；________过程其体内能减小最多.

11. 在常压下，把一定量的理想气体温度升高 50℃，需要 160J 的热量. 在体积不变的情况下，把此气体的温度降低 100℃，将放出 240J 的热量，则此气体分子的自由度是_______.

12. 常温常压下，一定量的某种理想气体（可视为刚性分子，自由度为i）在等压过程中吸热为Q，对外做功为A，内能增加为ΔU，则$A/Q=$______，$\Delta U/Q=$________.

13. 在相同的温度和压强下，各为单位体积的氢气（视为则性双原子分子气体）与氦气的内能之比为________________. 各为单位质量的氢气与氦气的内能之比为________________.

14. 在一绝热容器内，将不同温度的同种气体混合时，这是一个热力学______逆过程.

15. 理想气体绝热膨胀时，温度________. 而理想气体绝热真空自由膨胀时，温度________.

16. 气缸内储有 2.0mol 的空气，温度为 27℃，若维持压强不变，而使空气的体积膨胀到原体积的 3 倍，则空气膨胀时所做的功____________.

17. 一定量的空气，吸收了 1.70×10^{3}J 的热量，并保持在 1.0×10^{5}Pa 下膨胀，体积从 $1.0\times10^{-2}\text{m}^{3}$ 增加到 $1.5\times10^{-2}\text{m}^{3}$，空气对外做的功为______.

18. 一定量的空气，吸收了 1.70×10^{3}J 的热量，并保持在 1.0×10^{5}Pa 下膨胀，体积从 $1.0\times10^{-2}\text{m}^{3}$ 增加到 $1.5\times10^{-2}\text{m}^{3}$，空气的内能的改变量为______.

19. 0.1kg 的水蒸气自 120℃加热升温到 140℃，在等体过程中，吸收的热量为__________.（已知水蒸气的定体摩尔热容 $C_{V,m}=27.82\text{J}\cdot\text{mol}^{-1}\cdot\text{k}^{-1}$）

20. 0.1kg 的水蒸气自 120℃加热升温到 140℃，在等压过程中，吸收的热量为__________.（已知水蒸气的定压摩尔热容 $C_{P,m}=36.21\text{J}\cdot\text{mol}^{-1}\cdot\text{k}^{-1}$）

（三）简答题

1. 一条等温线和一条绝热线有可能相交两次吗？为什么？

2. 第二类永动机是指什么？它不可能制成是因为违背了什么关系？

3. 一卡诺机，将它作热机使用时，如果工作的两热源的温度差越大，则对做功就越有利；如将它当作制冷机使用时，如果两热源的温度差越大，对于制冷机是否也越有利？为什么？

4. 如图 8.11 所示，有人想象了一个理想气体的循环过程，在理论上可以实现吗？为什么？

5. 有人认为：“在任意绝热过程中，只要系统与外界之间没有热量传递，系统温度就不会变化”. 此说法对吗？为什么？

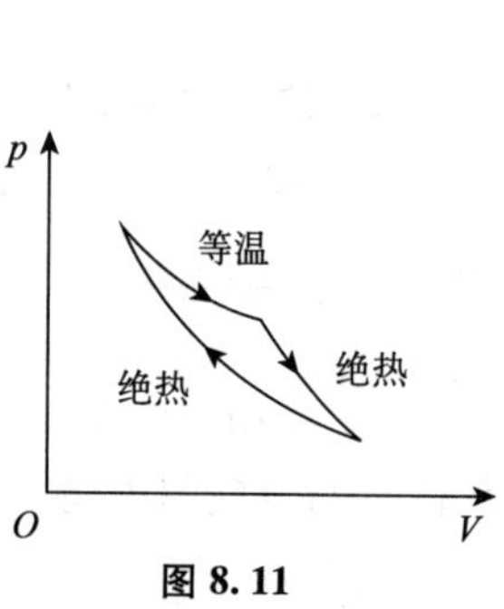

图 8.11

（四）计算题

1. 一卡诺热机，工作于温度分别为27℃和127℃的两个热源之间，热机在正向循环中从高温热源吸收热量6000J，问该热机向低温热源放出热量多少？对外做多少功？

2. 如图8.12所示，系统从状态*A*沿*ABC*变化到状态*C*的过程中，外界有326J的热量传递给系统，同时系统对外做功126J. 当系统从状态*C*沿另一曲线*CA*返回到状态*A*时，外界对系统做功为52J，则此过程中系统是吸热还是放热？传递热量是多少？

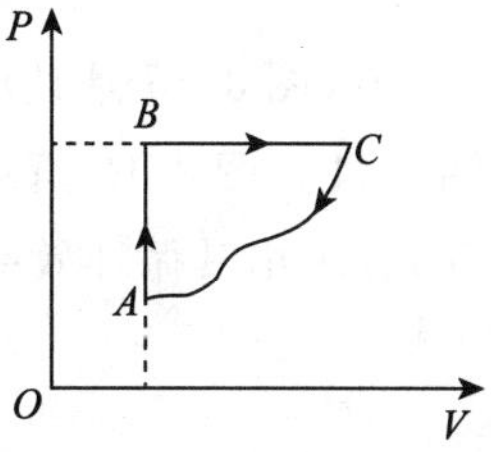

图8.12

3. 1mol单原子分子理想气体的循环过程的$T-V$图如图8.13所示，其中*c*点的温度为$T_c=600$K，试求：（1）*ab*，*bc*，*ca*各个过程系统吸收的热量；（2）经一循环系统所做的净功；（3）循环的效率.

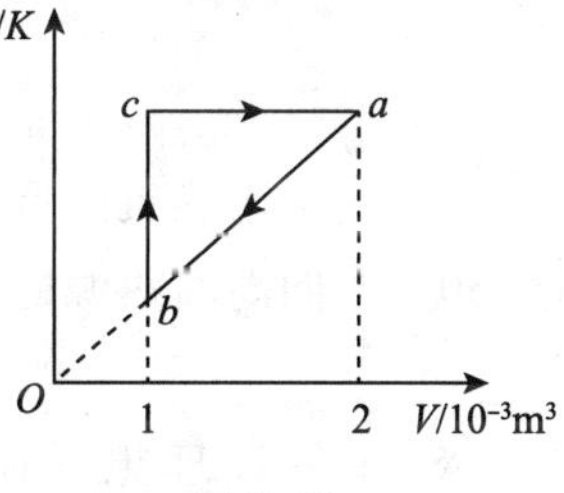

图8.13

4. 如图8.14所示，1mol氢气在温度为300K，体积为$0.025m^3$的状态下，经过：（1）等压膨胀，（2）等温膨胀，气体的体积都变为原来的2倍. 试分别计算这两种过程中氢气对外做的功以及吸收的热量.

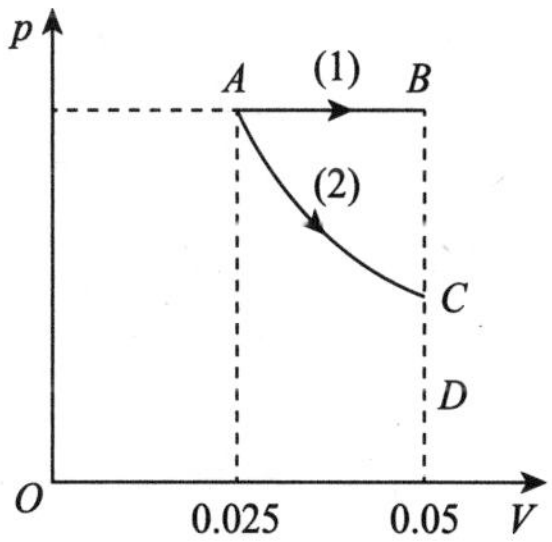

图8.14

5. 如图 8.15 所示，使 1mol 氧气：（1）由 A 等温地变到 B；（2）由 A 等体地变到 C，再由 C 等压地变到 B. 试分别计算氧气所做的功和吸收的热量.

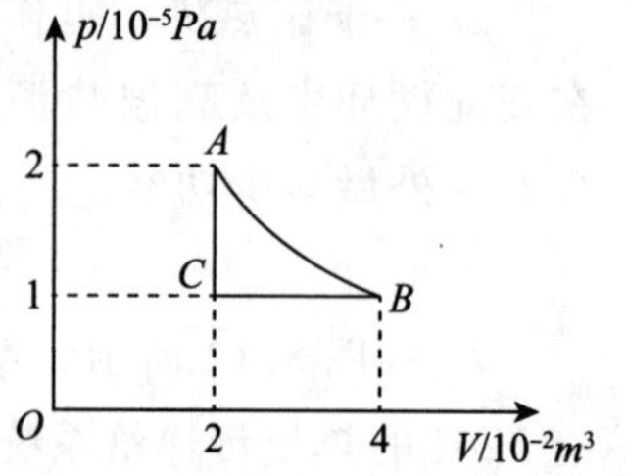

图 8.15

6. 图 8.16 是某单原子理想气体循环过程的 $V-T$ 图，图中 $V_C=2V_A$. 试问：（1）图 8.16 所示循环是代表制冷机还是热机？（2）如是正循环（热机循环），求出其循环效率.

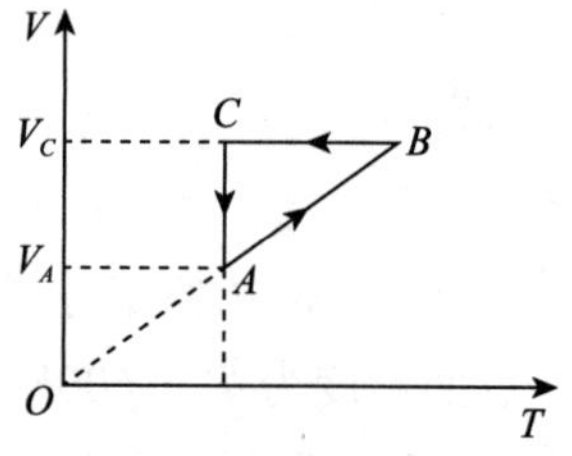

图 8.16

7. 一卡诺热机的低温热源温度为 7℃，效率为 40%，若要将其效率提高到 50%，问高温热源的温度需提高多少？

8. 有一以理想气体为工作物质的热机，其循环如图 8.17 所示，试证明 $\eta=1-\gamma\dfrac{(V_1/V_2)-1}{(p_1/p_2)-1}$

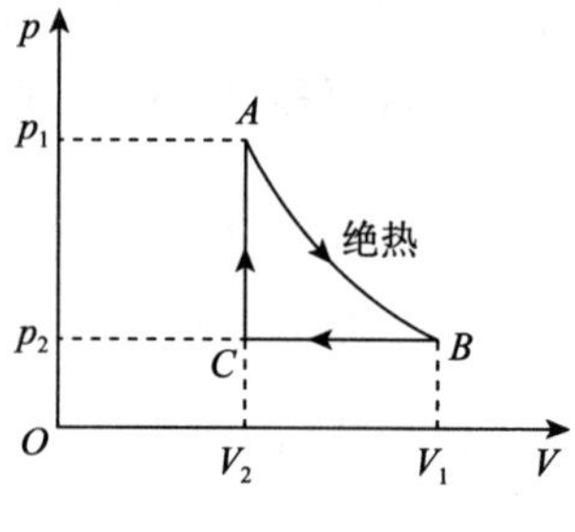

图 8.17

9. 一定量的理想气体，经历如图 8.18 所示的循环过程. 其中 AB 和 CD 是等压过程，BC 和 DA 是绝热过程. 已知 B 点温度 $T_B=T_1$，C 点温度 $T_C=T_2$.

(1) 证明该热机的效率 $\eta = 1 - T_2/T_1$，(2) 这个循环是卡诺循环吗？

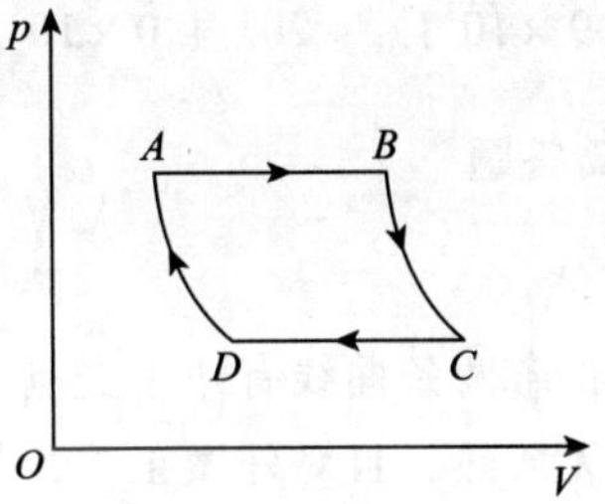

图 8.18

10. 如图 8.19 所示，一定量的理想气体经历 ACB 过程时吸热 700J，则经历 $ACBDA$ 过程时吸热又为多少？

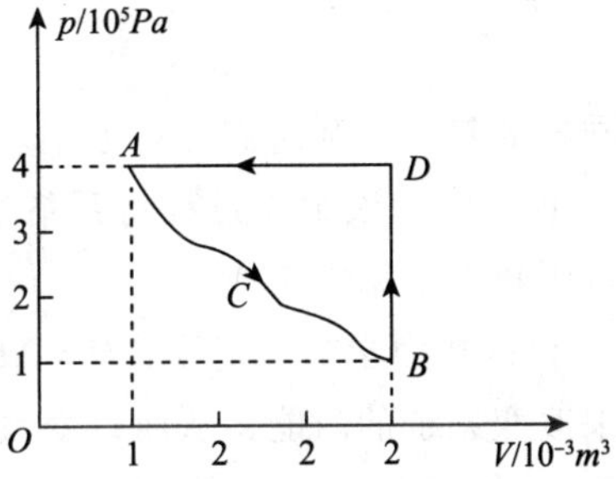

图 8.19

同步自测练习题参考答案

(一) 选择题

1. D　2. D　3. C　4. B　5. A　6. D　7. C　8. D　9. B
10. C　11. B

(二) 填空题

1. 不可能从单一热源吸收热量并使之完全变为功而不产生其他影响。
2. 不可能把热量从低温物体传到高温物体而不引起外界的变化。
3. 124.7J　−75.3J　4. 12J　−15J　5. 小于零
6. 温度　过程　7. $-|A_1|$；$-|A_2|$　8. $\Delta E = \frac{m}{M}(C_p - R)\Delta T$
9. 8.31J　29.09J　10. 绝热　等压　11. 6
12. $2/(i+2)$　$i/(i+2)$　13. 5:3　14. 不可

15. 降低　不变　16. 9972J　17. 500J　18. 1200J
19. 3.09×10^3J　20. 4.0×10^3J

（三）简答题

1. 不可能

反证法：若两条曲线有两个交点，则组成闭合曲线而构成了一循环过程，这循环过程只有吸热，无放热，且对外做正功，热机效率为100%，违背了热力学第二定律。

2. 第二类永动机：从单一热源吸热并全部变为功。违背热力学第二定律，所以无法造成。

3. 对制冷是不利的。卡诺热机：$\eta_卡=1-\dfrac{T_2}{T_1}$，所以温差越大，$\dfrac{T_2}{T_1}$就越小，$\eta_卡$就越大；但是对于制冷机：卡诺逆循环的致冷系数：$\omega_卡=\dfrac{T_2}{T_1-T_2}=\dfrac{Q_2}{A}$，温差越大，则 $\omega_卡=\dfrac{1}{\dfrac{T_1}{T_2}-1}$越小，提取同样的热量，则所需做功也越多，对制冷是不利的。

4. 不能实现。因为该循环过程将系统所吸收的热量完全用于对外做功，而不引起其他变化，违背了热力学第二定律。

5. 不对。根据热力学第一定律，$Q=\Delta E+A$，当系统在绝热条件下，完全可以通过做功这种方式来改变系统的内能，从而改变系统的温度。

（四）计算题

1. **解**：卡诺热机的热效率为　$\eta_c=1-\dfrac{T_2}{T_1}=25\%$

$\eta_c=\dfrac{Q_1-Q_2}{Q_1}\Rightarrow Q_2=4500\text{J}$（热机向低温热源放热）

$\eta_c=\dfrac{A}{Q_1}\Rightarrow A=1500$（J）（热机对外做功）

2. **解**：系统经 ABC 过程所吸收的热量及对外所做的功分别为

$$Q_{ABC}=326\text{J},\ W_{ABC}=126\text{J}$$

由热力学第一定律 $Q_{ABC}=\Delta E_{AC}+W_{ABC}\Rightarrow\Delta E_{AC}=200\text{J}$

$C\to A$ 过程：$\Delta E_{CA}=-200\text{J}$，$W_{CA}=-52\text{J}$

$Q_{CA}=\Delta E_{CA}+W_{CA}=-252\text{J}$

式中负号表示系统向外界放热252J

3. **解**：单原子分的自由度为 $i=3$。从图可知，ab 是等压过程，

$\dfrac{V_a}{T_a}=\dfrac{V_b}{T_b}$，$T_a=T_c=600\text{K}$　解得，$T_b=300\text{K}$

（1）$Q_{ab}=C_p(T_b-T_c)=(\dfrac{i}{2}+1)R(T_b-T_c)=-6232.5\text{J}$　（放热）

$Q_{bc}=C_v(T_c-T_b)=\frac{i}{2}R(T_c-T_b)=3739.5\text{J}$ （吸热）

$Q_{ca}=RT_c\ln(V_a/V_c)=3456\text{J}$ （吸热）

（2）这一循环过程中总吸热为：$Q_1=Q_{bc}+Q_{ca}$

总放热为：$Q_1=|Q_{ab}|$

净功为：$W=Q_1-Q_2=963\text{J}$

（3）$\eta=W/Q_1=13.4\%$

4. **解**：（1）等压膨胀

$$W_p=p_A(V_B-V_A)=\frac{\nu RT_A}{V_A}(V_B-V_A)=2.49\times10^3\text{J}$$

$$Q_p=W_p+\Delta E=\nu C_{p,m}(T_B-T_A)=\nu C_{p,m}T_A=\frac{7R}{2}T_A=8.73\times10^3\text{J}$$

（2）等温膨胀

$$W_T=\nu RT\ln\frac{V_C}{V_A}=RT\ln2=1.73\times10^3\text{J}$$

等温过程 $\Delta E=0$，所以 $Q_T=W_T=1.73\times10^3\text{J}$

5. **解**：（1）沿 AB 做等温膨胀的过程中，系统做功

$$W_{AB}=\frac{m}{M}RT_1\ln(V_B/V_A)=p_AV_B\ln(V_B/V_A)=2.77\times10^3\text{J}$$

在等温过程中，氧气吸收的热量为 $Q_{AB}=W_{AB}=2.77\times10^3\text{J}$

（2）沿 A 到 C 再到 B 的过程中系统做功和吸热分别为

$$W_{ACB}=W_{AC}+W_{CB}=W_{CB}=p_C(V_B-V_C)=2.0\times10^3\text{J}$$

$$Q_{ACB}=WA_{CB}=2.0\times10^3$$

6. **解**：（1）将 $V-T$ 图转换为相应的 $p-V$ 图，如图所示．图中曲线行进方向是正循环，即为热机循环．

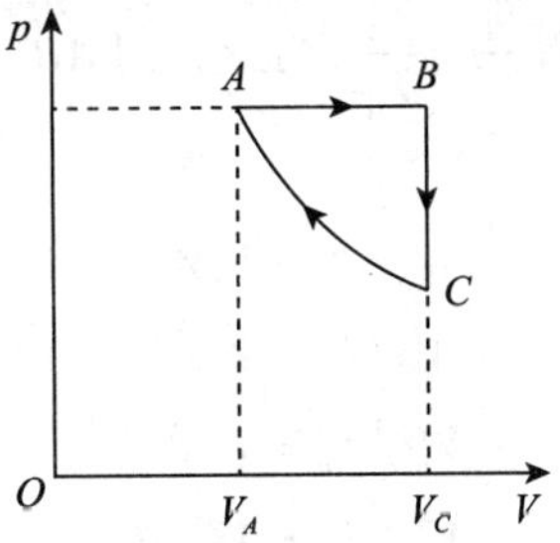

（2）根据得到的 $p-V$ 图可知，AB 为等压膨胀过程，为吸热过程．BC 为等体降压过程，CA 为等温压缩过程，均为放热过程．故系统在循环过程中吸收和放出的热量分别为

$$Q_1=\frac{m}{M}C_{p,m}(T_B-T_A)$$

$$Q_2=\frac{m}{M}C_{V,m}(T_B-T_A)+\frac{m}{M}RT_A\ln(V_C/V_A)$$

CA 为等温线，有 $T_A = T_C$；AB 为等压线，且因 $V_C = 2V_A$，则有 $T_A = T_B/2$. 对单原子理想气体，其摩尔定压热容 $C_{p,m} = 5R/2$，摩尔定容热容 $C_{V,m} = 3R/2$. 故循环效率为

$$\eta = 1 - Q_2/Q_1 = 1 - \left[\frac{2}{3}T_A + T_A ln2\right]/(5T_A/2) = 1 - (3 + 2ln2)/5 = 12.3$$

7. **解**　设高温热源的温度分别为 T'_1、T''_1，则有

$\eta' = 1 - T_2/T'_1$，　$40\% = 1 - 280/T'_1$　$T'_1 = 466.7\text{K}$

$\eta'' = 1 - T_2/T''_1$，　$50\% = 1 - 280/T''_1$　$T''_1 = 560\text{K}$

其中 T_2 为低温热源温度．由上述两式可得高温热源需提高的温度为

$$\Delta T = T''_1 - T'_1 = 560 - 466.7 = 93.3\text{K}$$

8. **证明**：该热机循环的效率为

$$\eta = 1 - Q_2/Q_1 = 1 - Q_{BC}/Q_{CA}$$

其中 $Q_{BC} = m/MC_{p,m}\ (T_C - T_B)$，$Q_{CA} = m/MC_{V,m}\ (T_A - T_C)$

则上式可写为

$$\eta = 1 - \gamma\frac{|T_C - T_B|}{T_A - T_C} = 1 - \gamma\frac{T_B/T_C - 1}{T_A/T_C - 1}$$

在等压过程 BC 和等体过程 CA 中分别有 $T_B/V_1 = T_C/V_2$，$T_A/P_1 = T_C/P_2$，

代入上式得

$$\eta = 1 - \gamma\frac{(V_1/V_2)\ -1}{(p_1/p_2)\ -1}$$

9. **解**：$\eta = 1 - \dfrac{|Q_{CD}|}{Q_{AB}}$

$$Q_{CD} = \frac{m}{M}C_{p,m}\ (T_D - T_C),\ Q_{AB} = \frac{m}{M}C_{p,m}\ (T_B - T_A)$$

$$\eta = 1 - \frac{T_C - T_D}{T_B - T_A} = 1 - \frac{T_C}{T_B}\left(1 - \frac{T_D}{T_C}\right)/\ (1 - \frac{T_A}{T_B})$$

与求证的结果比较，只需证得 $\dfrac{T_D}{T_C} = \dfrac{T_A}{T_B}$. 为此，对 AB、CD、BC、DA 分别列出过程方程如下

$$V_A/T_A = V_B/T_B$$

$$V_C/T_C = V_D/T_D$$

$$V_B^{\gamma-1}T_B = V_C^{\gamma-1}T_C$$

$$V_D^{\gamma-1}T_D = V_A^{\gamma-1}T_A$$

联立求解上述各式，可证得

$$\eta = 1 - T_C/T_B = 1 - T_2/T_1$$

10. **解**：由图中数据有 $p_AV_A = p_BV_B$，则 A、B 两状态温度相同，

故 ACB 过程内能的变化 $\Delta E_{CAB} = 0$，

由热力学第一定律可得系统对外界做功 $W_{CAB} = Q_{CAB} - \Delta E_{CAB} = Q_{CAB} = 700\text{J}$

在等体过程 BD 及等压过程 DA 中气体做功分别为

$$W_{BD}=0$$

$$W_{DA}=P_A(V_2-V_1)=-1200\text{J}$$

则在循环过程 $ACBDA$ 中系统所做的总功为

$$W=W_{ACB}+W_{BD}+W_{DA}=-500\text{J}$$

负号表示外界对系统做功．由热力学第一定律可得，系统在循环中吸收的总热量为

$$Q=W=-500\text{J}$$

负号表示在此过程中，热量传递的总效果为放热．

第九章

狭义相对论基础

基本要求

1. 了解狭义相对论产生的实验基础和历史条件，理解狭义相对论两条基本假设，掌握洛伦兹变换

2. 理解狭义相对论的时空观，掌握长度收缩、时间延缓、同时性的相对性

3. 掌握质速关系、质能关系、能量动量关系

重点与难点

1. 洛伦兹变换

2. 长度收缩、时间延缓、同时性的相对性的理解及应用

3. 质速关系、质能关系、能量动量关系

内容提要

1. 简述狭义相对论产生的过程、历史背景、意义及对现代科技的影响和作用

2. 牛顿力学基础知识

(1) 伽利略相对性原理：在一切惯性参考系中力学定律的形式相同.

(2) 伽利略变换：在两个不同惯性系中描述同一物理对象的力学运动规律时，两坐标系之间的时间和空间变量坐标变换的数学表达式.

①坐标变换　$x' = x - vt$　$y' = y$　$z' = z$　$t' = t$

②速度变换　$u_x' = u_x - v$　$u_y' = u_y$　$u_z' = u_z$

③加速度变换 $a_x' = a_x \quad a_y' = a_y \quad a_z' = a_z$

可推广到动量守恒、能量守恒.

(3) 牛顿的绝对时空观

$l = l' \quad t = t' \quad \Delta t = \Delta t'$

时间是绝对的，空间是绝对的.

3. 狭义相对论基本原理　洛伦兹变换

(1) 狭义相对论的两条基本假设

相对性原理：对描述所有物理规律而言，惯性系都是等价的，物理规律在所有惯性系中具有相同的数学表达式.

光速不变原理：在所有惯性系中，光在真空中沿各个方向的传播速度都相等.

(2) 洛伦兹变换

①坐标变换

$$x' = \frac{x - vt}{\sqrt{1 - \frac{v^2}{c^2}}}$$

$$y' = y$$

$$z' = z$$

$$t' = \frac{t - \frac{v}{c^2}x}{\sqrt{1 - \frac{v^2}{c^2}}}$$

②速度变换

$$x_x' = \frac{v_x - v}{1 - \frac{v}{c^2}v_x}$$

$$v_y' = \frac{v_y}{\gamma\left(1 - \frac{v}{c^2}v_x\right)}$$

$$v_z' = \frac{v_z}{\gamma\left(1 - \frac{v}{c^2}v_x\right)}$$

4. 狭义相对论时空观

(1) 长度收缩：在相对论时、空观念下，时间和空间及其度量都是相对的，同一物体的长度在不同惯性系中度量，长度“收缩”了

$$L = L_0\sqrt{1 - v^2/c^2}$$

L_0 为静止长度，L 为运动长度

运动长度小于静止长度

说明：低速运动时，运动长度等于静止长度.

（2）时间延缓：在相对时、空观念下，时间和空间及其度量都是相对的，同一事件所经历的时间间隔在不同惯性系中来计算，事件所经历时间间隔都“延缓”了

$$\Delta t = \Delta t' / \sqrt{1 - v^2/c^2}$$

$\Delta t'$为固有时间，要求同地发生

Δt 为非固有时间

说明：低速运动时，时间膨胀消失.

（3）同时性的相对性

异地同时——相对

同地同时——绝对

5. 狭义相对论力学

（1）质速关系

$$m = \frac{m_0}{\sqrt{1 - \frac{v^2}{c^2}}}$$

m_0：静止质量

运动质量随速度增加而增大

说明：低速运动时，质量不变

（2）质能关系

总能量：$E = mc^2$

静止能量：$E_0 = mc^2$

相对论动能：$E_k = mc^2 - m_0c^2$

动能等于总能量与静止能量之差.

说明：低速运动时，动能表达式为 $E_k = \frac{1}{2}mv^2$

（3）能量动量关系 $E = \sqrt{m_0^2c^4 + P^2c^2}$

解题指导

[例题 1] 对某观察者来说，在某惯性系发生于同一时刻，不同地点的两个事件，它们在其他惯性系中是否同时发生？

答：不同时. 根据相对论的洛伦兹时间变换公式

$$\Delta t' = \frac{\Delta t - \frac{v}{c^2}\Delta x}{\sqrt{1 - \frac{v^2}{c^2}}}$$

若 $\Delta t=0$

而 $\Delta x\neq 0$

则，在另一惯性系中，时间间隔不为零，两事件不同时发生.

[例题 2] 两个惯性系 S 和 S'，沿 $X(X')$ 轴方向作相对匀速运动，取两个坐标原点重合时刻为计时起点. 在 S 系中测得两个事件的时空坐标分别为 $x_1=6\times10^4\text{m}$，$t_1=2\times10^{-4}\text{s}$，以及 $x_2=12\times10^4\text{m}$，$t_2=1\times10^{-4}\text{s}$. 已知在 S'系中两事件恰好在同时发生. 试问：(1) S'系相对于 S 系的速度是多少？(2) S'系中测得两个事件的空间间隔是多少？

解 设 s'相对 s 的速度为 v，

(1) $t_1'=\gamma[t_1-(v/c^2)x_1]$

$t_2'=\gamma[t_2-(v/c^2)x_2]$

由题意 $t_2'-t_1'=0$

则 $t_2-t_1=(v/c^2)(x_2-x_1)$

故 $v=c^2\dfrac{t_2-t_1}{x_2-x_1}=-\dfrac{c}{2}=-1.5\times10^8\text{m}\cdot\text{s}^{-1}$

(2) 由洛仑兹变换 $x_1'=\gamma(x_1-vt_1)$，$x_2'=\gamma(x_2-vt_2)$

$x_2'-x_1'=\gamma[(x_2-x_1)-v(t_2-t_1)]$

代入数值，$x_2'-x_1'=5.2\times10^4m$

同步自测练习题

(一) 选择题

1. 如图 9.1 所示，在地面上同时发生的两个事件 A、B，在相对地面以 u 的速度运动的火箭上测得（　　）

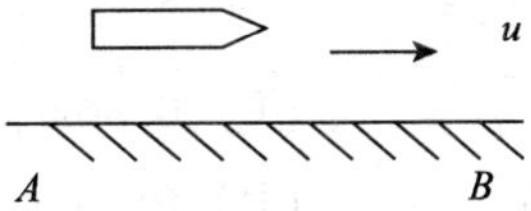

图 9.1

(A) A 先于 B 发生　　(B) B 先于 A 发生

(C) A、B 同时发生　　(D) 不同时发生，但不能确定哪个在先

2. 在地面测得一星球离地球 5 光年，宇航员欲将此距离缩为 3 光年，他乘的飞船相对地球的速度应是（　　）

(A) $1c/2$　　(B) $3c/5$

(C) $4c/5$　　(D) $9c/10$

3. 一匀质矩形薄板，在它静止时测得其长为 a，宽为 b，质量为 m_0，由此可以算出其面积密度为 m_0/ab. 假定该薄板沿长度方向以接近光速的速度 v 作匀速直线运动，此时再测算该矩形薄板的面积密度为（　）

（A）$\dfrac{m_0\sqrt{1-\left(\dfrac{v^2}{c^2}\right)}}{ab}$　　（B）$\dfrac{m_0}{ab\sqrt{1-\left(\dfrac{v^2}{c^2}\right)}}$

（C）$\dfrac{m_0}{ab\left[1-\left(\dfrac{v^2}{c^2}\right)\right]}$　　（D）$\dfrac{m_0}{ab\left[1-\left(\dfrac{v^2}{c^2}\right)\right]^{\frac{3}{2}}}$

4. 实验室测得粒子的总能量是其静止能量的 K 倍，则其相对实验室的运动速度为（　　）

（A）$\dfrac{c}{K-1}$　　（B）$\dfrac{c}{K}\sqrt{1-K^2}$

（C）$\dfrac{c}{K}\sqrt{K^2-1}$　　（D）$\dfrac{c}{K}\sqrt{K+1}$

5. 静止质量不为零的微观粒子作高速运动，这时粒子物质波的波长 λ 于速度 v 有如下关系（　　）

（A）$\lambda \propto v$　　（B）$\lambda \propto \dfrac{1}{v}$

（C）$\lambda \propto \sqrt{\dfrac{1}{v^2}-\dfrac{1}{c^2}}$　　（D）$\lambda \propto \sqrt{c^2-v^2}$

6. 把一静止质量为 m_0 的粒子，由静止加速到 $v=0.6c$，所需做的功为（　　）

（A）$0.18m_0c^2$　　（B）$0.36m_0c^2$

（C）$1.25m_0c^2$　　（D）$0.25m_0c^2$

7. 宇宙飞船相对地面以速度 u 作匀速直线运动．某时刻位于飞船头部的光信号发生器向飞船尾部发出一光脉冲，宇航员测得经过 Δt 时间尾部接收器收到此信号，则可知飞船的固有长度为（　　）

（A）$c\Delta t$　　（B）$u\Delta t$

（C）$c\Delta t\sqrt{1-\left(\dfrac{u^2}{c^2}\right)}$　　（D）$\dfrac{c\Delta t}{\sqrt{1-\left(\dfrac{u^2}{c^2}\right)}}$

8. 两个惯性系 S 和 S'，沿 $X(X')$ 轴方向作相对运动，相对速度为 u. 设在 S'系中某点先后发生的两个事件，用固定于该系的钟测出这两个事件的时间隔为 τ_o，而用固定在 S 系的钟测出这两个事件的时间隔为 τ. 又在 S'系 X'轴上放置一固有长度为 l 的细杆，从 s 系测得此杆的长度为 l 则（　　）

（A）$\tau<\tau_o$；$l<1$　　（B）$\tau<\tau_o$；$l>1$

（C）$\tau>\tau_o$；$l>1$　　（D）$\tau>\tau_o$；$l<1$

9. 关于狭义相对论，下列几种说法中错误的是（　　）

（A）一切运动物体的速度都不能大于真空中的光速

（B）在任何惯性系中，光在真空中沿任何方向的传播速率都相同

（C）在真空中，光的速度与光源的运动状态无关

（D）在真空中，光的速度与光的频率有关

10. 某宇宙飞船以 0.8c 的速度离开地球，若地球上接收到它发出的两个信号之间的时间间隔为 10s，则宇航员测出的相应的时间间隔为（　　）

（A）6s　　（B）8s

（C）10s　　（D）16.7s

（二）填空题

1. 狭义相对论的两条基本原理是：____________________________ ____________它们的实质是____________________________________.

2. 在惯性系 K 中同一地点发生的两事件 A 和 B，在 K 系中测得 A、B 两事件发生的时间间隔为 4s，在另一惯性系 K'中测得 B 迟于 A 5s. 则两参照系的相对速度为__________.

3. 观察者 O 和 O'以 $0.6c$ 的相对速度互相接近. 如果 O 测得 O 与 O'的初始距离是 $20m$，则 O'测得两个观察者经过时间 $\Delta t=$____________s 后相遇.

4. 观测者乙以 $\frac{3}{5}$c 的速率相对观察者甲运动，若甲携带质量为 1kg 的物体，则

（1）乙测得物体的质量为________________；（2）甲测得物体的总能量为________________；（3）乙测得物体的总能量为________________.

5. 观察者甲以 0.8c 的速度（c 为真空中的光速）相对于静止的观察者乙运动，若甲携带一长度为 l，截面积为 S，质量为 m 的棒，这根棒安放在运动

方向上，则

(1) 甲测得此棒的密度为________；(2) 乙测得此棒的密度为________.

6. 根据狭义相对论的原理，时间和空间的测量值都是________________，它们与观测者的____________________密切相关.

7. 在 K 惯性系中 X 轴上相距 Δx 处有两只同步钟 A 和 B. 在相对 K 系沿 X 轴以 u 速运动的惯性系 K'中也有一只同样的钟 A'. 若 XX'轴平行，当 AA'相遇时，恰好两钟读数都为零，则当 A'与 B 相遇时 K 系中 B 钟的读数为________，K'系中 A'钟的读数为________.

8. 当粒子的动能等于它的静止能量时，它的运动速度为__________.

9. 匀质细棒静止时质量为 m_0，长为 l_0，当沿棒长度方向作高速直线运动时，测得它的长度为 l，那么，该棒所具有的动能为 $E_k=$________________.

10. 有一细棒固定在 S'系中，它与 Ox'轴的夹角 $\theta'=60°$，如果 S'系以速度 u 沿 Ox 轴方向相对于 S 系运动，S 系中观察者测得细棒与 Ox 轴的夹角（填大于，等于或小于 60°）________.

（三）计算题

1. 在地球上测得半人马星座的 α 星距离地球 4.3×10^{16}m. 一宇宙飞船以 $v=0.999c$ 的速率通过地球与 α 星之间的距离. 问：(1) 地球上时钟测得此行程需要多少时间？(2) 飞船上时钟记录用了多少时间？

2. 一飞船静止长度 l_0，以速度 u 相对于恒星系作匀速直线飞行，飞船内一小球从尾部运动到头部，宇航员测得小球运动速度为 v，试算出恒星系观察者测得小球的运动时间.

3. 一列火车长 0.30km（火车上观察者测得），以 $100\text{km}\cdot\text{h}^{-1}$的速度行驶，地面上观察者发现有两个闪电同时击中火车的前后两端. 问火车上的观察者测得两闪电击中火车前后两端的时间间隔为多少？

4. 在惯性系 S 中，有两个事件同时发生在 xx'轴上相距为 1.0×10^3m 的两处，从惯性系 S'观测到这两个事件相距为 2.0×10^3m，试问由 S'系测得此两事件的时间间隔为多少？

5. 一静止电子（静止能量为 0.51MeV）被 1.3MeV 的电势差加速，然后以恒定速度运动．求：(1) 电子在达到最终速度后飞越 8.4m 的距离需要多少时间？(2) 在电子的静止系中测量，此段距离是多少？

6. 大连与北京的直线距离约 500km，某时刻从两地同时各开出一列火车，设恰有一艘飞船从沿北京到大连联线方向以 $u=9000\text{m/s}$ 的速率飞行．问宇航员测得哪列火车先开？提前多少时间？

7. 一物体的速度使其质量增加了 10%，试问此物体在运动方向上缩短了百分之几？

8. 一艘宇宙飞船的船身固有长度为 $L_0=90\text{m}$，相对于地面以 $v=0.8c$（c 为真空中光速）的匀速度在一观察站的上空飞过．求：(1) 观测站测得飞船的船身通过观测站的时间间隔是多少？(2) 宇航员测得船身通过观测站的时间间隔是多少？

9. 在惯性系 S 中，某事件 A 发生在 x_1 处，经过 2.0×10^{-6}s 后，另一事件 B 发生在 x_2 处，已知 $x_2-x_1=300\text{m}$．问：(1) 能否找到一个相对 S 系作匀速直线运动的参考系 S'，在 S' 系中，两事件发生在同一地点？(2) 在 S' 系中，上述两事件的时间间隔为多少？

10. 在参考系 S 中，一粒子沿直线运动，从坐标原点运动到了 $x=1.5\times10^8\text{m}$ 处，经历时间为 $\Delta t=1.00\text{s}$，试计算该过程对应的固有时．

同步自测练习题参考答案

（一）选择题

1. B　2. C　3. C　4. C　5. C　6. D　7. A　8. D　9. D　10. A

（二）填空题

1. 所有物理规律在一切惯性系中都具有相同的形式，所有惯性系中测量到的真空中光速沿各方向都等于 c，与光源运动状态无关；否定了绝对时间和绝对空间的概念，表示的是相对论的时空观．

2. $\frac{3}{5}c$　3. 8.89×10^{-8}s　4. 1.25kg　9×10^{16}J　1.125×10^{17}J　5. $\frac{m}{lS}$　$\frac{25m}{9lS}$

6. 相对的；相对运动状态密切相关　7. $\frac{\Delta x}{u}$；$\frac{\Delta x}{u}\sqrt{1-\frac{u^2}{c^2}}$

8. $\frac{\sqrt{3}}{2}c$　9. $E_k=\left(\frac{l_0}{l}-1\right)m_0c^2$　10. 大于60°；

（三）计算题

1. **解**：(1) $\Delta t=\frac{\Delta x}{u}=\frac{4.3\times10^{16}}{0.999\times3\times10^{8}}=1.435\times10^{8}s\approx1660$ 天；

(2) $\Delta t'=\frac{\Delta x'}{u}=\frac{\Delta x\sqrt{1-\left(\frac{u^2}{c^2}\right)}}{u}=6.415\times10^{6}s\approx74$ 天

2. **解**：$\Delta t'=\frac{l_0}{v}$

$$\Delta t=\frac{\Delta t'+\frac{u}{c^2}\Delta x'}{\sqrt{1-\left(\frac{u^2}{c^2}\right)}}=\frac{\Delta t'\left(1+\frac{u}{c^2}\frac{\Delta x'}{\Delta t'}\right)}{\sqrt{1-\left(\frac{u^2}{c^2}\right)}}=\frac{l_0\left(1+\frac{u}{c^2}v\right)}{v\sqrt{1-\left(\frac{u^2}{c^2}\right)}}$$

3. **解**：设地面为 S 系，火车为 S'系，同时击中，即两闪电在 S 系中的时间间隔 $\Delta t=t_2-t_1=0$. 即两事件在 S'系中的空间间隔 $\Delta x'=x'_2-x'_1=0.30\times10^3m$. S'系相对 S 系的速度即为火车速度．由洛伦兹变换可得两事件时间间隔之间的关系式为

$t_2-t_1=\frac{(t'_2-t'_1)+\frac{v}{c^2}(x'_2-x'_1)}{\sqrt{1-v^2/c^2}}$时间间隔为 $t'_2-t'_1=\frac{v}{c^2}(x'_2-x'_1)=-9.26\times^{-14}$s，负号说明火车上的观察者测得闪电先击中车头 x'_2处．

4. **解**：设此两事件在 S 系中的时空坐标为 $(x_1, 0, 0, t_1)$ 和 $(x_2, 0, 0, t_2)$，且有 $x_2-x_1=1.0\times10^3$m，$t_2-t_1=0$. 而在 S'系中，此两事件的时空坐标为 $(x'_1, 0, 0, t'_1)$ 和 $(x'_2, 0, 0, t'_2)$，且 $|x'_2-x'_1|=2.0\times10^3$m，根据洛伦兹变换，有

$$x'_2-x'_1=\frac{(x_2-x_1)-v(t_2-t_1)}{\sqrt{1-v^2/c^2}}\tag{1}$$

$$t'_2-t'_1=\frac{(t_2-t_1)-\frac{v}{c^2}(x_2-x_1)}{\sqrt{1-v^2/c^2}}\tag{2}$$

由式（1）可得

$$v=\left[1-\frac{(x_2-x_1)^2}{(x'_2-x'_1)^2}\right]^{1/2}c=\frac{\sqrt{3}}{2}c$$

将 v 值代入式（2），可得

$|t'_2 - t'_1| = 5.77 \times 10^{-6}\text{s}$

5. **解：** $m_0c^2 = 0.51\text{MeV}$ $E_k = 1.3\text{MeV}$

$$mc^2 = m_0c^2 + E_k = 1.81\text{MeV} \qquad m = \frac{m_0}{\sqrt{1 - \frac{v^2}{c^2}}} \qquad v = 2.88 \times 10^8\text{m} \cdot \text{s}^{-1}$$

$$t = \frac{l}{v} = \frac{8.4}{2.88 \times 10^8} = 2.92 \times 10^{-8}\text{s} \qquad l' = l\sqrt{1 - \frac{v^2}{c^2}} = 2.35\text{m}$$

6. **解：** 地面参照系中，北京列车时空坐标（x_1，t_1），大连列车时空坐标（x_2，t_2），飞船参照系中，两列车时间差

$$\Delta t' = \frac{\Delta t - \frac{u}{c^2}\Delta x}{\sqrt{1 - \left(\frac{u^2}{c^2}\right)}} = -5 \times 10^{-8}\text{s}$$ "–"号表明大连列车先开。

7. **解：** 设静止质量为 m_0，运动质量为 m，

由题设 $\dfrac{m - m_0}{m_0} = 0.10$

$$m = \frac{m_0}{\sqrt{1 - \beta^2}}$$

由此二式得 $\dfrac{1}{\sqrt{1 - \beta^2}} - 1 = 0.10$

$$\sqrt{1 - \beta^2} = \frac{1}{1.10}$$

在运动方向上的长度和静长分别为 l 和 l_0，则相对收缩量为：

$$\frac{\Delta l}{l^0} = \frac{l_0 - l}{l_0} = 1 - \sqrt{1 - \beta^2}$$

8. **解：**（1）观测站测得飞船身的长度为：

$$L = L_0\sqrt{1 - \left(\frac{v^2}{c^2}\right)} = 54\text{m}$$

则 $\Delta t_1 = \dfrac{L}{v} = 2.25 \times 10^{-7}\text{s}$

（2）宇航员测得飞船身的长度为 L_0 则

$$\Delta t_2 = \frac{L_0}{v} = 3.75 \times 10^{-7}\text{s}$$

9. **解：** 由洛伦兹时空变换式，可得

$$x'_2 - x'_1 = \frac{(x_2 - x_1) - v(t_2 - t_1)}{\sqrt{1 - v^2/c^2}} \tag{1}$$

$$t'_2 - t'_1 = \frac{(t_2 - t_1) - \frac{v}{c^2}(x_2 - x_1)}{\sqrt{1 - v^2/c^2}} \tag{2}$$

（1）令 $x'_2 - x'_1 = 0$，由式（1）可得：$v = \dfrac{x_2 - x_1}{t_2 - t_1} = 1.50 \times 10^8 \text{m} \cdot \text{s}^{-1} = 0.50c$

（2）将 v 值代入式（2），可得

$$t'_2 - t'_1 = \frac{(t_2 - t_1) - \dfrac{v}{c^2}(x_2 - x_1)}{\sqrt{1 - v^2/c^2}} = (t_2 - t_1)\sqrt{1 - v^2/c^2}$$

$$= 1.73 \times 10^{-6} \text{s}$$

10. 解：$\Delta t' = \Delta t \sqrt{1 - (v^2/c^2)} = 0.866\text{s}$

$= 0.866\text{s}$

第十章

量子力学

基本要求

1. 了解黑体辐射规律，理解普朗克能量子假设

2. 理解光电效应的实验规律及爱因斯坦光子理论的量子解释，掌握爱因斯坦光电效应方程，会进行相关的简单计算，理解光的波粒二象性

3. 理解康普顿效应及光子理论的解释，会作简单计算

4. 理解氢原子光谱的实验规律，掌握波尔的氢原子理论；理解玻尔理论对氢原子光谱的解释

5. 理解德布罗意物质波假设及实物粒子的波粒二象性，会计算物质波的波长

6. 理解海森堡不确定关系及意义，能进行简单计算

7. 理解波函数及其统计意义，了解一维定态薛定谔方程

8. 了解描述原子中电子运动状态的四个量子数，了解能量最小原理、泡利不相容原理与原子的电子壳层结构

重点与难点

【教学重点】

1. 掌握光电效应方程，爱因斯坦的光子理论

2. 掌握氢原子光谱的规律

3. 理解德布罗意关系式

【教学难点】

1. 不确定关系

2. 波函数的统计解释

内容提要

1. 黑体辐射

(1) 热辐射

物体在不同温度下发出的各种电磁波的能量按波长的分布随温度而不同的电磁辐射称为热辐射.

(2) 黑体辐射的实验规律（如图 10.1 所示）

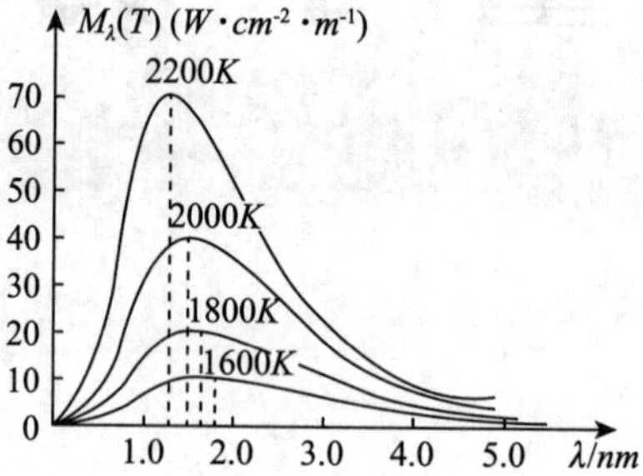

图 10.1　黑体辐射强度随波长变化的实验曲线

①斯忒藩—玻尔兹曼定律

$M_B(T) = \int_0^\infty M_{B\lambda}(T)\,\mathrm{d}\lambda$

$M_B(T)\sigma T^4$

$\sigma = 5.670\times 10^{-8}\mathrm{W\cdot m^{-2}.\ k^{-4}}$，称为斯忒藩—玻尔兹曼定律

黑体的总辐射本领随温度的升高而急剧增加.

②维恩位移定律：

$T\lambda_m = b$

$b = 2.898\times 10^{-3}\mathrm{m\cdot k}$，称为维恩位移常数.

当绝对黑体的温度升高时，单色辐射出射度最大值向短波方向移动（见图 10.1 与图 10.2）.

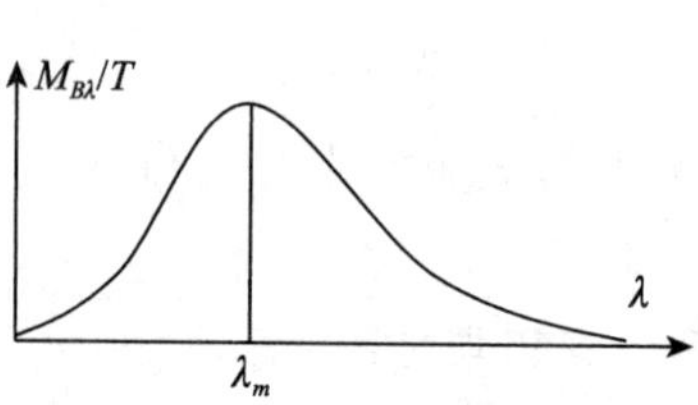

图 10.2　维恩位移曲线

2. 普朗克量子假设

(1) 普朗克的两个基本假设

①黑体是由带电谐振子组成的，这些谐振子辐射电磁波，并和周围的电

磁场交换能量.

②这些谐振子能量不能连续变化，只能取一些分立值，是最小能量 ε 的整数倍，这个最小能量称为能量子.

$\varepsilon = hv$

（2）普朗克公式

1900 年按普朗克假设从理论上推出的公式：

$$M_{B\lambda}(T) = 2\pi hc^2\lambda^{-5}\frac{1}{e^{hc/\lambda KT}-1}$$

C 为真空中的光速；e 为自然对数的底；k 为波耳兹曼常数.

$h = (6.6256 \pm 0.0005) \times 10^{-34}$ J. s

由上述公式得到的 $M_{B\lambda}(T)$ 与 λ 的关系曲线与实验曲线符合的很好，而经典理论在短波区域与实验曲线不符合，历史上称为著名的“紫外灾难”.

3. 光电效应

（1）光电效应

光照射到金属表面时，有电子从金属表面逸出的现象称为光电效应.

逸出的电子称为光电子.

（2）光电效应的实验规律

①单位时间内从阴极逸出的光电子数与入射光强成正比如图 10.3 所示.

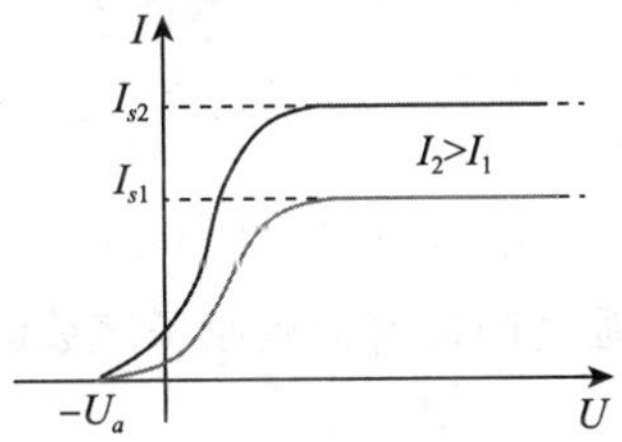

图 10.3　光电效应伏安特性曲线

②光子的最大初动能与入射光频率呈线性关系，用公式表示：

$$\frac{1}{2}mv_m^2 = e(k\nu - U_0)$$

k 是与金属材料无关的常数，U_0 对同一金属是一个常量，不同金属不同.

③存在红线频率 v_0，即只要入射光照射金属的频率 $v > v_0$，无论光强多微弱，都能发生光电效应.

④从光线开始照射金属到光电子逸出，几乎是瞬时的，不超过 10^{-9}s.

（3）光电效应的经典解释

按照光的波动理论，光电子的初动能应与照射光的强度有关；无论入射光的频率多么低，只要光强足够大（振幅足够大），光照时间足够长，电子就能从入射光中获得足够的能量逃离原子核的束缚，逸出金属表面产生光电效应，与入射光的频率无关；电子从金属表面逸出积累能量需要时间，不能瞬间逸出．光电效应的实验规律无法用光的波动理论解释．

（4）光电效应的量子解释 爱因斯坦方程

①爱因斯坦的光子假说　爱因斯坦光电效应方程

光是以光速 c 运动的微粒流，称为光量子（简称光子）

光子的能量　$\varepsilon = h\nu$

金属中的自由电子吸收一个光子能量 $h\nu$ 以后，一部分用于电子从金属表面逸出所需的逸出功 A，另一部分转化为光电子的最大初动能．

$$h\nu = \frac{1}{2}mv_m^2 + A$$

②光电效应的量子解释

光强大，光子数多，释放的光电子也多，所以光电流也大．

电子只要吸收一个光子就可以从金属表面逸出，所以无须时间的累积．

从方程可以看出光电子初动能和照射光的频率成线性关系．

4. 康普顿效应

1922 年康普顿观察 X 射线通过物质散射时，发现散射的波长发生变化的现象，称为康普顿效应．

（1）康普顿效应的实验规律

①散射 X 射线的波长中有两个峰值．与入射束波长 λ_0 相同的射线，还有波长 $\lambda > \lambda_0$ 的射线．

②$\Delta\lambda = \lambda - \lambda_0$，与散射角 φ 有关．

③不同散射物质，在同一散射角下波长的改变相同．

④波长为 λ 的散射光强度随散射物质原子序数的增加而减小．

（2）康普顿散射公式

$$\Delta\lambda = \lambda - \lambda_0 = \frac{2h}{m_0c}\sin^2\frac{\varphi}{2} \quad \lambda_c = \frac{h}{m_0c} = 0.024263\text{Å}$$

（3）经典解释

根据经典电磁波理论，在光场中作受迫振动的带电粒子，辐射的散射光的频率应等于入射光的频率，不应该有波长变长的情况．

（4）量子解释

能量为 $\varepsilon = h\nu_0$ 的高能光子和低能自由电子作弹性碰撞的结果．

①若光子和外层电子相碰撞，光子有一部分能量传给电子，光子的能量减少，因此波长变长，频率变低．

②若光子和内层电子相碰撞时，碰撞前后光子能量几乎不变，故波长有不变的成分．

③因为碰撞中交换的能量和碰撞的角度有关，所以波长改变和散射角有关．

(5) 光的波粒二象性

光子是一种基本粒子，在真空中以光速运动

$\varepsilon = h\nu \quad p = \frac{h}{\lambda} \quad m = \frac{h\nu}{c^2}$

光子的静止质量为零.

5. 氢光谱的实验规律

(1) 谱线是不连续的线状光谱（如图 10.4 所示）

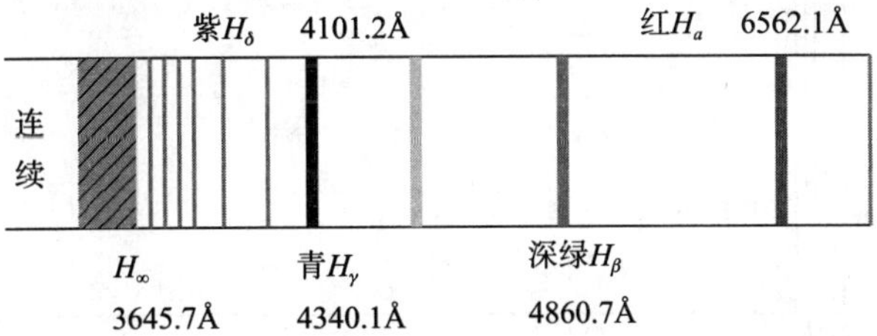

图 10.4 氢原子光谱

$\lambda = B\frac{n^2}{n^2-4} \quad B = 3645.7Å \quad n = 3, 4, 5, 6, \cdots$

——巴尔末公式（可见光区）

用波数来表示：$\tilde{\nu} = \frac{1}{\lambda} = R\left(\frac{1}{2^2} - \frac{1}{n^2}\right) n = 3, 4, 5, 6, \cdots$

$R = \frac{4}{B} = 1.0967758 \times 10^7 m^{-1}$，里得伯常数.

(2) 广义巴尔末公式

$\tilde{\nu} = R\left(\frac{1}{k^2} - \frac{1}{n^2}\right) = T(k) - T(n)$

$k = 1, 2, 3, \cdots, n = k+1, k+2, k+3, \cdots$

①$T(k) = \frac{R}{k^2} \quad T(n) = \frac{R}{n^2}$光谱项.

②k 取不同的值得到不同的谱线系；n 取不同的值得到同一谱线系的某一条谱线：

$k = 1 \quad n = 2, 3, 4\cdots$ 紫外区 赖曼系

$k = 2 \quad n = 3, 4, 5\cdots$ 可见光 巴尔末系

$k = 3 \quad n = 4, 5, 6\cdots$ 近红外区 帕邢系

$k = 4 \quad n = 5, 6, 7\cdots$ 红外区 布喇开系

$k = 5 \quad n = 6, 7, 8\cdots$ 红外区 普芳德系

(3) 经典解释

按原子的核式结构的模型：

无法解释原子的稳定性；

无法解释原子光谱的不连续性.

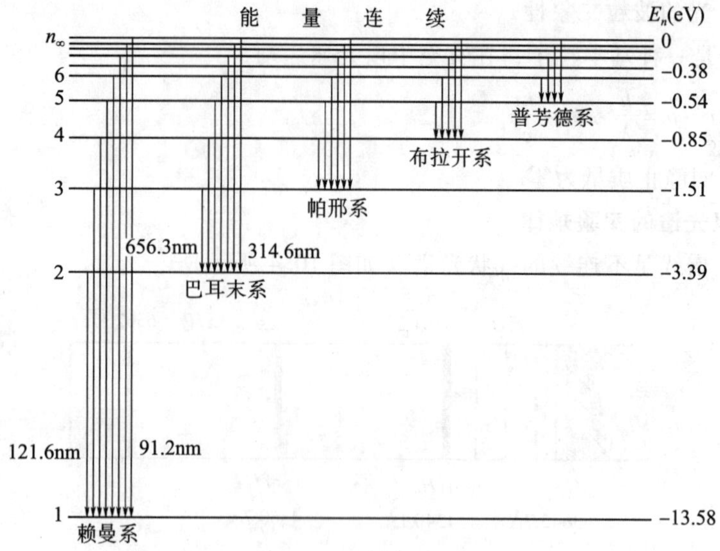

图 10.5 氢原子光谱各线系的能级跃迁

(4) 波尔的氢原子理论

波尔的三个基本假设:

①定态假设. 原子系统存在一系列不连续的能量状态，处于这些状态的原子中电子只能在一定的轨道上绕核作圆周运动，但不辐射能量. 这些状态称为稳定状态，简称定态，对应的能量 E_1，E_2，E_3，…是不连续的.

②跃迁假设. 原子从一较高能量 E_n 的定态向另一较低能量 E_k 的定态跃迁时，辐射一个光子

$$hv = E_n - E_k$$

原子从较低能量 E_k 的定态向较高能量 E_n 的定态跃迁时，吸收一个光子.

③量子化条件. 原子中绕核运动的电子轨道角动量只能取

$$L = n\frac{h}{2\pi} = n\hbar \quad (n = 1, 2, 3, \cdots)$$

称为轨道量子化条件.

n 为正整数，称为量子数.

(5) 三个基本假设用于氢原子得到的重要结论

①氢原子的轨道半径

$$r_n = n^2\left(\frac{\varepsilon_0 h^2}{\pi m e^2}\right) \quad (n = 1, 2, 3, \cdots)$$

第一玻尔轨道半径 $r_1 = \dfrac{\varepsilon_0 h^2}{\pi m e^2} = 0.53\text{Å}$

②氢原子的能量

$$E_n = -\frac{1}{n^2}\left(\frac{m e^4}{8\varepsilon_0^2 h^2}\right) \quad (n = 1, 2, 3, \cdots)$$

$n=1$ 基态，能量 $E_1=-13.6eV$；氢原子的基态电离能为：$E=E_\infty-E_1\approx 13.6eV$

③氢光谱的实验规律

$$\tilde{v}=\frac{1}{\lambda}=\frac{v}{c}=\frac{me^4}{8\varepsilon_0^2h^3c}\left(\frac{1}{k^2}-\frac{1}{n^2}\right)=R\left(\frac{1}{k^2}-\frac{1}{n^2}\right)$$

$R_{理论}$—里德伯常数　$1.097373\times10^7m^{-1}$

$k=1,\ 2,\ 3,\ \cdots\quad n=k+1,\ k+2,\ k+3,\ \cdots$

（6）波尔理论的局限性

波尔理论无法解释稍复杂的原子光谱. 因为它把电子看作一经典粒子，推导半径和能量用了经典方法，沿用了轨道的概念，角动量量子化以及定态假设也是硬加上的，这显然和完全的量子力学不相容.

虽然波尔理论对氢原子和类氢离子光谱做出了较好的解释，但他的理论并不完善.

6. 粒子的波动性——德布罗意波

和实物粒子联系的波称为德布罗意波或物质波.

微观粒子都具有波粒二象性：

一个具有确定能量 E 和动量 P 的粒子，它的行为相当于一个沿着动量方向传播的单色平面波. 波的频率 v 和波长 λ 满足如下关系：

$$E=mc^2=hv\quad p=mv=\frac{h}{\lambda}\text{——德布罗意公式}$$

德布罗意波的统计解释：

1926 年，德国物理学家玻恩（*Born*，1882—1972）提出了概率波，实物粒子的波动不是经典波而是概率波，认为个别微观粒子在何处出现有一定的偶然性，但是大量粒子在空间何处出现的空间分布却服从一定的统计规律.

电子衍射实验证实德布罗意波是概率波.

7. 不确定关系

由量子力学，微观粒子的位置和动量不能同时确定，其不确定量满足海森堡不确定关系式：

$$\Delta x\Delta p_x\geqslant\frac{1}{2}\hbar\quad\Delta y\Delta p_y\geqslant\frac{1}{2}\hbar\quad\Delta z\Delta p_z\geqslant\frac{1}{2}\hbar$$

（也可简写成：$\Delta x\Delta p_x\geqslant h\quad\Delta y\Delta p_y\geqslant h\quad\Delta z\Delta p_z\geqslant h$）

微观粒子具有波粒二象性.

8. 波函数

描述微观粒子的运动状态的概率波的数学式子称为波函数.

例如：具有确定动量 P 和能量 E 的自由粒子相当于一个单色平面波，其波函数为：

$$\psi(x,t)=\psi_0e^{-\frac{i}{\hbar}(Et-px)}=\psi(x)e^{-\frac{i}{\hbar}Et}$$

平面波的传播方向就是粒子动量的方向. 其中

$\psi(x)=\psi_0 e^{\frac{i}{\hbar}px}$

只与坐标有关而与时间无关，称为振幅函数（定态波函数）.

（1）波函数的物理意义

波函数是复数，它本身没有物理意义，波函数模的平方 $|\psi|^2=\psi\psi^*$ 才有直接的物理意义，它表示 t 时刻在空间 $r(x,y,z)$ 点附近单位体积内粒子出现的概率，称为概率密度.

（2）波函数的性质

波函数必须满足的归一化条件：任意时刻粒子在整个空间出现的概率等于1，即

$$\iiint_V|\psi|^2\mathrm{d}x\mathrm{d}y\mathrm{d}z=1$$

波函数必须满足的3个标准条件：单值、有限、连续.

9. 薛定谔方程

波函数要满足的基本方程，是量子力学的一个基本假设.

（1）含时薛定谔方程：非相对论实物粒子的普遍运动方程

$$-\frac{\hbar^2}{2m}\nabla^2\psi+V(x,y,z,t)\psi=i\hbar\frac{\partial\psi}{\partial t}$$

$$\nabla^2=\frac{\partial^2}{\partial x^2}+\frac{\partial^2}{\partial y^2}+\frac{\partial^2}{\partial z^2}\qquad\text{——拉普拉斯算符}$$

（2）定态薛定谔方程：V 不随时间改变，称为定态，方程为称为定态薛定谔方程：

$$\nabla^2\psi+\frac{2m}{\hbar^2}[E-V(x.y.z)]\psi=0$$

粒子作一维运动，一维定态薛定谔方程：

$$\nabla^2\psi+\frac{2m}{\hbar^2}[E-V(x)]\psi=0$$

即

$$\frac{d^2\psi(x)}{dx^2}+\frac{2m}{\hbar^2}[E-V(x)]\psi(x)=0$$

（3）薛定谔方程的应用：一维无线深势阱中的粒子

①势函数：

阱内：$(0<x<a)$ $\qquad V(x)=0$

阱外：$(x<0 \text{ or } x>a)$ $\qquad V(x)\to\infty$

②能量：

$$E=\frac{\pi^2\hbar^2}{2ma^2}n^2(n=1,2,3,\cdots)$$

归一化波函数：

$\psi(x)=\sqrt{\frac{2}{a}}\sin\left(\frac{n\pi}{a}x\right)\quad(n=1,2,3,\cdots)\quad(0<x<a)$

$\psi(x)=0\qquad(x<0$ 或 $x>a)$

束缚态对应驻波解.

③势阱中各处的概率密度：

$P(x)=|\psi(x)|^2=\frac{2}{a}\sin^2\frac{n\pi}{a}x$

10. 量子力学对氢原子的应用

（1）解薛定谔方程

电子受质子库仑电场作用而绕核运动.

电子势能函数

$$U=-\frac{e^2}{4\pi\varepsilon_0 r}$$

电子的定态薛定谔方程为

$$\nabla^2\psi+\frac{2m_e}{\hbar^2}\left(E+\frac{e^2}{4\pi\varepsilon_0 r}\right)\psi=0$$

考虑到势函数在空间各个方向具有对称性，采用球坐标，求解薛定谔方程的结果：

①主量子数 n　$E=-\frac{me^4}{8\varepsilon_0^2h^2}\frac{1}{n^2}\quad n=1,2,3,\cdots$

决定着氢原子中电子的能量.

②角量子数 l

角动量大小　$L=\sqrt{l(l+1)}\hbar\quad l=0,1,2,\cdots,(n-1)$

③磁量子数 m_l

$L_z=m_l\hbar\quad m_l=0,\pm1,\pm2,\cdots,\pm l$

角动量空间取向量子化.

（2）电子的自旋角动量

自旋角动量大小为

$S=\sqrt{s(s+1)}\hbar$

$S=\frac{\sqrt{3}}{2}\hbar$　s 称为自旋量子数 $s=\frac{1}{2}$

自旋角动量的空间取向是量子化，在外磁场 z 方向投影：

$S_z=m_s\hbar$　m_s 称为自旋磁量子数 $m_s=\pm\frac{1}{2}$

11. 原子的壳层结构

原子中电子的运动状态用（n，l，m_l，m_s）四个量子数表征：

（1）主量子数 n，可取 $n=1,2,3,4,\cdots$

决定原子中电子能量的主要部分.

(2) 角量子数 l，可取 $l=0,1,2,\cdots,(n-1)$ 确定电子轨道角动量的值.

(3) 磁量子数 m_l，可取 $m_l=0,\pm1,\pm2,\cdots,\pm l$

决定电子轨道角动量在外磁场方向的分量.

(4) 自旋磁量子数 m_s，只取 $m_s=\pm1/2$

确定电子自旋角动量在外磁场方向的分量.

“原子内电子按一定壳层排列”

主量子数 n 相同的电子组成一个主壳层. $n=1,2,3,4,\cdots$的壳层依次叫 K, $L,M,N,\cdots$壳层.

每一壳层上，对应 $l=0,1,2,3,\cdots$可分成 $s,p,d,f\cdots$分壳层.

12. 泡利（W. Pauli）不相容原理

在同一原子中，不可能有两个或两个以上的电子具有完全相同的四个量子数.

由此给定主量子数为 n 的壳层上，可能有的最多电子数为：$Z=2n^2$

13. 能量最小原理

原子系统处于正常态时，每个电子总是尽先占据能量最低的能级，以使原子能量为最小值，这样原子系统为最稳定.

解题指导

[例题 1] 黑体是否总是呈黑色？黑色的物体是否都是黑体？

答： 如果一个物体能全部吸收投射在它上面的辐射而无反射，这种物体称为绝对黑体，简称黑体. 黑体单色吸收率：$\alpha_0(\lambda,T)=1$

注意： 黑体它不反射由外界辐射来的能量，但它自身仍要向外辐射能量. 黑体的颜色就是由它本身发射辐射的频率来决定的，所以黑体并不一定是黑色的. 黑体在温度很低时，向外辐射的能量很少，辐射的峰值波长远大于可见光的波长，此时黑体呈现黑色.

至于黑色的物体，它的单色吸收率并不恒等于 1，因此也不能称作黑体.

[例题 2] 已知从铝金属逸出一个电子需要 4.2eV 的能量，若用可见光投射到铝的表面，能否产生光电效应？为什么？

答： 不能. 因为在可见光中，紫光光子能量最大，为：

$$\frac{hv}{\lambda}=\frac{6.63\times10^{-34}\times3\times10^{8}}{400\times10^{-9}}=3.1eV$$

该能量小于铝金属的逸出功 4.2eV，所以不能产生光电效应现象.

[例题 3] 试比较光电效应与康普顿效应之间的异同.

答： 光电效应和康普顿效应都通过光和物质的相互作用过程揭示了光具有粒子性的一

面. 光电效应是光子与金属表层自由电子的碰撞结果，碰撞结果光子被电子吸收，如果光子能量大于金属的逸出功，电子就会脱离金属表面，成为光电子，形成光电效应. 康普顿效应是高能光子和原子中被束缚较弱的电子碰撞，相当高能光子与静止的自由电子之间的弹性碰撞，碰撞后光子损失能量，频率变小，因而散射波有波长变长部分；如果光子与受束缚较强的内层电子碰撞，相当同整个原子碰撞，碰撞后被弹回来，能量不会明显减少，所以散射波长与入射波波长相同.

[**例题 4**] 用可见光照射能否使基态氢原子受到激发？为什么？

答： 使基态氢原子受到激发所需要的最小能量为

$$\Delta E = E_2 - E_1 = -\frac{13.6}{4} - (-13.6) = 10.2eV$$

而可见光的最大能量为 $E = h\nu = \frac{hc}{\lambda} = \frac{6.63\times10^{-34}\times3\times10^{8}}{4000\times10^{-10}\times1.6\times10^{-19}} = 3.1eV$

所以用可见光照射不能使基态氢原子受到激发.

[**例题 5**] 什么是不确定关系？为什么说不确定关系指出了经典力学的适用范围？

答： 由量子力学知，微观粒子位置和动量不能同时确定，其不确定量满足海森堡不确定关系式：$\Delta x \Delta p_x \geqslant \frac{1}{2}\hbar$. 这是由于微观粒子具有波动性，是概率波，仍然用位置和动量来描述其运动时，必然存在不确定关系，一个测量越准，另一个测量就越不准.

而对于宏观粒子，波动性可以忽略，因此位置和动量可以同时确定，不确定关系不必考虑，经典力学使用范围是宏观物体，微观粒子则不适用.

[**例题 6**] 测量星体表面温度的方法之一是将其看作黑体，测量它的峰值波长 λ_m，利用维恩定律便可求出 T. 已知太阳、北极星和天狼星的 λ_m 分别为 0.50×10^{-6}m，0.43×10^{-6}m 和 0.29×10^{-6}m，试计算它们的表面温度.

解 维恩定律 $T\lambda_m = b$ 其中 $b = 2.898\times10^{-3}$

太阳 $T = \frac{b}{\lambda_m} = \frac{2.898\times10^{-3}}{0.5\times10^{-6}} = 5796\text{K}$

北极星 $T = \frac{b}{\lambda_m} = \frac{2.898\times10^{-3}}{0.43\times10^{-6}} = 6740\text{K}$

天狼星 $T = \frac{b}{\lambda_m} = \frac{2.898\times10^{-3}}{0.29\times10^{-6}} = 9993\text{K}$

[**例题 7**] 钾的光电效应红限波长为 $\lambda_0 = 6.2\times10^{-7}$m，求：（1）电子的逸出功；（2）在紫外线的照射下，截止电压为多少？（3）电子的初速度为多少？（紫外线 $\lambda_0 = 3.0\times10^{-7}$m）

解 （1）$A_0 = hv_0 = \frac{hc}{\lambda} = \frac{6.63\times10^{-34}\times3\times10^{8}}{6.2\times10^{-7}} = 3.21\times10^{-19}\text{J}$

（2）$hv = \frac{1}{2}mv^2 + A_0 \quad \frac{1}{2}mv_m^2 = eU_a$

$$U_a = \frac{hv - A_0}{e} = \frac{hc}{e\lambda} - \frac{A_0}{e} = 2.14\text{V}$$

（3）$v = \sqrt{\frac{2eU_a}{m}} = \sqrt{\frac{2 \times 1.6 \times 10^{-19} \times 2.14}{9.1 \times 10^{-31}}} = 8.67 \times 10^5 \text{m/s}$

［例题 8］ 有一金属钾薄片，距弱光源 3m. 此光源的功率为 1W，计算在单位时间内打在金属单位面积上的光子数. 设 $\lambda = 589\text{nm}$.

解 由题意单位面积上的功率为：

$$P_s = \frac{P}{4\pi R^2} = \frac{1}{4\pi \times 3^2} = 8.8 \times 10^{-3} \text{J} \cdot \text{m}^{-2} \cdot \text{s}^{-1}$$

一个光子的能量为：

$$\varepsilon = \frac{hc}{\lambda} = \frac{6.63 \times 10^{-34} \times 3 \times 10^{-8}}{5.89 \times 10^{-7}} = 3.4 \times 10^{-19} \text{J}$$

单位时间内打在金属单位面积上的光子数为：

$$N = \frac{P_s}{\varepsilon} = \frac{8.8 \times 10^{-3}}{3.4 \times 10^{-19}} = 2.6 \times 10^{16} \text{个} \cdot \text{m}^{-2} \cdot \text{s}^{-1}$$

［例题 9］ 波长为 $1\mathring{A}$ 的 X 光在石墨上发生康普顿散射，如在 $\theta = \frac{\pi}{2}$ 处观察散射光，如图 10.6 所示.

试求：

（1）散射光的波长 λ'；

（2）反冲电子的运动方向和动能. （普朗克常数 $h = 6.626 \times 10^{-34}\ J \cdot s$）

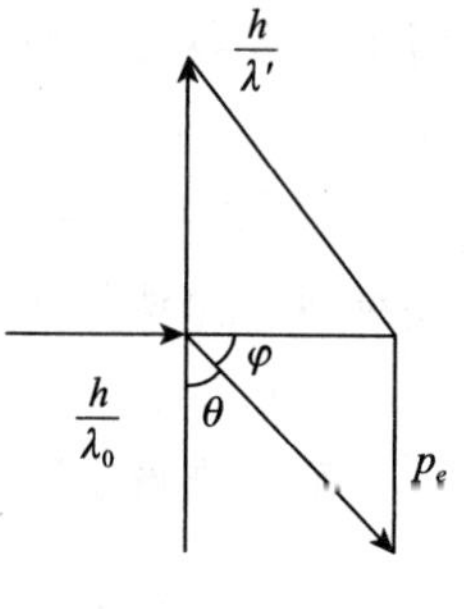

图 10.6

解 （1）$\Delta\lambda = \lambda' - \lambda_0 = 2\lambda_c \sin^2\left(\frac{\theta}{2}\right)$ 而 $\lambda_c = \frac{h}{m_0 c} = 0.024262\mathring{A}$

$\lambda' = \lambda_0 + 2\lambda_c \sin^2\left(\frac{\theta}{2}\right) = 1.024262\mathring{A}$

（2）由动量守恒定律，在 y 轴方向上 $0 = \frac{h}{\lambda'} - p_e \sin\varphi$ ①

由余弦定理得 $p_e^2 = \left(\frac{h}{\lambda'}\right)^2 + \left(\frac{h}{\lambda_0}\right)^2 - 2\frac{h^2}{\lambda'\lambda_0}\cos\theta$ ②

由②式可得 $p_e = 9.26 \times 10^{-24} \text{kg} \cdot \text{m/s}$

$\sin\varphi = \frac{h}{p_e\lambda'}\sin\theta = \frac{6.63 \times 10^{-34}}{9.26 \times 10^{-24} \times 1.024262 \times 10^{-10}}\sin\frac{\pi}{2} = 0.699$

$\varphi = 44.35°$

能量守恒，反冲电子动能等于光子能量之差

$E_k = h\nu_0 - h\nu = \frac{hc}{\lambda_0} - \frac{hc}{\lambda'} = 291eV$

[例题 10] 计算经过电势差 $U_1 = 150V$ 和 $U_2 = 104V$ 加速的电子的德布罗意波长（不考虑相对论效应）（普朗克常数 $h = 6.626 \times 10^{-34}$ J·s）

解 根据 $\frac{1}{2}m_0 v^2 = eU$

加速后电子的速度为 $v = \sqrt{\frac{2eU}{m^0}}$

根据德布罗意关系 $p = h/\lambda$，电子的德布罗意波长为

$\lambda = \frac{h}{m_0 v} = \frac{h}{\sqrt{2m_0 e}}\frac{1}{\sqrt{U}} = \frac{1.225}{\sqrt{U}}$nm

波长分别为 $\lambda_1 = 0.1$nm $\lambda_2 = 0.0123$nm

[例题 11] 在粒子速度较小时，如果粒子位置的不确定量等于其德布罗意波长，证明它的速度不确定量大于等于其速度.

证明：由不确定关系得到粒子位置的不确定度为（一维）：

$$\Delta x = \lambda = \frac{h}{mv_x}$$

代入不确定关系： $\Delta x \Delta p_x \geqslant h$

可得： $\Delta p_x \geqslant mv_x$ ①

粒子速度远小于光速的情况下，粒子的质量一定，所以得到：

$\Delta p_x = \Delta(mv_x) = m\Delta v_x$ ②

代入①式，即可得到：$\Delta v_x \geqslant v_x$

[例题 12] 如用能量为 12.6eV 的电子轰击氢原子，将产生哪些谱线？并求出与巴尔末线系这一谱线对应光子的能量为多少电子伏？

解 $\Delta E = E_n - E_1$

$12.6eV = \frac{-13.6eV}{n^2} - (-13.6eV)$

$n = \sqrt{\frac{13.6}{13.6 - 12.6}} \approx 3.69$ 取 $n = 3$

$h\frac{c}{\lambda_1} = \frac{E_1}{3^2} - \frac{E_1}{1^2}$ $\lambda_1 = 1.025 \times 10^{-7}$m

$h\frac{c}{\lambda_2} = \frac{E_1}{3^2} - \frac{E_1}{2^2}$ $\lambda_2 = 6.579 \times 10^{-7}$m

$h\frac{c}{\lambda_3}=\frac{E_1}{2^2}-\frac{E_1}{1^2}$　$\lambda_3=1.216\times10^{-7}\text{m}$

光子的能量 $h\nu=h\frac{c}{\lambda}=\frac{6.0626\times10^{-34}\times3\times10^8}{6.579\times10^{-7}}=1.73eV$

[**例题 13**] 做一维运动的粒子被束缚在 $0<x<a$ 的范围内. 已知其波函数为：$\Psi(x)=A\sin\frac{\pi x}{a}$.

试求：（1）常数 A；

（2）粒子在 0 到 $a/2$ 区域出现的概率；

（3）粒子在何处出现的概率最大?

解　（1）由归一化条件得：

$\int_0^a A^2\sin^2(\pi x/a)dx=1$　$A=\sqrt{2/a}$

（2）粒子的概率密度为：

$$|\psi|^2=\frac{2}{a}\sin^2\frac{\pi x}{a}$$

在 $0<x<a/2$ 区域内，粒子出现的概率为：

$$\int_0^{a/2}|\psi|^2dV=\frac{2}{a}\int_0^{a/2}\sin^2\frac{\pi x}{a}dx=\frac{1}{2}$$

（3）概率最大的位置应满足：

$\frac{d|\psi(x)|^2}{dx}=0$

$\frac{2\pi x}{a}=k\pi, k=0, k=\pm1, \pm2, \pm3\cdots$

因 $0<x<a$，故得：$k=1$，$x=\frac{a}{2}$

$x=\frac{a}{2}$　处粒子出现的概率最大.

[**例题 14**] 在下列各组量子数的空格上，填上适当的数值，以便使它们可以描述原子中电子的状态：

（1）$n=2$，$l=$__________，$m_l=-1$，$m_s=-1/2$；

（2）$n=2$，$l=0$，$m_l=$__________，$m_s=-1/2$；

（3）$n=2$，$l=1$，$m_l=0$，$m_s=$__________.

解　主量子数 n 给定，l 角量子，可取 $l=0,1,2,\cdots,(n-1)$，

磁量子数 m_l，可取 $m_l=0,\pm1,\pm2,\cdots,\pm l$

自旋磁量子数 m_s，只取 $m_s=\pm1/2$

可知（1）$n=2$，$m_l=-1$ 得到 $l=1$；（2）$n=2$，$l=0$，得到 $m_l=0$；（3）$n=2$，$l=1$，$m_l=0$ 得到 $m_s=\pm1/2$

[**例题 15**] 写出下列各电子态的角动量的大小 $1s$ ________ $2p$ ________ $3d$ ________.

解 s,p,d 分别对应 $l=0,1,2$,

由 $L=\sqrt{l(l+1)}\hbar$ 得到三个态的角动量大小分别是：0, $\sqrt{2}\hbar$, $\sqrt{6}\hbar$

同步自测练习题

（一）选择题

1. 氢原子从能量为 $-0.85eV$ 的状态跃迁到激发能（从基态到激发态所需的能量）为 $10.19eV$ 的状态时，所发射的光子的能量为（　　）

（A）$2.56eV$　（B）$3.41eV$　（C）$4.25eV$　（D）$9.95eV$

2. 据玻尔氢原子理论，巴耳末线系中谱线最小波长与最大波长之比为（　　）

（A）$\frac{5}{9}$　（B）$\frac{4}{9}$　（C）$\frac{7}{9}$　（D）$\frac{2}{9}$

3. 光电效应和康普顿效应都是光子和物质原子中的电子相互作用过程，其区别何在？在下面几种理解中，正确的是（　　）

（A）两种效应中电子与光子组成的系统都服从能量守恒定律和动量守恒定律

（B）光电效应是由于电子吸收光子能量而产生的，而康普顿效应则是由于电子与光子的弹性碰撞过程

（C）两种效应都相当于电子与光子的弹性碰撞过程

（D）两种效应都属于电子吸收光子的过程

4. 关于光子的性质，有以下说法

（1）不论真空中或介质中的速度都是 c　（2）它的静止质量为零

（3）它的动量为$\frac{hv}{c}$　（4）它的总能量就是它的动能

（5）它有动量和能量，但没有质量

其中正确的是（　　）

（A）（1）（2）（3）　（B）（2）（3）（4）

（C）（3）（4）（5）　（D）（3）（5）

5. 用频率为 γ_1 的单色光照射某一种金属时，测得光电子的最大动能为 E_{K_1}；用频率为 γ_2 的单色光照射另一种金属时，测得光电子的最大动能为 E_{K_2}，

如果 $E_{K_1} > E_{K_2}$，那么（　　）

（A）γ_1 一定大于 γ_2　　（B）γ_1 一定于小 γ_2

（C）γ_1 一定等于 γ_2　　（D）γ_1 可能大于也可能小 γ_2

6. 用频率为 γ_1 的单色光照射某一种金属时，测得饱和电流为 I_1；用频率为 γ_2 的单色光照射另一种金属时，测得饱和电流为 I_2，如果 $I_1 > I_2$，那么（　　）

（A）$\gamma_1 > \gamma_2$　　（B）$\gamma_1 < \gamma_2$

（C）$\gamma_1 = \gamma_2$　　（D）γ_1 可能大于也可能小 γ_2

7. 要使处于基态的氢原子受激发后能发射赖曼系（由激发态跃迁到基态发射的各谱线组成的谱线系）的最长波长的谱线，至少应向基态氢原子提供的能量是（　　）

（A）1.5eV　　（B）3.4eV

（C）10.2eV　　（D）13.6eV

8. 一个光子和一个电子具有相同的波长，则（　　）

（A）光子具有较大的动量　　（B）电子具有较大的动量

（C）电子与光子的动量相等　　（D）电子和光子的动量不确定

9. 卢瑟福 a 粒子实验证实了（　　）；康普顿效应证实了（　　）；戴维森－革末证实了（　　）

（A）光的量子性　　（B）玻尔的能级量子化假设

（C）X 射线的存在　　（D）电子的波动性

（E）原子的有核模型

10. 以一定频率的单色光照射在某金属上，测出其光电流曲线如图实线所示，然后在光强度不变的条件下增大照射光的频率，测出光电流的曲线如图中虚线所示．则满足题意的图是（　　）

（A）
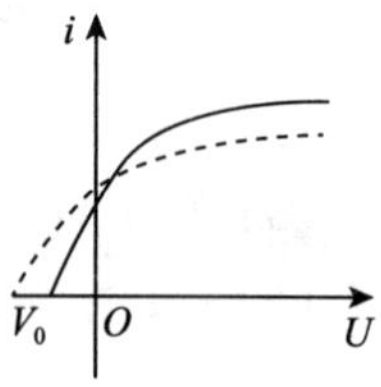

（B）
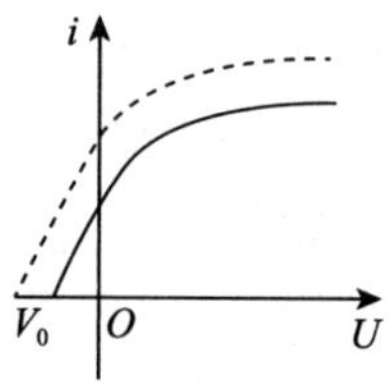

（C）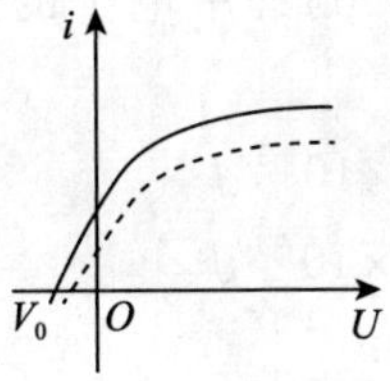

（D）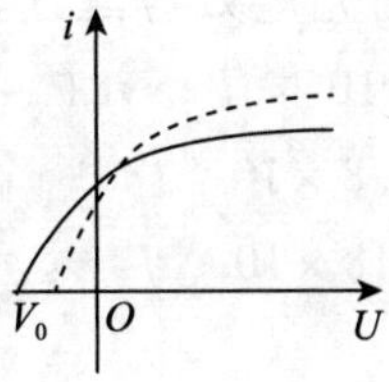

11. 欲使电子的德布罗意波长为0.1nm，加速电压为（　　）

（A）1.5V　　（B）12.25V　　（C）150V　　（D）125.5V

12. 粒子在一维无限深方势阱中运动，如图10.7所示为粒子处于某一能态上的波函数 $\psi(x)$ 的曲线．粒子出现概率最大的位置为（　　）

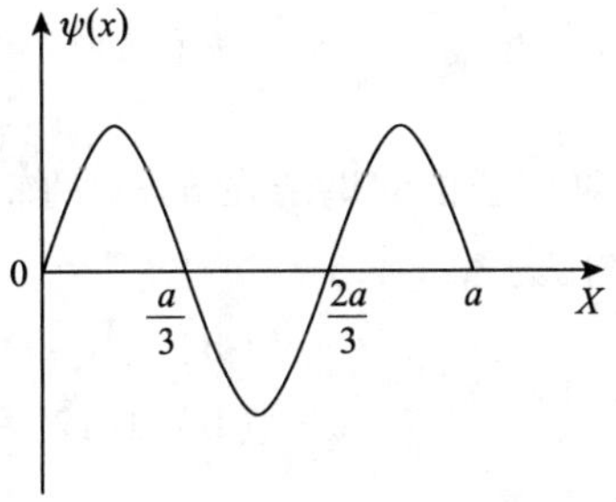

图 10.7

（A）$a/2$　　（B）$a/6$，$5a/6$

（C）$a/6$，$a/2$，$5a/6$　　（D）0，$a/3$，$2a/3$，a

13. 若外来单色光把大量氢原子激发至第三激发态，则当氢原子跃迁回低能态时，可发出的可见光线的条数是（　　）

（A）1　　（B）2　　（C）3　　（D）4

14. 如果两种不同质量粒子的德布罗意波长相同，则两种粒子的（　　）

（A）动量相同　　（B）能量相同　　（C）速度相同　　（D）动能相同

15. 将波函数在空间各点的振幅同时增大 D 倍，则粒子在空间的几率将是（　　）

（A）增大 D 的平方倍　　（B）增大 $2D$ 倍

（C）增大 D 倍　　（D）不变

16. 若用里德伯常量表示氢原子光谱的最短波长，则可写成（　　）

（A）$\lambda_{\min}=\frac{1}{R}$　　（B）$\lambda_{\min}=\frac{2}{R}$　　（C）$\lambda_{\min}=\frac{3}{R}$　　（D）$\lambda_{\min}=\frac{4}{R}$

17. 钾的光电效应红线波长是 6.25×10^{-5} cm，则钾中电子的逸出功是（$h=6.626\times10^{-34}$ $J\cdot s$）（　　）

（A）$31.8\times10^{-9}J$　　（B）$3.18\times10^{-19}J$

（C）$3.18\times10^{-18}J$　　（D）$31.8\times10^{-10}J$

18. 关于测不准关系 $\Delta x.\Delta p_x\geqslant h$ 有以下几种理解，其中正确的是（　　）

（1）粒子的动量不可能确定，但坐标可以被确定

（2）粒子的坐标不可能确定，但动量可以被确定

（3）粒子的动量和坐标不可能同时确定

（4）不确定关系不仅适用于电子和光子，也适用于其他粒子

（A）（1）（2）　　（B）（2）（4）

（C）（3）（4）　　（D）（4）（1）

19. 根据玻尔理论，氢原子中的电子在 $n=4$ 的轨道上运动的动能与在基态的轨道上运动的动能之比为（　　）

（A）1/4　　（B）1/8

（C）1/16　　（D）1/32

20. 设粒子运动的波函数图线分别如图 10.8（A）、（B）、（C）、（D）所示，那么其中确定粒子动量的精确度最高的波函数是（　　）

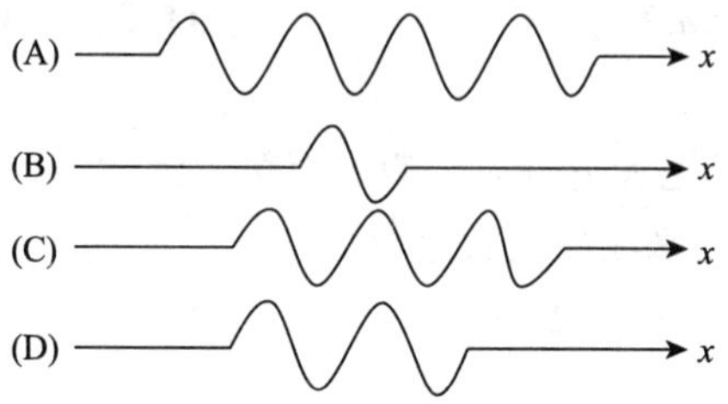

图 10.8

21. 德布罗意波的物理意义是（　　）

（A）表示离开平衡位置的最大距离

（B）表示一个角度

（C）本身没有物理意义，其平方表示粒子在 t 时刻出现某处的概率密度

（D）以上都不对

22. 普朗克量子假说是为解释（　　）

（A）光电效应实验提出的　　（B）康普顿效应提出的

（C）黑体辐射规律提出的　　（D）氢光谱实验规律提出的

23. 用频率为 v 的单色光照射某种金属时，逸出光电子的最大动能为 E_K；若改用频率为 $2v$ 的单色光照射此种金属时，则逸出光电子的最大动能为______.

(A) $2E_K$　　(B) $2hv-E_K$　　(C) $hv-E_K$　　(D) $hv+E_K$

24. 已知粒子在一维矩形无限深势阱中运动，其波函数为

$$\psi(x)=\frac{1}{\sqrt{a}}\cos\left(\frac{3\pi}{2a}x\right)\ (-a<x<a)$$

那么粒子在 $x=\frac{5a}{6}$ 处出现的概率密度为（　　）

(A) $\frac{1}{\sqrt{a}}$　　(B) $\frac{1}{2a}$　　(C) $\frac{1}{\sqrt{2a}}$　　(D) $\frac{1}{a}$

（二）填空题

1. 某物体的辐射频率是 6.0×10^{14} Hz 的黄光，其辐射的能量子多大______.

2. 波长为 300nm 的光照在某金属表面时，光电子能量范围从 0 到 4×10^{-19}J. 此金属遏止电压为 $|V_a|=$______V；红限频率 $\gamma_0=$______Hz，（普朗克常数 $h=6.63\times10^{-34}$j·s，电子电量 $e=1.6\times10^{-19}$C）.

3. 若中子的德布罗意波长 0.2nm，则它的动能为______.（普朗克常数 $h=6.63\times10^{-34}$j·s，中子的质量为 $m=1.67\times10^{-27}$kg）

4. 光子波长为 λ，则其能量 = ______，动量的大小 = ______，质量 = ______.

5. 康普顿效应是指______波长散射，它的实质是 X 光子与______碰撞，在此过程中______与______守恒.

6. 光电效应的实验规律是：

(1) 保持入射光的频率不变，饱和光电流与入射光的______成正比.

(2) 光电子初动能与入射光______有关，与______无关.

(3) 要产生光电效应必须入射光的______.

7. 设描述微观粒子运动的归一化波函数为 $\Psi(\vec{r},t)$ 则

(1) $\psi(\vec{r},t)\ \psi^*(\vec{r},t)$ 表示______；

(2) $\Psi(\vec{r},t)$ 须满足的条件是______；

(3) 其归一化条件是______.

8. 已知某电子的德布罗意波长和光子的波长相同，则它们的动量大小________.（填相同或不同）

9. 已知某电子的德布罗意波长和光子的波长相同，则它们的能量大小________.（填相同或不同）

10. 在氢原子光谱的巴尔末线系中，有一光谱线的波长为434nm，该谱线是氢原子由能级 E_n 跃迁到能级 E_k 产生的，则 $n =$________，$k =$________.

11. 康普顿散射中，当出射光子与原来入射方向成夹角 $\theta =$________时，光子的频率减小最多；当 $\theta =$________时，光子的频率保持不变.

12. 分别以频率为 v_1 和 v_2 的单色光照射某一光电管，若 $v_1 > v_2$（均大于红线频率 v_0）则两种频率入射光的光强相同时，所产生的光电子最大初动能 E_1______E_2；所产生的饱和光电流 I_{1s}______I_{2s}.（用“>”“=”或“<”表示）

13. 电子显微镜中的电子从静止开始通过电势差为 U 的静电场加速后，其德布罗意波长是0.03nm，则 U 为____________V.（不计相对论效应）

14. 氢原子中的电子从 $n=3$ 激发态被电离出去，需要的能量为______eV.

15. 一束单色光被处于基态的氢原子吸收，在这些氢原子回到基态时，观察到具有六种不同波长谱线的光谱，求这束单色光光子的最小能量________，这束单色光的波长________.（$h=6.63\times10^{-34}$j. s）

16. 求动能为1.0eV的电子的德布罗意波的波长________________.

17. 被激发的氢原子跃迁到低能级可以发射 λ_1，λ_2 和 λ_3 的谱线，其频率为 v_1，v_2 和 v_3 之间的关系等式是______；三个波长之间的关系等是______.

18. 若 α 粒子（电量为 $2e$）在磁感应强度为 B 的均匀磁场中沿半径为 R 的圆形轨道运动，则 α 粒子的德布罗意波长为__________.

（三）计算题

1. 若电子和光子的波长均为0.20nm，则它们的动量和动能各为多少？

2. 钨的逸出功是 4.52eV，钡的逸出功是 2.50eV，分别计算钨和钡的截止频率．哪一种金属可以用作可见光范围内的光电管阴极材料？（可见光频率处在 $0.395\times10^{15}\sim0.75\times10^{15}$ Hz）

3. 铀核的线度为 7.2×10^{-15} m，求其中一个质子的动量和速度的不确定量.

4. 氦氖激光器所发红光波长为 $\lambda=6328\times10^{-10}$ m，谱线宽度 $\Delta\lambda=10^{-18}$ m，求：当这种光子沿 x 轴方向传播时，它的 x 坐标的不确定量有多大？

5. 设氢原子光谱中，由主量子数 $n=3$ 和 $n=4$ 的高能态跃迁到 $n=2$ 的定态所发射的谱线波长分别为 λ_1 和 λ_2，求由 $n=4$ 的高能态跃迁到 $n=3$ 的定态所发射的波长 λ 是多少？（用 λ_1 和 λ_2 表示）

6. 以速度 $v=6\times10^3$ m/s 运动的电子射入场强为 $E=5$ V/cm 的匀强电场中加速，为使电子波长 $\lambda=1$Å，电子在此场中应该飞行多长的距离？

7. 欲使氢原子能发射巴尔末系中波长为 656.3nm 的谱线，求：（1）最少要给基态氢原子提供多少 eV 能量？（2）原子此时处于那个能级上？

8. 宽度为 a 的一维无限深势阱中的波函数 $\psi(x)=\sqrt{\frac{2}{a}}\sin\frac{2\pi x}{a}$，粒子在 $x=\frac{5}{6}a$ 处出现的概率密度？在此状态下何处发现粒子的几率最大？

9. 计算氢原子光谱中莱曼系的最短和最长波长，并指出是否为可见光.

10. 氢光谱的某一线系的极限波长为 3647Å，其中有一谱线波长为 6565Å，试由玻尔氢原子理论，求与该波长相应的始态与终态能级的能量.（$R=1.1\times10^7\,\mathrm{m}^{-1}$）

11. 求（1）原子从 $n=5$ 跃迁到 $k=2$ 的能级发射光子的波长？
（2）如果从 $n=2$ 能级跃迁到游离态所需的能量？

12. 在氢原子被外来单色光激发后发出的巴耳末系中，仅观察到三条光谱线，试求这三条谱线的波长以及外来光的频率.

13. 一个氢原子从 $n=1$ 的基态激发到 $n=4$ 的能态.

(1) 计算原子所吸收的能量;

(2) 若原子回到基态，可能发射哪些不同能量的光子?

(3) 若氢原子原来静止，则从 $n=4$ 直接跃回到基态时，计算原子的反冲速率.

14. 已知 x 射线的能量为 0.60MeV，若在康普顿散射中散射光子的波长变化了 20%，试求反冲电子的动能.

15. 具有 15eV 的光子，被氢原子中处于第一波尔轨道的电子所吸收，形成一个光电子. 问此光电子远离质子时的速度有多大? 它的德布罗意波长是多少?

16. 从铝中移出一个电子需要 4.2eV 的能量，今有波长为 2000Å 的光投射到铝表面. 试问: (1) 由此发射出来的光电子的最大动能是多少? (2) 遏止电势差是多大? (3) 截止波长 λ_0 是多少?

17. 实验室发现基态氢原子可吸收能量为 12.75eV 的光子. 问: (1) 氢原子吸收光子后将被激发到哪个能级? (2) 受激发的氢原子向低能级跃迁时，可发出哪几条谱线? 请将这些跃迁画在能级图上. (不用求波长或频率)

18. 处于基态的氢原子被外来单色光照射，激发出的谱线有巴尔末线系中的两条谱线，试求这两条谱线的波长和外来光的频率.

19. 当基态氢原子被 12.09eV 的光子激发后，其电子的轨道半径将增加多少倍?

20. 钾的截止频率为 4.62×10^{14}Hz，今以波长为 435.8nm 的光照射，求钾放出的光电子的初速度.

同步自测练习题参考答案

(一) 选择题

1. A　2. A　3. B　4. B　5. D　6. D　7. C　8. C　9. E，A，D
10. A　11. C　12. C　13. B　14. A　15. D　16. A　17. B　18. C
19. C　20. A　21. C　22. C　23. D　24. B

（二）填空题

1. 4.0×10^{-19} J　2. 2.5V，3.97×10^{14} Hz

3. 3.29×10^{-21} J　$p=\dfrac{h}{\lambda}$，$E_k=\dfrac{p^2}{2m}=\dfrac{h^2}{2m\lambda^2}$　4. $\dfrac{hc}{\lambda}$，$\dfrac{h}{\lambda}$，$\dfrac{h}{c\lambda}$

5.（1）散射线中有波长大于入射线　（2）散射物中自由电子发生弹性碰撞　（3）能量、动量

6.（1）强度（2）频率，强度（3）频率大于红限频率

7.（1）粒子 t 时刻在 $\vec{r}$ 附近单位体积中处出现的概率　（2）单值、连续、有限

（3）$\iiint\psi(\vec{r},t)\psi*(\vec{r},t)\mathrm{d}V=1.$

8. 相同　9. 不同 10. 5，2 11. π；0　12. “ >， =”　13. 1677

14. 1.51　$\Delta E=0-\dfrac{-13.6}{n^2}=\dfrac{13.6}{9}=1.51$

15. $\varepsilon=E_n-E_k=12.75eV$　$\lambda=\dfrac{hc}{\varepsilon}=93.7$ nm

16. 1.23nm

17. $v_3=v_1+v_2$　$\dfrac{1}{\lambda_3}=\dfrac{1}{\lambda_2}+\dfrac{1}{\lambda_1}$

18. **解**：$Bqv=m\dfrac{v^2}{R}p=mv=\dfrac{h}{\lambda}$

得到 $\lambda=\dfrac{h}{2eRB}$

（三）计算题

1. **解**：由于光子与电子的波长相同，它们的动量均为

$p=\dfrac{h}{\lambda}=3.32\times10^{-24}\text{kg}\cdot\text{m}\cdot\text{s}^{-1}$

光子的动能 $E_k=E=pc=6.23K\ eV$

电子的动能 $E_k=\dfrac{p^2}{2m_0}=37.8eV$

2. **解**：钨的截止频率 $v_{01}=\dfrac{W_1}{h}=1.09\times10^{15}$ Hz

钡的截止频率 $v_{02}=\dfrac{W_2}{h}=0.603\times10^{15}$ Hz

对照可见光的频率范围可知，钡的截止频率 v_{02} 正好处于该范围内，而钨的截止频率 v_{01} 大于可见光的最大频率，因而钡可以用于可见光范围内的光电管材料．

3. **解**：对质子来说，其位置的不确定量 $\Delta r=\dfrac{7.2\times10^{-15}}{2}\text{m}=3.6\times10^{-15}$ m

由不确定关系式 $\Delta r \Delta p \geqslant h$ 以及 $\Delta p = m\Delta v$，

可得质子动量和速度的不确定量分别为

$$\Delta p = \frac{h}{\Delta r} = 1.84 \times 10^{-19}\ \text{kg} \cdot \text{m} \cdot \text{s}^{-1}$$

$$\Delta v = \frac{\Delta p}{m} = 1.10 \times 10^{8}\,\text{m} \cdot \text{s}^{-1}$$

4. **解**：沿 x 轴方向传播的激光的动量为 $p_x = \frac{h}{\lambda}$

两边微分可得动量不确定量大小为 $|\Delta p_x| = \frac{h}{\lambda^2}\Delta\lambda$

式中 $\Delta\lambda$ 即为谱线宽度，根据不确定关系得

$$\Delta x = \frac{h}{\Delta p_x} = \frac{\lambda^2}{\Delta\lambda}$$

代入已知数据可得其坐标的不确定量

$\Delta x = 4 \times 10^5\ \text{m} = 400\text{km}$

5. **解**：$\frac{1}{\lambda_1} = R\left(\frac{1}{2^2} - \frac{1}{3^2}\right)$ (1)

$\frac{1}{\lambda_2} = R\left(\frac{1}{2^2} - \frac{1}{4^2}\right)$ (2)

$\frac{1}{\lambda} = R\left(\frac{1}{3^2} - \frac{1}{4^2}\right)$ (3)

由（1）（2）（3）得 $\frac{1}{\lambda} = \frac{\lambda_1 - \lambda_2}{\lambda_1 \lambda_2}$

6. **解**：$\lambda = \frac{h}{p} = \frac{h}{\sqrt{2mE}} = \frac{6.63 \times 10^{-34}}{\sqrt{2 \times 9.11 \times 10^{-31} \times 1.6 \times 10^{-19} U}} = 1 \times 10^{-10}\text{m}$

可得：$U = 150V$，

所以 $U = Ed$，得出 $d = 30\text{cm}$.

7. **解**：（1）$h\upsilon = h\frac{c}{\lambda}$

谱线对应光子的能量为：

由题意

$$h\upsilon = E_n - E_2 \qquad E_n = E_2 + h\upsilon$$

由此得到量能级差

$$E_n - = 6.63 \times 10^{-34} \frac{3 \times 10^8}{656.3 \times 10^{-9} \times (1.6 \times 10^{-19})} - \frac{3}{4}(-13.6)$$

$$= 12.09eV$$

（2）求得：

$$E_n = E_1 + 12.09 = -13.6 + 12.09 = 1.51eV$$

所以 $n = 3$

8. **解**：$\psi(x)\psi(x)^* = \frac{2}{a}\left(\sin\frac{2\pi}{a}\cdot\frac{5}{6}a\right)^2 = \frac{3}{2a}$

几率密度：$\psi(x)\psi(x)^* = \frac{2}{a}\left(\sin\frac{2\pi x}{a}\right)^2$，极大值为$\frac{1}{4}a$，$\frac{3}{4}a$

9. **解** 莱曼系的谱线满足$\frac{1}{\lambda} = R\left(\frac{1}{1^2} - \frac{1}{n^2}\right)$，$n_i = 2, 3, 4,$

令 $n = 2$，得该谱系中最长的波长 $\lambda_{max} = 121.5\text{nm}$

令 $n \to \infty$，得该谱系中最短的波长 $\lambda_{min} = 91.2\text{nm}$

对照可见光波长范围（400 ~760 nm），可知莱曼系中所有的谱线均不是可见光，它们处在紫外线部分.

10. **解**：极限波数 $\tilde{v} = \frac{1}{\lambda_0} = \frac{R}{k^2}$ $k = \sqrt{R\lambda_0} = 2$

$$\tilde{v} = \frac{1}{\lambda} = R\left(\frac{1}{k^2} - \frac{1}{n^2}\right) \qquad n = \sqrt{\frac{R\lambda\lambda_0}{\lambda - \lambda_0}} = 3$$

$$E_n = \frac{E_1}{n^2} = -\frac{13.6}{n^2}eV$$

所以，末态 $k = 2$，$E_2 = -3.4eV$

始态 $n = 3$，$E_3 = -1.51eV$

11. **解**：根据氢原子辐射的波长公式，电子从 $n = 5$ 跃迁到 $k = 2$

轨道状态时对外辐射光的波长满足$\frac{1}{\lambda} = R\left(\frac{1}{2^2} - \frac{1}{5^2}\right)$

则 $\lambda = 4.34 \times 10^{-7}\text{m} = 434\text{ nm}$

而电子从 $k = 2$ 跃迁到游离态 $n \to \infty$ 所需的能量为

$\Delta E = E_2 - E_\infty = \frac{E_1}{2^2} - \frac{E_1}{\infty} = -3.4eV$ （负号表示电子吸收能量）

12. **解**：由于观察到巴尔末系的三条谱线，最高能级为 $n = 5$

$5 \to 2$ $\frac{1}{\lambda_1} = R_H\left(\frac{1}{2^2} - \frac{1}{5^2}\right)$

$\lambda_1 = 4.339 \times 10^{-7}\text{m}$

$4 \to 2$ $\frac{1}{\lambda_2} = R_H\left(\frac{1}{2^2} - \frac{1}{4^2}\right)$

$\lambda_2 = 4.86 \times 10^{-7}\text{m}$

$3 \to 2$ $\frac{1}{\lambda_3} = R_H\left(\frac{1}{2^2} - \frac{1}{3^2}\right)$

$\lambda_3 = 6.579 \times 10^{-7}\text{m}$

$$\gamma = \frac{E_5 - E_1}{h} = \frac{-0.544 - (-13.6)}{6.63 \times 10^{-34}} \times 1.6 \times 10^{-19} = 3.15 \times 10^{15}\text{Hz}$$

13. **解**：（1）$\Delta E = \frac{E_1}{4^2} - E_1 = \frac{-13.6}{16} - (-13.6) = 12.75eV$

(2) $E_1=-13.6eV$ $E_2=-3.4eV$ $E_3=-1.5eV$ $E_4=-0.85eV$

4－1 $\Delta E=E_4-E_1=12.75eV$

4－2 $\Delta E=E_4-E_2=2.55eV$

4－3 $\Delta E=E_4-E_3=0.65eV$

3－2 $\Delta E=E_3-E_2=1.9eV$

3－1 $\Delta E=E_3-E_1=12.1eV$

2－1 $\Delta E=E_2-E_1=10.2eV$

(3) $h\nu=E_5-E_1$ $\nu=\dfrac{c}{\lambda}$

$$u=\frac{P}{m_H}=\frac{h}{\lambda}=\frac{E_4-E_1}{m_Hc}=\frac{12.75\times1.6\times10^{-19}}{1.67\times10^{-27}\times3\times10^8}=4.07\mathrm{m/s}$$

14. **解**：设散射前电子为静止自由电子，则反冲电子的动能 E_K = 入射光子与散射光子能量之差 $=\varepsilon_0-\varepsilon$

因为入射 x 射线光子的能量 $\varepsilon_0=hv_0=hc/\lambda_0$

所以 $\lambda_0=hc/\varepsilon_0$

散射光子的波长 $\lambda=\lambda_0+\Delta\lambda=\lambda_0+0.20\lambda_0=1.20\lambda_0$

其能量 $\varepsilon=hc/\lambda=hc/(1.20\lambda_0)=(1/1.2)\varepsilon_0$

所以反冲电子的能量 $E=\varepsilon_0-\varepsilon=(1-1/1.2)\varepsilon_0=0.10MeV$

15. **解**：使处于基态的电子电离所需能量为 13.6 eV，因此，该电子远离质子时的动能为

$$E_K=\frac{1}{2}mv^2=E_\phi+E_1=(15-13.6)eV=1.4eV$$

它的速度为 $v=\sqrt{\dfrac{2E_k}{m}}=\sqrt{\dfrac{2\times1.4\times1.6\times10^{-19}}{9.11\times10^{-31}}}=7.0\times10^5\mathrm{m\cdot s^{-1}}$

其德布罗意波长为：

$$\lambda=\frac{h}{mv}=(6.63\times10^{-34})/(9.11\times10^{31}\times7.0\times10^5)=10.4\times10^{-9}\mathrm{m}=10.4\overset{0}{A}$$

16. **解**：(1) 已知逸出功 $A=4.2\ eV$

据光电效应公式

$$hv=\frac{1}{2}mv_m+A$$

则光电子最大动能：

$$E_{\max}=\frac{1}{2}mv_m{}^2=hv-A=\frac{hc}{\lambda}-A$$

$$=(6.63\times10^{-34}\times3\times10^8)(2000\times10^{-10})-(4.2\times1.6\times10^{-19})=3.23\times10^{-29}\mathrm{J}$$

$$=2.0eV$$

(2) 因为 $eU_a=E_{k\max}=\dfrac{1}{2}mv_m{}^2$

所以遏止电势差 $U_a=3.23\times10^{-19}\mathrm{J}/1.6\times10^{-19}=2.0\mathrm{V}$

(3) 红限频率 v_0，所以 $hv_0 = A$，又 $v_0 = c/\lambda$

$\lambda_0 = \dfrac{hc}{A}$ 所以 截止波长

$$\lambda_0 = \frac{hc}{A} = (6.63\times10^{-34}\times3\times10^{8})/(4.2\times1.6\times10^{-19}) = 2.96\times10^{-7}\text{m} = 0.296\mu\text{m}$$

17. **解:**

(1) $-13.6eV + 12.75eV = -0.85eV = -\dfrac{13.6eV}{n^2}$

解得 $n = 4$

(2) 可发出谱线赖曼系 3 条，巴尔末系 2 条，帕邢系 1 条，共计 6 条

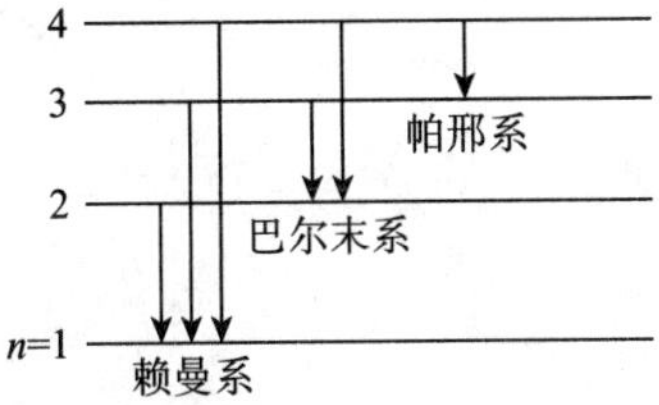

18. **解:** 巴尔末系是由 $n>2$ 的高能级跃迁到 $n=2$ 的能级发出的谱线．只有二条谱线说明激发后最高能级是 $n=4$ 的激发态

$$E_4 = -\frac{13.6}{4^2} = -0.85eV,\ E_3 = -\frac{13.6}{3^2} = -1.51eV,\ E_2 = -\frac{13.6}{2^2} = -3.4eV$$

$h\nu = \dfrac{hc}{\lambda} = E_n - E_m$，所以 $\lambda = \dfrac{hc}{E_n - E_m}$

$$\lambda_{\alpha} = \frac{hc}{E_3 - E_2} = \frac{6.63\times10^{-34}\times3\times10^{8}}{(3.4-1.51)\times1.6\times10^{-19}} = 6573\times10^{-10}m = 6573\mathring{A}$$

$$\lambda_{\beta} = \frac{hc}{E_4 - E_2} = \frac{6.63\times10^{-34}\times3\times10^{8}}{(3.4-0.85)\times1.6\times10^{-19}} = 4872\mathring{A}$$

基态氢原子吸收一个光子 $h\nu$ 被激发到 $n=4$ 的能态

$$h\nu = E_4 - E_1 = \frac{hc}{\lambda}$$

$$\nu = \frac{E_4 - E_1}{h} = \frac{(13.6-0.85)\times1.6\times10^{-19}}{6.626\times10^{-34}} = 3.08\times10^{15}\text{Hz}$$

19. **解:** $E_n - E_1 = 13.6(1 - \dfrac{1}{n^2}) = 12.09eV$

$$13.6 - 12.09 = \frac{13.6}{n^2}$$

$$n^2 = \frac{13.6}{13.6-12.09} = \frac{13.6}{1.51},\ n = 3$$

$r_n = n^2 r_1$ $\quad n^2 = 9$，$r_n = 9r_1$

轨道半径增加到 9 倍.

20. **解**：根据光电效应的爱因斯坦方程 $hv = \frac{1}{2}mv^2 + A$

其中　$A = h\nu_0$　　$\nu = c/\lambda$

得电子的初速度 $v = \left[\frac{2h}{m}\left(\frac{c}{\lambda} - v_0\right)\right]^{1/2} = 5.74 \times 10^5 \mathrm{m \cdot s^{-1}}$

由于逸出金属的电子的速度 $v \ll c$，故式中 m 取电子的静止质量.

期末模拟试卷

一、大学时模拟试卷

大学物理Ⅰ试卷（48学时）

参考答案

大学物理Ⅱ试卷（40学时）

参考答案

二、小学时模拟试卷

大学物理Ⅰ试卷（40学时）

参考答案

大学物理Ⅱ试卷（32学时）

参考答案

三、（理学）模拟试卷

大学物理试卷（56 学时）

参考答案

四、A3 新版答题卡（样图）

A3 新版答题卡

附　　录

附录 1　　希腊字母表

大写	小写	英文音读	国际音标	汉文音读
A	*α*	alpha	[ˈælfə]	阿耳法
B	*β*	beta	[ˈbeɪtə]	比塔
Γ	*γ*	gamma	[ˈgæmə]	伽马
Δ	*δ*	delta	[ˈdeltə]	德尔塔
E	*ε*	epsilon	[ˈepsɪlən]	厄普西隆
Z	*ζ*	zeta	[ˈziːtə]	仄塔
H	*η*	eta	[ˈeɪtə]	以塔
Θ	*θ*	theta	[ˈθiːtə]	忒塔
I	*ι*	iota	[aɪˈoʊtə]	爱俄塔
K	*κ*	kappa	[ˈkæpə]	卡帕
Λ	*λ*	lambda	[ˈlæmdə]	兰达
M	*μ*	mu	[mjuː]	谬
N	*ν*	nu	[njuː]	纽
Ξ	*ξ*	xi	[ksaɪ]	克塞
O	*o*	omicron	[oʊˈmaɪkrən]	俄密克戎
Π	*π*	pi	[paɪ]	珀
P	*ρ*	Rho	[roʊ]	洛
Σ	*σ*	sigma	[ˈsɪgmə]	西格马
T	*τ*	tau	[tɔː]	陶
Υ	*υ*	upsilon	[ˈjuːpsɪlən]	宁普西隆
Φ	*φ*	phi	[faɪ]	斐
X	*χ*	chi	[kaɪ]	克黑
Ψ	*ψ*	psi	[psaɪ]	普塞
Ω	*ω*	omega	[ˈoʊmɪgə]	俄墨伽

附录 2　　常用天文量

地球的平均半径	$6.37\times10^{6}\,m$
地球的质量	$5.977\times10^{24}\,kg$
太阳的直径	$1.39\times10^{9}\,m$
太阳的质量	$1.99\times10^{30}\,kg$
由太阳至地球的平均距离	$1.49\times10^{11}\,m$
月球半径与地球半径的比	3 : 11
月球质量	$7.35\times10^{22}\,kg$
地球到月球距离与地球半径的比	60 : 1

附录 3　　基本物理常量*

量的名称	符号	数值	单位	相对标准不确定度
光速	c	299792458	$m\cdot s^{-1}$	定义值
真空磁导率	μ_0	$4\pi=12.566370614\cdots$	$10^{-7}N\cdot A^{-2}$	定义值
真空介电常量 $1/\mu_0c^2$	ε_0	$8.854187817\cdots$	$10^{-12}F\cdot m^{-1}$	定义值
万有引力常量	G	6.67384(80)	$10^{-11}m^3\cdot kg^{-1}\cdot s^{-2}$	1.2×10^{-4}
普朗克常量	h	6.62606957(29)	$10^{-34}J\cdot s$	4.4×10^{-8}
约化普朗克常量	$\hbar$	1.054571726(47)	$10^{-34}J\cdot s$	4.4×10^{-8}
基本电荷	e	1.602176565(35)	$10^{-19}C$	2.2×10^{-8}
磁通量子 $h/2e$	Φ_0	2.067833758(46)	$10^{-15}Wb$	2.2×10^{-8}
电导量子 $2e^2/h$	G_0	7.7480917346(25)	$10^{-5}S$	3.2×10^{-10}
电子质量	m_e	9.10938291(40)	$10^{-31}kg$	4.4×10^{-8}
质子质量	m_p	1.672621777(74)	$10^{-27}kg$	4.4×10^{-8}
质子－电子质量比	M_p/m_e	1836.15267245(75)		4.1×10^{-10}
精细结构常量	α	7.2973525698(24)	10^{-3}	3.2×10^{-10}
精细结构常量的倒数	α^{-1}	137.035999074(44)		3.2×10^{-10}
里德伯常数	$\tilde{R}_\infty$	10973731.538539(55)	m^{-1}	5.0×10^{-12}
阿伏伽德罗常量	N_A	6.02214129(27)	$10^{23}mol^{-1}$	4.4×10^{-8}
法拉第常量	F	96485.3365(21)	$C\cdot mol^{-1}$	2.2×10^{-8}
摩尔气体常量	R	8.3144621(75)	$J\cdot mol^{-1}\cdot K^{-1}$	9.1×10^{-7}
玻尔兹曼常量	k_B	1.3806488(13)	$10^{-23}J\cdot K^{-1}$	9.1×10^{-7}
斯特藩－玻尔兹曼常量	σ	5.670373(21)	$10^{-8}W\cdot m^{-2}\cdot K^{-4}$	3.6×10^{-6}
电子伏	eV	1.602176565(35)	$10^{-19}J$	2.2×10^{-8}
原子质量单位	u	1.660538921(73)	$10^{-27}kg$	4.4×10^{-8}

＊根据国际科技数据委员会（CODATA）2010 年正式发表的推荐值.

附录 4 常用物理量单位

表 1 **SI 基本单位**

量的名称	单位名称		符号
	汉文	英文	
长度	米	metre	*m*
质量	千克,公斤	kilogram	*kg*
时间	秒	second	*s*
电流	安[培]	ampere	*A*
热力学温度	开[尔文]	kelvin	*K*
物质的量	摩[尔]	mole	*mol*
发光强度	坎[德拉]	candela	*cd*

* SI 是国际单位制的法文（Le Système International d'Unités）缩写，国际单位制及其法文缩写于 1960 年在第 11 届国际计量大会（CGPM）通过.

表 2 **SI 词头**

因数	词头名称		符号
	英文	汉文	
10^{24}	yotta	尧[它]	*Y*
10^{21}	zetta	泽[它]	*Z*
10^{18}	exa	艾[克萨]	*E*
10^{15}	peta	拍[它]	*P*
10^{12}	tera	太[拉]	*T*
10^{9}	giga	吉[咖]	*G*
10^{6}	mega	兆	*M*
10^{3}	kilo	千	*k*
10^{2}	hecto	百	*h*
10^{1}	deca	十	*da*
10^{-1}	deci	分	*d*
10^{-2}	canti	厘	*c*
10^{-3}	milli	毫	*m*
10^{-6}	micro	微	μ
10^{-9}	mano	纳[诺]	*n*
10^{-12}	pico	皮[可]	*p*
10^{-15}	femto	飞[托姆]	*f*
10^{-18}	atto	阿[托]	*a*
10^{-21}	zepto	仄[普托]	*z*
10^{-24}	yocto	幺[科托]	*y*

表 3　　具有专门名称的 SI 导出单位

量的名称	SI 导出单位			
	单位名称		符号	由基本单位表达的关系式
	汉文	英文		
[平面]角	弧度	radian	rad	$1rad = 1m/m = 1$
立体角	球面度	steradian	sr	$1sr = 1m^2/m^2 = 1$
频率	赫[兹]	bertz	Hz	$1Hz = 1s^{-1}$
力	牛[顿]	newton	N	$1N = 1kg \cdot m \cdot s^{-2}$
压强	帕[斯卡]	pascal	Pa	$1Pa = 1N \cdot m^{-2}$
能[量],功,热量	焦[耳]	joule	J	$1J = 1N \cdot m$
功率,辐射[能]通量	瓦[特]	watt	W	$1W = 1J \cdot s^{-1}$
电量,电荷	库[仑]	coulomb	C	$1C = 1A \cdot s$
电势,电势差,电压,电动势	伏[特]	volt	V	$1V = 1W \cdot A^{-1}$
电容	法[拉]	farad	F	$1F = 1C \cdot V^{-1}$
电阻	欧[姆]	ohm	Ω	$1\Omega = 1V \cdot A^{-1}$
电导	西[门子]	siemens	S	$1S = 1\Omega^{-1}$
磁通[量]	韦[伯]	weber	Wb	$1Wb = 1V \cdot s$
磁通[量]密度	特[斯拉]	tesla	T	$1T = 1Wb \cdot m^{-2}$
电感	亨[利]	henry	H	$1H = 1Wb \cdot A^{-1}$
摄氏温度	摄氏度	degree Celsius	℃	1℃ = 1K
光通量	流[明]	lumen	lm	$1lm = 1cd \cdot sr$
[光]照度	勒[克斯]	lux	lx	$1lx = 1lm \cdot m^{-2}$
[放射性]活度	贝可[勒尔]	becquerel	bq	$1Bq = 1s^{-1}$
吸收剂量	戈[瑞]	gray	Cy	$1Gy = 1J \cdot kg$
剂量当量	希[沃特]	sievert	Sv	$1Sv = 1J \cdot kg^{-1}$

表 4　　可与 SI 单位并用的非 SI 单位*

量的名称	单位			
	单位名称		符号	定义
	汉文	英文		
[平面]角	度	degree	°	$1° = \frac{\pi}{180} rad$
	[角]分	minute[of angle]	′	$1' = \frac{1°}{60} = \frac{\pi}{10800} rad$
	[角]秒	second[of angle]	″	$1'' = \frac{1'}{60} = \frac{\pi}{64800} rad$
时间	分	minute	*min*	$1 min = 60 s$
	[小]时	hour	*h*	$1 h = 60 min = 3600 s$
	日,天	day	*d*	$1 d = 24 h = 86400 s$
体积	升	joule	*L*, *l*	$1 L = 1 dm^3 = 10^{-3} m^3$
质量	吨	watt	*t*	$1 t = 1 Mg = 1000 kg$
	原子质量单位	(unified) atomic mass unit	*u*	$1 u = m(^{12}C)/12 \approx 1.660539 \times 10^{-27} kg$
能量	电子伏[特]	coulomb	*eV*	$1 eV = (e/C) J \approx 1.602177 \times 10^{-19} J$